高速公路交通流预测建模与分析

Modeling and Analysis of Traffic Flow Prediction for Expressway

杨 迪 王 鹏 李松江 周超然 著

國防工業出版社

·北京·

内容简介

本书围绕高速公路交通网络状态、交通数据质量、交通流复杂影响因素、多步交通流预测等内容开展建模与分析。本书首先构建了交通网络状态分析模型,基于多模态识别实现交通状态特征提取,利用多任务共享机制实现了对路网时空特征的表达,从而分析远景交通网络状态;然后在此基础上,针对公路开放环境下采集数据存在噪声问题,结合特征选择与数据重构提出了两种交通流数据降噪方法,有效降低了噪声数据对模型影响;然后针对交通流复杂影响因素难以整合的问题,从多特征角度定量分析交通流影响因素,挖掘复杂因素与交通流变化间的关系;最后为了支撑长时道路决策,针对多步交通流预测误差累积问题,设计了多步交通流预测方法,为实现路径规划、交通管控等提供了可行性。

本书内容翔实明确,主要面向从事智能交通系统、计算机建模、交通工程等研究工作的科研人员,为其在相关研究工作中提供思路和研究方法,同时也可作为计算机相关专业研究生的参考资料。

图书在版编目(CIP)数据

高速公路交通流预测建模与分析 / 杨迪等著.
北京 : 国防工业出版社, 2024.10.
—ISBN 978-7-118-13449-0

Ⅰ. U491.1

中国国家版本馆 CIP 数据核字第 202499TM44 号

※

国防工業出版社 出版发行

(北京市海淀区紫竹院南路 23 号 邮政编码 100048)
三河市天利华印刷装订有限公司印刷
新华书店经售

*

开本 710×1000 1/16 插页 4 **印张** 11¾ **字数** 208 千字
2024 年 10 月第 1 版第 1 次印刷 **印数** 1—1500 册 **定价** 98.00 元

国防书店:(010)88540777 书店传真:(010)88540776
发行业务:(010)88540717 发行传真:(010)88540762

前　言

现代社会交通运输是国家的经济命脉,其中公路运输承担了主要的客货运输任务,是交通运输行业中的重中之重。然而,近年来机动车保有量快速增长,公路交通运输压力与日俱增,由其引发的道路拥堵、交通事故、环境污染等问题严重制约了经济社会的发展和民生的改善。公路基础设施建设与维护往往难以跟上交通需求增长的步伐,智能交通系统成为解决这一难题的根本出路。交通流预测作为智能交通系统的核心组成部分,在世界范围内广受关注。尽管目前对于交通流预测已存在大量的研究,但至今没有形成完备的理论体系。而随着交通环境的日益复杂化,对远景交通网络状态分析的需求、对数据采集质量及模型应对交通流复杂影响因素的需求不断增长,给交通流预测带来了更多挑战。

本书围绕高速公路交通网络状态、交通数据质量、交通流复杂影响因素、多步交通流预测等关键内容开展研究,主要内容包括:

(1)交通网络状态分析与预测。提出基于多模态识别的交通状态预测方法以及基于共享时空特征的交通状态预测方法,并介绍了有效减少训练模型复杂度的参数初始化方法,给出了验证方案,实现了交通路网远景状态预测,为决策者进一步制定全面交通管控计划提供依据。

(2)交通流数据降噪方法研究。针对开放环境下数据采集存在噪声问题,介绍了 Fused Ridge 特征选择方法、多任务学习模型及一种基于奇异值分解降噪的交通数据处理方法,用于交通数据降噪并实现多路段交通流预测,实现交通数据的适用性、完整性、一致性和准确性。

(3)交通流复杂影响因素研究。介绍了交通流的内外影响因素,基于多特征融合构建交通流复杂影响因素分析模型,对所提因素进行了定量分析,同时提出基于动态特征选择的交通流预测方法,为交通流预测理论提供有价值的先验知识,实现交通流演变规律分析,有助于提高交通流预测的鲁棒性和准确性。

(4) 多步交通流预测方法研究。介绍了交通流的动态特征,结合多输出策略和迭代策略提出了多步交通流预测方法。给出了重构动态交通流轨迹方法,介绍了减少步数增加时的误差累计方法,为长期道路决策提供有效的信息支撑。

本书由杨迪、王鹏、李松江和周超然撰写,杨迪撰写了第 1 章、第 5 章、第 6 章、第 8 章和第 10 章,周超然撰写了第 2 章,李松江撰写了第 3 章、第 7 章、第 9 章,第 4 和第 11 章由王鹏撰写。全书由杨迪统稿。

衷心感谢长春理工大学大数据科学与工程研究室全体师生在本书成稿过程中给予的帮助和支持。本书出版得到了吉林省大数据科学与工程联合重点实验室、吉林省网络数据库应用软件科技创新中心及国防工业出版社的大力支持与帮助,在此表示感谢。

由于作者水平有限以及成稿时间有限,本书难免有不足与疏漏之处,敬请广大读者批评指正。

作者

2024 年 1 月

目　录

第1章　绪　论

1.1　交通流预测背景

现代社会的交通运输是国家经济命脉,其中公路运输承担了主要的客货运输任务,是交通运输行业中的重中之重。高速公路作为公路运输的载体,在国民经济和社会发展中的重要性不容忽视。据统计显示:2012 年末,我国高速公路总里程已经超越美国,跃居世界第一位;2018 年末,全国高速公路总里程已达 14.3 万千米。高速公路的发展为我国社会和经济的发展带来了巨大效益。在经济方面,高速公路能够显著降低物流运输成本,提高产业运输效率,拉动沿线经济发展,经济效应显著;在社会方面,高速公路的运营能够带动就业发展,促进运输结构的优化调整,节约能源消耗,社会效益显著。

然而,随着近年来机动车保有量的快速增长,公路运输压力与日俱增。公安部交管局最新全国机动车普查显示[1],截至 2022 年 9 月,全国机动车保有量达到 4.12 亿辆,其中汽车保有量达 3.15 亿辆。全国 82 个城市汽车保有量超过 100 万辆,其中 38 个城市汽车保有量超过 200 万辆,21 个城市超过 300 万辆。北京汽车保有量超过 600 万辆,成都、重庆汽车保有量超过 500 万辆。图 1.1 展示了 2016 年 1 月到 2022 年 9 月全国机动车保有量变化趋势。机动车保有量逐年攀升,现有公路基础设施建设与维护难以跟上交通需求增长的步伐,使得道路通行效率极大降低,引发交通拥堵问题,并伴随有道路安全、环境污染等交通问题。这些问题已成为制约经济发展和社会进步的瓶颈。合理有效地解决高速公路交通问题,构建可持续发展交通运输环境迫在眉睫。

现阶段采用的治理交通问题的方法主要有三类:一是加速基础设施建设。对现有路段进行拓宽维护,提高道路等级;规划新的路网,建设新的道路。二是限制交通流量。实施交通管控,对车辆采取限行、限号、限购的管理措施。三是改造传统交通系统,建立更加完善、智能、高效的交通管理系统,提高现有资源利用率。第一类方法主要依赖工程建设,拓展交通路网容量,满足日益增长的交通需求。然而,在实践中该方法往往受到多方面的制约。随着城市规划、土地资源使用的限制,以及公路造价成本的逐年攀升,单纯依靠加速基础设施建设缓解交

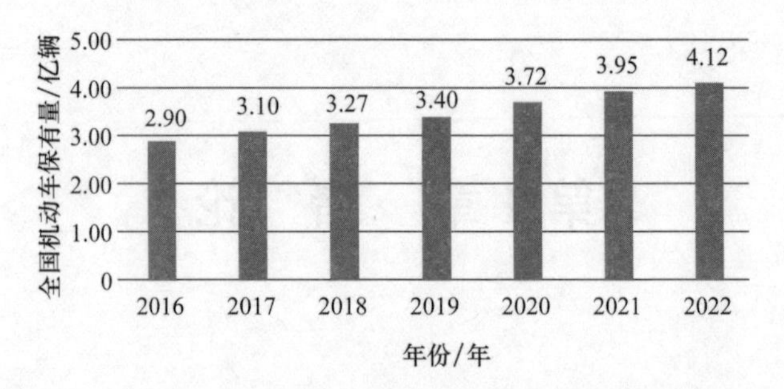

图 1.1　2016 年 1 月至 2022 年 9 月全国机动车保有量变化趋势

通需求增长压力的方法已经逐渐行不通。第二类方法需要投入大量人力进行道路管控,同时限制流量也给公众出行带来诸多不便,在本质上也不利于推广。第三类方法利用现代科技建立智能交通系统(intelligent transportation system,ITS),进而对交通进行信息化、智能化的管理,已经成为解决交通问题最有效的方法。智能交通系统理念如图 1.2 所示,通过实现人、车、路的统一结合,提升交通管控和信息服务能力,保证交通安全与出行质量,减少交通负荷和环境污染,实现交通环境的可持续发展。

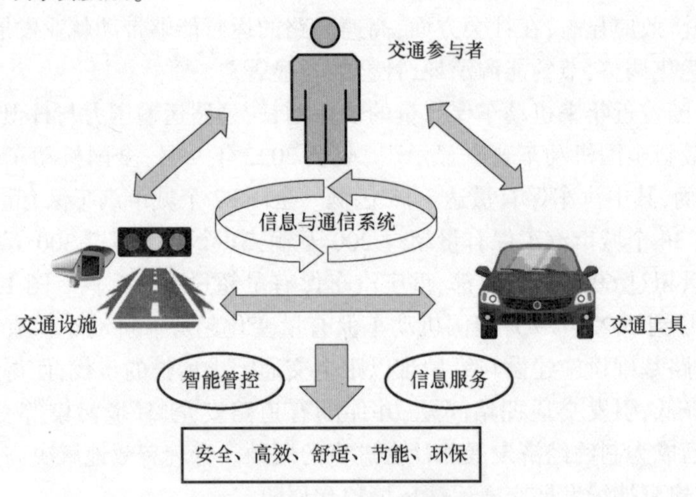

图 1.2　智能交通系统理念

智能交通系统是一种集信息技术、数据通信传输技术、电子传感技术、控制技术及计算机技术等于一体的高效交通运输管理系统[2]。智能交通系统的发展最早可以追溯到 20 世纪 70 年代之后的一系列车辆导流系统新技术的开发和应用。1991 年,美国通过《多模式的地面交通效率法案》(the intermodal surface transportation efficiency act, ISTEA),自此美国的智能车辆高速公路系统(intelligent vehicle highway system,IVHS)研究开始进入宏观运作阶段。1994 年,美国将智能车辆高速公路系统更名为智能交通系统。此后,日本和欧洲等各国相继加入智能交通系统的研究中。我国起步相对较晚,于1999年11月国家科技部批准建立国家智能交通系统工程技术研究中心(ITSC),着力于以国民经济、行业和市场为导向,针对智能交通系统中存在的重大技术问题,对有市场价值的重要科技成果进行技术整合和产业转化,以及进一步的研究和开发。智能交通系统已经迅速发展成交通运输领域中的一个前沿热点方向,通过研究21世纪的交通模式,为诸多交通问题提供解决方法。

交通流预测是指通过获取道路交通流状态的时间序列,进而分析和推断未来时段交通流状态数据。准确的交通流预测是实现智能交通系统的核心和关键技术之一,是交通控制和诱导、交通信息服务等系统的重要基础。但由于公路环境的开放性,交通流的变化具有强烈的非线性和不确定性,给实现准确的交通流预测带来了极大的难度。针对高速公路交通流的研究对社会和经济发展具有重大意义:一方面,准确的交通流预测为解决交通问题提供强有力的支撑。通过提供远景数据,支持交通决策,便于交通控制与管理,提升公众出行质量,缓解公路拥挤,保障交通安全,社会效益显著。另一方面,针对高速公路交通流的研究将有助于揭示交通流在高速公路中的基本规律和潜在的特征影响,对于衡量城乡区域关系及城市活跃度有重要的意义,为城乡区域经济建设提供重要的依据,经济效益显著。基于此,针对高速公路交通流预测的研究具有深远的研究价值与意义。

1.2 交通流预测研究现状

交通流预测理论与方法的研究始于20世纪30年代,美国成立交通工程学会,将交通流预测作为主要研究内容之一。20世纪50年代到70年代,四阶段法体系在交通预测中形成和发展,并且逐渐占据主导地位。1962年,美国芝加哥市发表了 *Chicago Area Transportation Study*,标志着四阶段法成为交通规划中重要的方法和理论。60年代后期,日本对这一理论进行了拓展研究,将其应用于广岛都市圈的交通规划。70年代初期,四阶段法已经发展成较为成熟的交通预测理论方法,在各国交通流预测中广泛应用。我国针对交通流预测的研究起步相对较晚,20世纪80年代,我国高速公路建设正处于萌芽阶段,此时的交通流预测主要采用个别直推法;90年代,四阶段法和总量控制法成为国内高速公路交通流预测的主要方法,并在四阶段法基础上衍生出一批以起讫点(origin-destination,OD)调查法为主的交通预测方法[3-5]。早期方法在理论体系上相对完善,但受人为、经验因素影响较大,具有很大的局限性。

随着科技的不断进步、计算机计算能力的不断增强以及交通信息采集的逐渐多样化,国内外针对交通流预测理论的研究日新月异,新型的预测方法不断涌现,目前主要有以下四种方法:

1.基于统计理论的方法

基于统计理论的方法得益于现代电子计算机的广泛应用。这种方法是利用数理统计的方法,假设过去的数据与未来预测的数据具有相似特征,实现对交通流历史数据的分析,完成对未来交通流的预测。其主要方法有历史平均(historical average,HA)法、卡尔曼滤波(Kalman filter,KF)模型、时间序列分析(time series analysis,TSA)模型和非参数回归(nonparameter regression)模型等。

1)历史平均法

历史平均法假设交通流具有稳定状态,基于历史数据利用线性关系推断未来数据。早期应用于城市交通控制系统[6]中,以及欧洲的各种旅客信息系统中,如 AUTOGUIDE[7]和 LISB[8]。历史平均法计算简单,易于实现;然而它考虑因素较为简单,难以应对交通流的非线性和不确定性,鲁棒性较差。

2)卡尔曼滤波模型

卡尔曼滤波模型引入了状态空间概念,利用观测方程、状态方程以及滤波方程实现交通流预测。1984 年,Okutani 等[9]首次利用卡尔曼滤波方法建立交通流预测模型,结果表明其预测性能优于历史平均方法。1999 年,杨兆升等[10]在此基础上通过改进交通流数据的表示方法,提升了卡尔曼滤波模型在交通流预测上的效果。2013 年,Gao 等[11]为了解决卡尔曼滤波方法由于滤波次数增加和噪声存在而出现的滤波发散问题,对噪声协方差进行了自适应估计,提出了用自适应卡尔曼滤波模型对交通流进行预测,并验证了模型的可行性和准确性。2013 年,郭海锋等[12]指出卡尔曼滤波模型在交通流预测过程中存在时间滞后性问题,结合交通流日相似性特征对卡尔曼滤波模型进行改进,提出了应用模糊逻辑方法对模型参数进行估计的模糊卡尔曼滤波模型,与原始卡尔曼滤波模型相比提高了交通流预测精度和效率。卡尔曼滤波模型能够有效处理线性变换问题,而当面对交通流复杂的非线性和不确实性特征时,性能出现下滑。

3)时间序列分析模型

时间序列分析模型的典型代表是自回归移动平均(autoregressive integrated moving average,ARIMA)模型,该模型最早称为 Box-Jenkins 模型[13]。1979 年,Ahmed 等[14]首次将 ARIMA 模型引入交通流预测任务中。在此基础上,2003 年,Williams 等[15]考虑季节因素提出了季节性差分自回归移动平均(SARIMA)模型,实验表明引入季节因素能够提高模型预测精度。2005 年,Kamarianakis 等[16]首次将交通流的空间特征引入时间序列模型,提出了基于交通流时空特征的时空自回归移动平均预测模型(STARIMA)预测模型,提高了模型预测精度。2015年,Kumar等[17]克服了使用有限输入数据的困难,利用季节性差分自回归移动平均模型(SARIMA)预测交通量。研究发现,当交通流呈现规则变化时,ARIMA模型能够获得良好的性能;但当数据不规则变化时,模型的性能急剧下降[18-19]。

4)非参数回归模型

非参数回归模型不依赖严格数据假设和先验知识,从现有历史数据集合中搜寻与当前状态相似的状态记录,以此推断未来状态。1991年,Davis等[20]提出基于聚类的K-最近邻(K-nearest neighbor,KNN)非参数回归交通流预测方法。2010年,Zhang等[21]将KNN算法应用于短时交通流预测,分析了模型中不同关键因素设置对预测结果的不同影响。此外,也有研究利用非参数回归核函数法(kernel approach,KA)进行交通流预测。1996年,Faouzi[22]提出了一种基于核函数法的非参数短时交通流预测模型。2008年,钱海峰等[23]对比了核函数法和KNN算法在短时交通流上的性能,并指出,在几乎相同的预测精度下KNN算法能够缩短仿真时间,优于核函数法。非参数回归模型对模型约束较少,对数据分布一般不做要求,适应能力强。然而,其往往需要遍历整个样本空间,收敛速度慢,且参数的选取一般较复杂。

2.基于智能计算理论的方法

20世纪80年代初,随着Intel x86系列微处理器和内存条技术的广泛应用,计算机计算能力大幅提高,促进了基于智能计算理论的方法的发展。由于受到天气情况、驾驶员状态、突发事件等多种因素的影响,交通流表现出非线性和不确定性,使传统的预测方法效果并不理想,智能计算理论方法的应用成为交通流预测中研究的焦点。目前,应用比较广泛的智能计算理论方法有神经网络(neural network,NN)、支持向量机(support vector machine,SVM)、遗传算法(genetic algorithm,GA)和灰色模型(grey model,GM)等。

1)神经网络

神经网络也称为人工神经网络(artificial neural networks,ANN),是具有适应性的简单单元组成的广泛并行互联的网络,能够模拟生物神经系统对真实世界物体所做出的交互反应[24]。神经网络利用大量历史数据训练模型,学习输入-输出的映射关系,能够识别复杂非线性特征,广泛应用于交通流预测任务。神经网络代表有反向传播神经网络(back propagation neural network,BPNN)、径向基函数网络(radial basis function network,RBF)、广义回归神经网络(general regression neural network,GRNN)和小波神经网络(wavelet neural network,WNN)。1998年,朱中等[25]提出应用BPNN建立交通流预测模型,并将其应用于人工智能交通流量预测软件系统。2005 年,Jiang 等[26]提出了一种动态时延 WNN 模型用于交通流预测,该模型引入交通流的自相似性、奇异性和分形属性,并应用自相关函数选择交通流序列最佳输入维度。2010 年,Kuang 等[27]建立了 GRNN 预测模型,用于城市路段短时交通流预测,取得了比 BPNN 更好的预测结果。2012 年,Chan 等[28]使用指数平滑法去除交通数据中的异常数据,并采用 Levenberg-Marquardt 算法训练 BPNN 进行交通流预测,提高了模型预测精度与泛化能力。2014 年,Zhu 等[19]建立 RBF 神经网络,实现对交叉路口交通流的预测。2016 年,Li 等[29]应用贝叶斯理论识别交通流中的混沌特征,并将其应用于 RBF 神经网络中对交通流进行预测。神经网络以出色的非线性处理能力在交通流预测中被广泛应用;但当数据样本过小时,其面临过拟合问题,同时可解释性较差。

2) 支持向量机

支持向量机通过引入核方法和最小化结构风险原则,解决样本小、维度高的学习问题。2002 年,Ding 等[30]将 SVM 应用于交叉路口交通流预测,取得了理想的效果。2007 年,Su 等[31]提出了一种基于增量学习支持向量回归的短期交通流预测方法,通过增量学习的方式实时更新预测函数,实验结果表明该模型优于反向传播(BP)神经网络模型。2013 年,傅贵等[32]引入核函数把交通流预测问题转换成高维空间的线性回归问题,设计了支持向量回归模型对交通流进行预测,实验结果表明该模型优于卡尔曼滤波算法。2018 年,康军等[33]提出了一种基于滑动时间窗口的最小二乘 SVM 交通流预测模型 LS-SVM,简化了拉格朗日(Lagrange)乘子的求解过程,利用移动窗口确定新旧样本的去留,该模型在保证精度的同时降低了模型在线更新时间。SVM 方法剔除了大量冗余样本,其计算复杂性取决于支持向量的数目,在某种意义上避免了维数灾难;但是该方法对大规模数据的分析存在不足。

3) 遗传算法

遗传算法模拟达尔文生物进化论,通过计算个体适应度来选择个体,并通过对遗传因子进行交叉变异操作得到新的个体,直到得到问题的最优解。遗传算法在交通流预测中通常执行优化操作。2005 年,Vlahogianni 等[34]提出了一种基于遗传算法的神经网络多层结构优化策略预测城市交通流,取得了令人满意的结果。2011 年,李松等[35]为优化 BP 神经网络在交通流预测中的性能,提出基于遗传算法优化的神经网络模型,其结果表明,优化策略能够帮助模型取得更好的性能。2014 年,Dezani 等[36]基于遗传算法,通过选取合适的适应度函数,优化交通路径选择。

4) 灰色理论模型

灰色理论模型建立在系统中一部分信息未知、另一部分信息已知的基础上,对系统因素之间发展趋势进行分析,进而预测事物未来发展趋势。2002年,孙燕等[37]建立了一种自适应的GM(1,1)模型预测无检测器交叉路口的交通流。2004年,陈淑燕等[38]引入等维递推和自适应的思想改进GM(1,1)模型预测交叉路口的交通流,提高了模型的预测精度。2016年,Bezuglov等[39]研究了三种用于短时交通速度预测的灰色理论模型,分别为一阶单变量灰色模型GM(1,1)、傅里叶误差修正的灰色模型EFGM和傅里叶误差修正的灰色Verhulst模型,验证了灰色理论在短时交通速度和出行时间预测中的有效性,降低了预测误差。

3.基于深度学习理论的方法

近年来,随着交通数据的体量不断增大,以大数据为驱动、计算和结构更为复杂的深度学习模型越来越受到重视。同时,随着21世纪初期图形处理器(GPU)、中央处理器(CPU)集群的广泛应用,计算机计算能力极大提高,支持了深度学习的发展。深度学习适用于大规模数据学习,可以执行更复杂的表示和抽象,并获得良好的性能,能够弥补浅层网络对大数据处理和特征分析的不足,其在图像处理、自然语言处理、信号处理等领域取得许多重要的成就。在交通流预测领域,应用比较广泛的深度学习模型有卷积神经网络(convolutional neural network,CNN)、循环神经网络(recurrent neural network,RNN)、长短时记忆(long short-term memory,LSTM)网络、门控循环单元(gated recurrent unit,GRU)网络、堆栈自编码(stacked autoencoders, SAE)网络和深度信念网络(deep belief network,DBN)。

1)卷积神经网络

卷积神经网络具有强大的局部感知能力,适用于局部空间特征相关问题的研究,已经在图像的处理、目标跟踪、自然语言处理等众多领域取得显著成果。近年来围绕交通流预测问题同样出现了不少研究成果。2016年,Yu等[40]将CNN应用于城市短时交通流预测,该方法考虑了交通位置之间的空间关系,并利用这些信息训练CNN进行交通流预测,提高了预测精度。2017年,Lu等[41]建立了状态矩阵来描述交通状态,利用CNN提取抽象的高维状态信息预测交通状态,实验结果表明,CNN模型比传统的神经网络模型更能有效地预测交通事故。2017年,Ma等[42]利用时空矩阵表示交通特征变量,并应用CNN提取时空特征,实现对交通速度的预测。2019年,孔繁钰等[43]建立了基于时空特征的交通流预测模型,利用CNN提取交通流空间特征,实验结果表明该算法具有较高的预测精度。大量研究表明,CNN在交通流时空特征提取方面极具优势。

2)循环神经网络

循环神经网络有别于传统神经网络,其具有记忆功能,适用于有序且存在内在联系的特征分析,在语音识别、机器翻译以及时间序列分析等领域被广泛应用。LSTM 模型和 GRU 模型在 RNN 的基础上进行改进,解决了 RNN 模型的长期依赖问题。2016 年,Fu 等[44]提出将 LSTM 模型和 GRU 模型用于模拟交通流动态特征,实现短时交通流预测,取得了较好的实验效果。2017 年,Yu 等[45]利用时空循环卷积网络预测城市道路的交通速度,利用 CNN 挖掘交通网络的空间特征,而 LSTM 则学习交通演化的时间特征。2017 年, Zhao 等[46]建立了二维 LSTM 模型,对交通流的时空特征进行分析,实验结果验证了模型的鲁棒性和有效性。2018 年,王体迎等[47]构建了基于 GRU 模型的交通流预测模型,以 1h 为时间间隔采集数据,验证模型在不同观测点长时预测的性能。2018 年,罗向龙等[48]提出 KNN-LSTM 短时交通流预测模型,由 KNN 选择与当前预测点相似的交通流序列,并利用 LSTM 训练这一序列得到预测结果,实验结果表明该模型具有较高的准确率。RNN 及其变体 LSTM、GRU 能够模拟动态的交通流时序特征,在预测中取得了不错的效果;但由于模型的复杂性,训练相对困难。

3)堆栈自动编码网络

堆栈自编码网络由自编码网络组成,包含预训练和微调两个过程。预训练通过编码操作和解码操作逐层训练隐层参数,微调利用反向传播算法调整网络参数,这一过程降低了模型训练难度,提升了模型收敛速度。2015 年,Lv 等[49]首次提出了应用 SAE 模型对快速路网交通流进行预测。2017 年,Zhou 等[50]提出了一种训练样本复制策略以训练 SAE,并提出了一种自适应增强方案来集成 SAE,以提高交通流预测的精度。2019 年,Zhao 等[51]提出 SAE 模型用于城市短时交通流预测,实验结果表明其优于传统 BP 神经网络。

4)深度信念网络

深度信念网络由受限玻尔兹曼机组成,采用逐层贪婪训练算法解决深度神经网络难以训练的问题。2014 年,Huang 等[52]建立了基于 DBN 和多任务学习机制的交通流预测模型。2018 年,Zhang 等[53]提出了一种基于优化策略的 DBN 模型来预测交通流量,其中使用 Fletcher-Reeves 共轭梯度算法来优化模型参数,以及用遗传算法寻找不同时段的 DBN 模型最优超参数,实验结果表明,该模型在不同时段预测中取得了较好的性能。

4.基于组合模型的方法

组合模型的研究也是交通流预测中的重点,根据模型的不同特点,有学者提出了大量的组合模型的方法用于交通流预测。2005 年,Zheng 等[54]设计了一个基于贝叶斯和神经网络的组合交通流预测模型,利用条件概率将不同的神经网络训练所得到的特征进行融合完成最终预测。2009 年,Tan 等[55]提出了一种基于移动平均、指数平滑、ARIMA 和神经网络的组合模型,利用单独的模型分别学习交通流特征,并用神经网络整合各个特征得到最终预测结果,通过对比实验验证了组合模型的优势。2011年,沈国江等[56]提出了一种基于卡尔曼滤波模型、人工神经网络和模糊综合模型的交通流预测组合模型,旨在发挥不同模型的优点,提高短时交通流预测效果。2018年,Wu等[57]提出了一种结合CNN和LSTM的交通流预测模型,对路网交通流进行预测,取得了较好的性能。2018年,刘兆惠等[58]针对交通信息采集中噪声干扰的问题提出了一种基于小波分析和卡尔曼滤波方法相结合的交通数据去噪算法,提高了数据质量和模型预测精度。2018年,Du等[59]提出利用CNN和GRU捕捉交通流的时间空间特征,并引入注意力机制提升模型的预测效果。

综上所述,基于统计理论方法的模型计算简单且执行效率高,适用于对交通线性关系的分析,难以应对交通流的非线性和不确定性。与基于统计理论方法相比,基于智能计算理论的方法的交通流预测模型在预测精度和非线性处理能力方面更具优势。然而,多数基于智能计算理论的方法依赖浅层结构,其在少量数据集上具有出色的预测性能,而当数据集规模增大时性能明显下降。基于深度学习理论的方法的模型能够更加有效地学习复杂的交通流时空特征且需要很少的先验知识。但由于模型结构复杂,训练相对困难。基于组合模型的方法考虑不同模型的特点从而取长补短,是交通流预测未来研究发展的一个重要方向。

有关交通流预测的理论方法研究至今没有形成完备的理论体系,而随着未来科学技术的发展以及计算机计算能力的不断提高,在智能交通领域势必会涌现出更具优势的交通流预测方法,其执行效率与准确率将不断升级,优于传统预测模型,在实际应用中发挥重要作用。

1.3 交通流预测挑战

通过对交通流预测研究现状的分析和总结发现,目前研究主要面临以下三个方面的挑战:

1.交通网络状态分析

交通路网状态的远景预测能够帮助决策者制定更全面的交通管控计划,而现有研究大多针对单一路段进行预测,往往容易忽略其在交通网络中的部分时空特征,造成模型预测性能下降。在时间维度上,观测到交通流具有连续特征;在空间维度上,相邻路段间交通流彼此相互影响,这种影响在传播的作用下有可能对更远的路段产生影响。因此,交通流路网交通状态的分析和时空特征的学习是交通流预测所要面对的主要挑战。

2.交通流数据质量

交通数据采集逐渐多样性且数据规模越加庞大,给提高交通流预测性能带

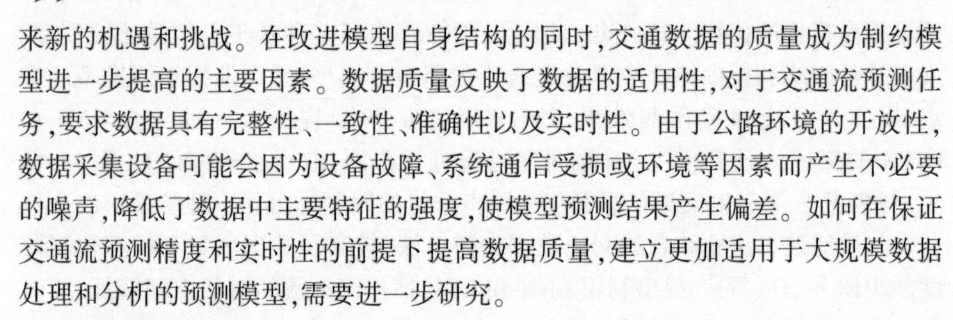

来新的机遇和挑战。在改进模型自身结构的同时,交通数据的质量成为制约模型进一步提高的主要因素。数据质量反映了数据的适用性,对于交通流预测任务,要求数据具有完整性、一致性、准确性以及实时性。由于公路环境的开放性,数据采集设备可能会因为设备故障、系统通信受损或环境等因素而产生不必要的噪声,降低了数据中主要特征的强度,使模型预测结果产生偏差。如何在保证交通流预测精度和实时性的前提下提高数据质量,建立更加适用于大规模数据处理和分析的预测模型,需要进一步研究。

3.复杂因素影响

交通流变化趋势受到多种因素的影响,具有一定的随机性和动态性,因此预测任务十分复杂。交通流预测的影响因素可以分为内部因素和外部因素。在内部因素上,交通流的连续性、日周期性和周周期性,以及路段间通过传播作用相互影响,造成了交通流时空特征的多样性。在外部因素上,恶劣天气与节假日对交通流变化有着显著的影响。在降雨、降雪等天气条件下,路面附着系数降低,造成车流量的累积;而节假日期间,公众出行量增加,交通流也随之急剧增加。因此,对交通流内在时空特征及外部影响因素的分析,能够为交通流预测理论提供丰富的、有价值的先验知识。在此基础上,挖掘高速公路路网交通流状况及其动态特征,分析交通流演变规律,提高交通流预测的准确率和效率,将从整体上提升高速路网服务水平。

4.单步预测向多步预测的过渡

交通流的短期预测能够实现对当前道路状态的准确判断,但是难以为长期道路决策提供有效的信息支撑。路径规划过程中不仅需要准确的交通流预测,而且需要预知未来连续多个时刻的交通状态。例如,交通调度可能需要提前至少 30min 估计交通状况,才能有效地实施交通管控,预防拥堵状态发生。然而,大多数交通流量预测方法基于单步预测方法进行研究。当将单步预测模型应用于多步预测时,往往会因为误差累积使得模型性能极速下降。模型从单步预测向多步预测的过渡也是未来交通流预测研究的重点和挑战。

1.4 本书研究内容

本书结合交通流特征,针对交通流预测中存在的一些问题展开分析,并提出相应的解决方法。本书主要针对交通网络状态分析问题提出了基于循环神经网络与多模态识别的高速路网短时交通状态预测方法和基于堆栈自编码网络和多任务学习的交通流预测方法;针对交通数据降噪问题提出了基于 Fused Ridge 与多任务学习的交通流预测方法和基于奇异值分解降噪的交通流预测方法;针对交通流复杂影响因素问题提出了基于卷积神经网络与多特征融合的交通流预测方法和基于动态特征选择的交通流预测方法；针对多步交通流预测问题提出了基于循环神经网络和注意力机制的多步交通流预测方法。

1.交通网络状态分析与研究

提出了一种基于循环神经网络与多模态识别的高速路网短时交通状态预测方法，考虑车辆因素对交通状态预测的影响，综合分析了车辆因素与交通量、平均速度和占道率三种交通参数在高速路网中的灰度关联性；通过构建基于车辆因素考虑的RNN交通参数预测模型完成各个交通参数的预测；基于交通参数预测的结果，结合模糊C均值聚类算法和KNN算法完成对高速路网交通状态的预测；同时考虑到传统模型训练方法在准确率和泛化能力上的不足，提出了多模态自适应修正训练方法。利用交通参数和交通状态之间的对应关系来修正模型，充分考虑了交通参数与具体交通状态之间的联系，提高了模型的预测性能和泛化能力。

提出了一种基于堆栈自编码网络和多任务学习的交通网络流量预测方法，旨在克服传统神经网络无法充分利用交通网络时空特征共享信息的局限性，同时解决深度神经网络初始化问题。现有研究多针对单路段交通流进行预测，往往会导致模型忽略部分时空特征，降低预测准确性。深度神经网络通过加深网络层数可以任意精度逼近任意函数。但是，随着网络的加深，会带来正向传播梯度消失、反向传播信息量减少、训练时间增加等问题。对网络进行合理的初始化有助于减少网络层数，降低训练难度，提高学习效率。基于堆栈自编码网络和多任务学习的预测方法能够有效解决这一问题。首先采用多任务学习机制学习任务之间的共享信息，整合多路段之间的时空特征；其次对神经网络采用预训练的方式进行权重初始化，避免神经网络训练过程中梯度弥散或梯度爆炸现象的出现，加快模型收敛速度，提高模型预测精度。实验结果表明，在两个真实数据集上，所提出的模型在预测精度上优于对比模型，验证了模型的有效性和泛化能力。

2.交通流数据降噪方法研究

提出了一种基于Fused Ridge与多任务学习的交通流预测方法，旨在解决交通噪声数据对预测结果造成偏差的问题。数据样本中的噪声往往会削弱样本中的主要特征，使预测模型在数据的整体学习上表现不佳。交通流数据的质量直接影响模型的预测性能，因此，针对含有噪声的交通数据，亟待建立更具鲁棒性的预测模型。交通流时间序列具有有序且高度相关的特征，所提方法基于此引入系数差分惩罚项保证相邻特征间的相似性，过滤噪声数据。另外，利用所提方法中多任务学习机制学习交通流的时空特征。实验结果表明，所提方法在预测准确率上优于对比模型。此外,在加入高斯噪声的数据和缺失数据上显示了其在交通流预测任务中的有效性和鲁棒性。

提出了一种基于奇异值分解降噪的交通流预测方法,旨在降低交通流随机噪声对预测结果的影响。高速公路交通流受多种因素影响,交通流序列具有非线性、非平稳性、含噪声的特点。基于此,模型首先采用 SSA 法对原始交通流时间序列进行分解、降噪与重构。在此基础上,提出 SSA-CNN-GRUAT 交通流预测模型,分别从时间与空间两个维度对重构后的交通流数据采用深度学习方法提取交通流的时空特征:利用 CNN 结构提取交通流的空间特征,利用带有注意力机制的 GRUAT 网络提取交通流的时间特征。模型综合考虑了交通流的时空特征,融合注意力机制的 GRUAT 时间特征提取结构,增强了时间特征的学习能力。最后通过实验将 SSA-CNN-GRUAT 交通流预测模型与多种模型进行对比分析,结果显示,基于 SSA-CNN-GRUAT 的交通流预测模型取得较高的预测精度,表明模型的有效性。

3.交通流复杂影响因素研究

提出了一种基于卷积神经网络和多特征融合的交通流预测方法,通过对交通流的内在特征和外在影响因素的分析,旨在提高预测模型的准确率和鲁棒性。交通流不仅表现出连续的特征,而且观测到强烈的周期特征,在对交通流建模的过程中后者往往被忽略。此外,由于公路环境的开放性,交通流的变化受多种外部因素的影响。与适宜天气相比,降雨、降雪、大雾等恶劣天气使路面能见度和附着系数降低,通行能力受阻,对交通流造成影响。而在节假日,公众的出行量增加,交通流也表现出异于往常的变化。模型首先将交通流的时间特征分为连续性、日周期性和周周期性,并分别与空间特征相结合由二维时空矩阵表示;然后利用 CNN 从三类时空矩阵中提取高维时空特征;最后通过逻辑回归层将所提取的高维特征与外部因素融合得到最终的预测结果。模型对比实验结果表明,内在特征和外部因素能够提高模型预测的准确率,验证了模型的有效性。同时分析了不同特征对交通流预测的影响,扩展并补充了关于交通流特征的研究。

提出了一种基于动态特征选择的交通流预测方法,结合交通流特征影响因素分析,旨在实现交通流动态特征选择,提高交通流预测的适用性。构建了高速公路短时交通流预测模型 RF-IABC-MKLSSVM,该模型首先在高速公路交通流数据特性分析的基础上构建初始特征变量集,利用随机森林算法建立动态特征变量选择模型。分别筛选出对客货车交通流变化较为重要的特征变量,构建高峰时段和平峰时段交通流预测样本数据集,进而选取最小二乘支持向量机作为基础预测模型,选用 ploy 核函数、sigmoid 核函数和 RBF 核函数建立多核核函数;然后利用差分进化、最优位置选取及自适应调整思想改进的人工蜂群算法,对多核最小二乘支持向量机预测模型参数进行优化,构建交通流预测模型;最后分别对吉林省高速公路高峰时期和平峰时期客货车交通流进行预测,将客货车交通流进行相加得出总的交通流预测值。通过对比实验验证了模型的有效性。

4.多步交通流预测研究

提出了一种基于循环神经网络和注意力机制的多步交通流预测方法,着眼于多步交通流预测,旨在解决多步交通流预测中误差累计和长期依赖的问题。短时交通流预测能够实现对道路状态的准确判断和估计,但是难以为长时道路决策提供有效的信息支撑,因此对多步交通流预测的需求日益增加。多步交通流预测面临的主要问题是预测误差会逐渐随着步数的增加而累积,使模型预测性能逐渐下降。针对此问题提出利用循环神经网络重建交通流动态轨迹,并结合多输出策略,以减少步数增加时的累积误差。此外,为了提高预测精度,引入注意力机制,自适应地寻找对当前任务相对重要的信息。实验在不同数据集上验证了所提方法的有效性和泛化能力。

1.5　本书结构

第1章绪论。主要介绍高速公路交通流预测研究的背景及意义,总结和分析交通流预测方法的研究现状和面对的挑战,对本书中提出的方法及所要解决的问题进行简单介绍。

第2章交通流相关概念及预测理论方法。首先明确交通流的基本概念,分析交通流的特征;其次对交通流预测方法进行详细的介绍和分析。

第3章高速路网交通参数数据特征分析。分别介绍研究所用的高速公路收费数据和PeMS数据,并分别对两类数据的交通参数进行时空特征分析,以及对交通参数相互之间的关联性进行定性和定量分析,为交通流的研究奠定了基础。

第4章基于多模态识别的交通状态预测方法研究。首先依据车型比例对不同交通参数的敏感程度不同,采用灰色关联方法分析了路网各交通参数与大车比例之间的关联特;其次介绍基于循环神经网络的路网交通参数预测模型完成对路网各交通参数的预测,并结合模态识别方法识别交通状态;最后通过实验完成对模型的验证。

第5章基于共享时空特征的交通状态预测方法研究。首先指出路网时空特征在交通流预测中的重要性,以及深度神经网络初始化问题;然后介绍深度神经网络初始化方法,以及多任务学习框架;接着详细介绍模型训练方法;最后实验论证模型的有效性和泛化能力。

第6章基于Fused Ridge降噪的交通流预测方法研究。首先介绍数据质量在预测中的重要性，指出噪声对模型的影响；然后介绍了所应用的方法及其理论基础；接着提出 Fused Rigde 特征选择方法及理论证明，给出预测模型总体结构框架；最后实验验证模型在处理噪声数据中的有效性。

第 7 章基于奇异值分解降噪的交通流预测方法研究。首先介绍用奇异值分解法对高速公路交通流的处理过程与结果；其次构建 CNN 空间特征提取网络结构、GRU 网络时间特征提取网络结构、带有注意力机制的 GRUAT 网络结构，提出基于 SSA-CNN-GRUAT 的交通流预测模型；最后通过实验分析验证了所提模型的有效性。

第 8 章基于多特征融合的交通流复杂影响因素研究。首先指出交通流内部特征和外部影响因素在交通流预测任务中的重要性；然后对交通流特征分析相关工作、交通数据表示方法及所用方法理论进行详细介绍；接着提出了模型的总体框架，并介绍交通数据表示方法、特征提取及融合方法；最后实验验证模型的有效性，讨论不同特征对模型的影响。

第 9 章基于动态特征选择的交通流预测方法研究。首先针对高速公路客货车交通量对特征变量敏感程度不同，建立随机森林算法动态特征变量选择模型；其次介绍改进人工蜂群参数优化的多核最小二乘支持向量机交通流预测模型；最后实验验证分析模型的有效性。

第 10 章多步交通流预测方法研究。首先介绍多步交通流预测采用的不同策略以及存在的问题；其次提出应用迭代策略和多输出策略相结合的多步交通流预测模型；然后引入注意力机制提高模型特征学习能力；接着给出模型的总体框架及训练方法；最后实验验证模型在多步交通流预测任务中的有效性和鲁棒性。

第 11 章总结及展望。对本书中研究工作进行总结，并给出对未来工作的展望。

1.6 小结

本章首先给出了高速公路交通流预测的研究背景；然后对现有交通流预测方法进行了总结和分析，指出了其中存在的问题；接着在此基础上介绍了书中的研究内容与研究方法；最后对本书结构安排进行梳理，引导读者后续进一步阅读。

第 2 章　交通流相关概念及预测理论方法

2.1　交通流的基本概念和特征

交通流是指机动车行驶在交通路网中形成的车流,是反映道路通行能力和路面交通状态的重要指标之一。交通流通常在宏观上由以下三要素组成。

(1)交通流量:单位时间通过某一道路或断面的车辆的数目。交通流量能够直观地反映道路的通行状态与通行需求,随着地点和时间变化,具有动态特征。因此,在交通问题分析中普遍选用交通流量作为研究对象,对未来一段时间内的状态进行估计和预判。本书也将交通流量作为主要研究对象,书中交通流泛指交通流量。

(2)速度:单位距离内行程时间的倒数。它是度量车辆运行效率的基本指标。速度通常分为瞬时速度和平均行驶速度。瞬时速度是车辆在行驶过程中某一瞬间(通常为几秒)的速度,对于制定限速标准、减少事故率有重要指导意义。平均行驶速度是总路程与行程时间的比值,其中行程时间包括行驶时间和在行驶途中的等待、休息等非行驶时间,是分析交通延误的重要指标。

(3)密度:一定长度道路在某一时刻所包含的车辆数目。这一指标是时间长度和空间距离共同作用的结果,时间和空间位置的不同,密度的变化可能很大。密度参数也在判断交通状态和路径规划中起着重要的作用。在实际应用中由于相关数据获取的难度较大,通常采用车道占有率来表征密度参数。

交通流具备以下特征:

(1)时空相关性。在时间上,交通流在同一地点连续时刻不断变化,上一时刻交通流会对下一时刻交通流产生影响,在时间序列上表现出连续性。同样地,在空间上,同一时刻相邻的路段之间的交通流也相互影响,下游交通流受上游交通流的影响。时空相关性是交通流最重要的特征。

(2)周期性。由于城市生活存在规律性,比如上班族按照固定的时间上下班、休息,学生按照固定时间上学放学。以日为单位,交通流具有相似的趋势变化,波峰与波谷出现的时间段相对接近。同理,这一特性也可以扩展到周,每周的同一天交通流在分布上有相似的特征,表现出周期性。

(3)不确定性。交通流容易受外部因素的影响。在降雨、降雪、大雾等恶劣天气条件下,道路能见度降低,路面附着系数降低,对交通流变化产生极大的影响。此外,交通流在节假日与工作日也表现出了不同的趋势特征。在节假日,交通流明显高于工作日。这些外部因素造成了交通流变化的不确定性。

(4)随机性。交通流的随机性主要体现在驾驶员的主观能动性上。驾驶员对出行时间的选择,以及对道路状态的判断与择优,对道路交通流产生直接的影响,将会造成波峰与波谷的提前或推迟,使得交通流呈现出随机性。

2.2 交通流预测分类

交通流预测是指基于交通流历史数据和变化趋势,构建智能化的分析方法,对未来若干时段的交通流进行预测。交通流预测根据时间间隔的长短通常可以分为短时交通流预测和长时交通流预测。短时交通流预测时间间隔一般不超过15min。长时交通流预测一般以小时、天、月,甚至年为时间间隔。

短时交通流预测是对交通流状态的直观体现,主要用于交通管控和诱导。它能够帮助交管部门快速实现道路状态的判断,为道路决策提供支持,减少交通拥堵;同时为出行者提供有效准确的实时信息服务,帮助他们选择出行路径,节省出行时间,节约能源,提高出行质量。这意味着对短时交通流预测的实时性、准确性、可靠性有很高的要求。由于受公路开放环境的影响,短时交通流预测具有高度的不确定性和随机性,同时,受城市生活规律的影响,交通流也表现出强烈的周期性,这些为预测带来极大的难度。

长时交通流预测体现了交通流中长期的变化规律,有助于对路网进行规划和维护。长时交通流预测能够支持政府对路网进行长期交通规划,实现道路工程指标、养护标准的制定,同时有助于对交通资源的分配和利用。长时交通流的变化规律与地区经济发展、人口流动、产业结构变化等有非常重要的联系。因此,长时交通流预测在地方乃至国家的统筹工作中具有十分重要的意义。

本书主要针对短时交通流的预测方法进行研究,旨在建立更具鲁棒性、更加精准的交通流预测模型,满足实际需求。

2.3 交通流预测理论方法

交通流预测方法的总体流程(图 2.1):首先从硬件设备中获取原始交通流数据;然后根据实际情况对数据做相应必要的预处理,如降噪、缺失值补全和归一化等;接着将数据分为训练集和测试集,训练集用来训练设计好的模型以得到最终预测模型,训练过程中通常以最小化真实值与预测值之间的误差为终止条件;最后利用测试集来验证模型的有效性,同时得到预测结果。交通流预测模型的建立需要结合实际应用场景,保障预测的实时性、精确性及鲁棒性。

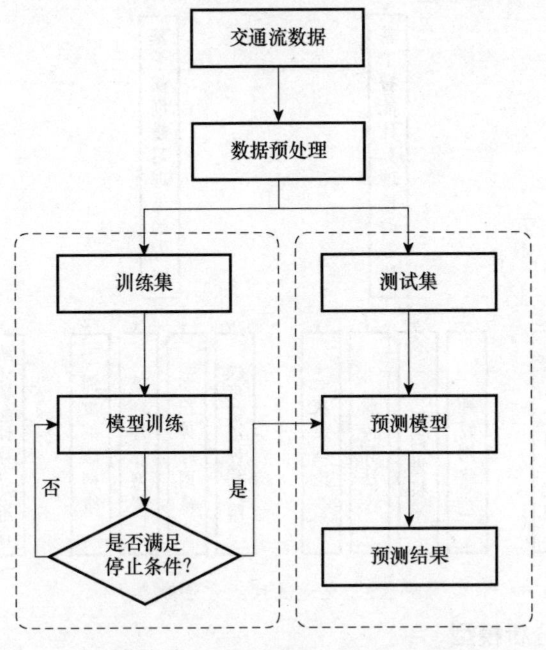

图 2.1　交通流预测方法的总体流程

目前针对短时交通流预测,根据预测理论的不同交通流预测方法可以分为基于统计理论的方法、基于智能计算理论的方法、基于深度学习理论的方法和基于组合模型的方法,每种方法的代表模型如图 2.2 所示,本节主要对上述四种方法以及对应的代表模型进行详细的介绍。

2.3.1　基于统计理论的方法

1.历史平均模型

历史平均模型是通过交通流历史数据建立的线性关系模型,用于对未来交通流进行预测。这一方法建立在假设同一地点的交通流以固定的周期重复出现的前提下。其定义为

$$x_{t+1}=\alpha x_t+(1-\alpha)x_{t-1} \tag{2.1}$$

式中:x_{t+1} 为未来时刻交通流;x_{t-1}、x_t 分别为过去时刻和现在时刻观测到的交通流;α 为平滑系数。

历史平均模型具有计算简单、效率高的优点,但它缺乏对交通流的不确定性和非线性的考量,在面对复杂多变的交通情况时预测精度极速下降。

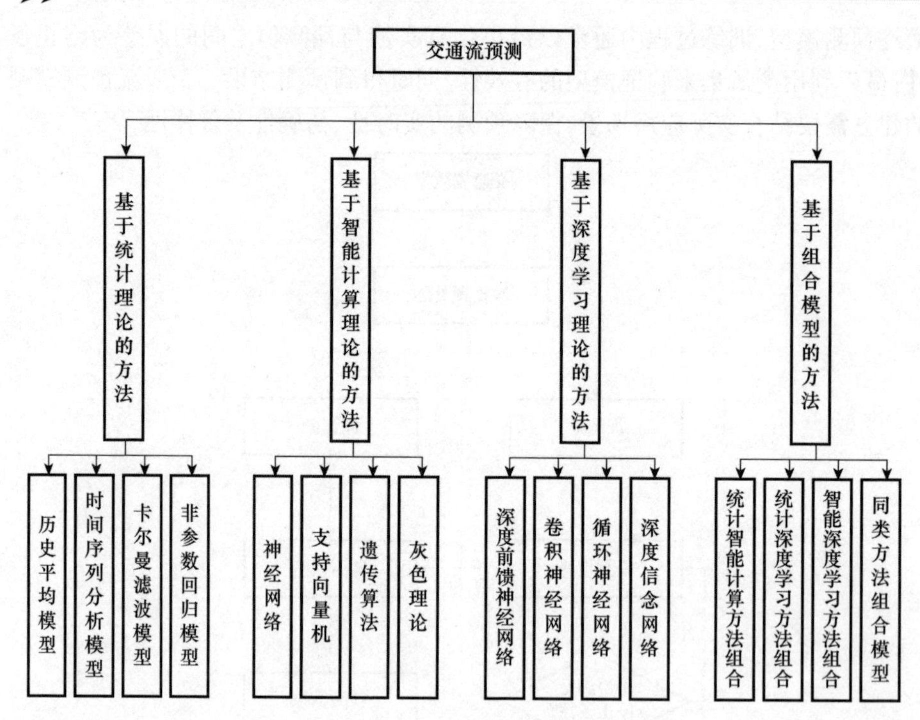

图 2.2　交通流预测方法分类

2.时间序列分析模型

时间序列也被称为动态数列，是把研究对象特征按照时间的先后顺序排列起来的观测序列，它能够反映研究对象发展变化的动态性。早期的时间序列分析一般采用直观的数据比较或通过绘图进行观测，来搜寻研究目标的动态发展规律，这种方法称为描述性时间序列分析方法。

随着时间序列分析拓展到更多的领域，其表现出来的随机性造成描述性时间序列分析方法存在很大的局限性。通过对时间序列的简单描绘难以准确地对未来趋势进行预测。因此，有学者提出了运用数理统计学方法来分析时间序列，根据历史数据显示出来的规律性，建立数学模型，对未来的发展趋势进行预测。典型的代表为 ARIMA(p,d,q)模型，该模型包含了自回归模型(auto-regression) AR(p)、移动平均模型(moving average) MA(q)以及平稳自回归移动平均模型 ARMA(p,q)。

ARIMA 模型需要确定参数 p、d、q，它们分别代表自回归阶数、差分阶数、移动平均阶数。模型首先判断时间序列是否为平稳序列，检验方法主要有单位根检验法和非参数检验方法。若为非平稳序列，则使用差分将序列变为平稳序列。一阶差分和二阶差分分别表示为

$$\Delta x_t = x_t - x_{t-1} \tag{2.2}$$

$$\Delta x_t = (x_t - x_{t-1}) - (x_{t-1} - x_{t-2}) = x_t - 2x_{t-1} + x_{t-2} \tag{2.3}$$

差分阶数通常为一阶或二阶。确定适合的差分阶数后序列变为平稳序列，此时计算出当前序列的自相关系数和偏相关系数，确定 p 和 q，则可得到 ARIMA 模型的数学表达式：

$$x_t = \mu + \varphi_1 x_{t-1} + \varphi_2 x_{t-2} + \cdots + \varphi_p x_{t-p} + \varepsilon_t + \theta_1 \varepsilon_{t-1} + \theta_2 \varepsilon_{t-2} + \cdots + \theta_q \varepsilon_{t-q} \tag{2.4}$$

式中：x_t 为样本值；$[\varphi_1, \varphi_2, \cdots, \varphi_p]$ 为自回归系数；$[\theta_1, \theta_2, \cdots, \theta_q]$ 为移动平均系数；ε_t 为零均值白噪声。

时间序列分析方法同样具有简单高效的特点，优于历史平均模型，但同样忽略了交通流非线性特征和不确定性，造成模型在应对复杂交通因素时准确率下降。

3. 卡尔曼滤波模型

卡尔曼滤波模型由卡尔曼（Kalman）于 1960 年首次提出，为线性滤波和预测问题提供了新的思路和方法，它将统计学应用到滤波算法上，能够处理多维和非平稳的随机过程[60]。卡尔曼滤波是根据前一个估计值和最近一个观测数据来估计当前信号值。其将状态空间模型引入滤波理论，以最小均方误差为估计的最佳准则，并用递推的方式进行估计计算：

$$\boldsymbol{X}_k = \boldsymbol{F}_{k,k-1} \boldsymbol{X}_{k-1} + \boldsymbol{T}_{k,k-1} \boldsymbol{U}_{k-1} \tag{2.5}$$

$$\boldsymbol{Y}_k = \boldsymbol{H}_k \boldsymbol{X}_k + \boldsymbol{N}_k \tag{2.6}$$

式中：$\boldsymbol{X}_k$、$\boldsymbol{Y}_k$ 分别为 k 时刻的状态向量和观测向量；$\boldsymbol{F}_{k,k-1}$ 为状态转移矩阵；$\boldsymbol{T}_{k,k-1}$ 为系统控制矩阵；$\boldsymbol{U}_{k-1}$ 为动态噪声；$\boldsymbol{H}_k$ 为观测矩阵；$\boldsymbol{N}_k$ 为观测噪声。

卡尔曼滤波的算法流程如下：

（1）预估计：

$$\hat{\boldsymbol{X}}_k = \boldsymbol{F}_{k,k-1} \boldsymbol{X}_{k-1} \tag{2.7}$$

（2）计算预估计协方差矩阵：

$$\hat{\boldsymbol{C}}_k = \boldsymbol{F}_{k,k-1} \boldsymbol{C}_k \boldsymbol{F}_{k,k-1}^{\mathrm{T}} + \boldsymbol{T}_{k,k-1} \boldsymbol{Q}_k + \boldsymbol{T}_{k,k-1}^{\mathrm{T}} \tag{2.8}$$

式中：$\boldsymbol{Q}_k = \boldsymbol{U}_k \boldsymbol{U}_k^{\mathrm{T}}$，$\boldsymbol{U}_k$ 为 k 时刻的动态噪声。

（3）计算卡尔曼增益矩阵：

$$\boldsymbol{K}_k = \hat{\boldsymbol{C}}_k \boldsymbol{H}_k^{\mathrm{T}} (\boldsymbol{H}_k \hat{\boldsymbol{C}}_k \boldsymbol{H}_k^{\mathrm{T}} + \boldsymbol{R}_k)^{-1} \tag{2.9}$$

式中：$\boldsymbol{R}_\kappa = \boldsymbol{N}_\kappa \boldsymbol{N}_\kappa^{\mathrm{T}}$；$\boldsymbol{N}_k$ 为 k 时刻观测噪声；$\boldsymbol{H}_k$ 为 k 时刻观测矩阵。

（4）用预测值和观测值更新估计值：

$$\widetilde{\boldsymbol{X}}_k = \hat{\boldsymbol{X}}_k + \boldsymbol{K}_k (\boldsymbol{Y}_k - \boldsymbol{H}_k \hat{\boldsymbol{X}}_k) \tag{2.10}$$

(5)计算更新后估计协方差矩阵：

$$\widetilde{\boldsymbol{X}}_{\kappa}=(\boldsymbol{I}-\boldsymbol{K}_k\boldsymbol{H}_k)\hat{\boldsymbol{C}}_k(\boldsymbol{I}-\boldsymbol{K}_k\boldsymbol{H}_k)^{\mathrm{T}}+\boldsymbol{K}_k\boldsymbol{R}_k\boldsymbol{K}_k^{\mathrm{T}} \tag{2.11}$$

(6)获得新的状态估计和协方差矩阵：

$$\boldsymbol{X}_{k+1}=\widetilde{\boldsymbol{X}}_k \tag{2.12}$$

$$\boldsymbol{C}_{k+1}=\widetilde{\boldsymbol{C}}_k \tag{2.13}$$

(7)重复以上步骤。

卡尔曼滤波模型引入递推状态空间模型,同时适用于处理平稳和非平稳的数据,且通过拓展状态假设能够实现不同问题的求解,具有较高的灵活性。但是,该模型基于线性估计,同样难以应对交通流的非线性特征。同时,卡尔曼滤波模型在训练过程中包含大量的矩阵运算和向量运算,相较于时间序列分析方法和历史平均模型计算复杂度上升,参数更新计算量加大,使得其往往在模型输出时具有滞后性。

4.非参数回归模型

非参数回归模型可以看作一种动态聚类模型,它没有严格的数据假设,也不依赖先验知识,而是试图识别类似于当前预测的系统状态的历史输入值或历史状态。对于新的数据可以很容易地加入模型中,而不用像参数回归模型一样进行大量的参数训练,典型的代表为K-最近邻模型。

K-最近邻[61]模型通过所搜样本空间中与被预测样本最为相似的 k 个样本来判断当前样本特征。在回归问题中通过计算 k 个样本的平均值或将距离作为权重参数计算得到预测值。k 值选择是模型的关键:当 k 值过小时,预测结果对近邻的实例点非常敏感,容易发生过拟合;当 k 值过大时,容易出现欠拟合。此外,k 个样本与当前预测样本的相似度通过距离来度量,而不同的距离度量方法确定的最邻近点是不同的。

K-最近邻算法对数据样本中的异常值不敏感,计算简单。但是,该方法对 k 值的选取敏感,k 值的选取往往直接决定着模型的性能;同时模型需要遍历整个样本空间才能求得目标最近的 k 个邻居,计算量大。

2.3.2 基于智能计算理论的方法

1.神经网络

神经网络也称为人工神经网络(artificial neural network,ANN),是一种模仿生物神经网络行为特征的算法数学模型,其网络结构如图2.3所示。

神经网络参数正向传播称为前馈神经网络,由输入层、隐层、输出层组成。

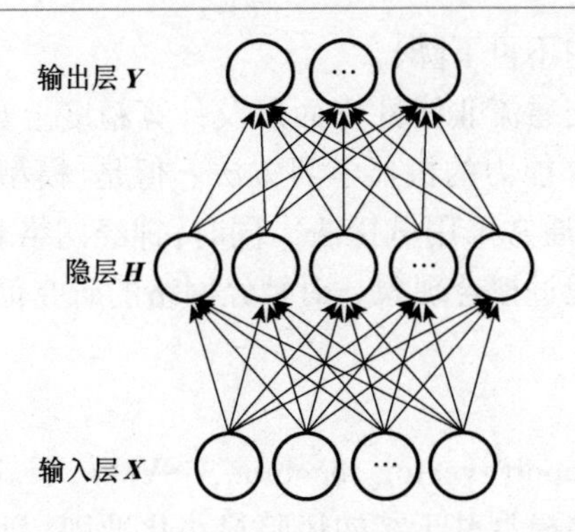

图 2.3　ANN 网络结构

设网络的输入训练集 $D=(\boldsymbol{X},\boldsymbol{Y})=\{(\boldsymbol{x}_i,\boldsymbol{y}_i)\mid i=1,2,\cdots,n\}$，$\boldsymbol{x}_i\in\mathbb{R}^d$，$\boldsymbol{y}_i\in\mathbb{R}^l$，隐层包含 q 个神经元；隐层中每个神经元的输入 $\alpha_h=\sum_{i=1}^{d}v_{ih}x_i$，其中 v_{ih} 为第 i 个输入节点与第 h 个隐节点的权重，第 h 个隐节点的阈值用 γ_h 表示，第 h 个隐节点的输出用 b_h 表示；输出层中每个神经元的输入 $\beta_j=\sum_{j=1}^{q}w_{hj}b_h$，其中 w_{hj} 为第 h 个隐节点与第 j 个输出节点的权重，第 j 个输出节点的阈值用 θ_j 表示，第 j 个隐节点的输出用 y_j 表示。

对于样本 $(\boldsymbol{x}_k,\boldsymbol{y}_k)$，其中 $\boldsymbol{x}_k=(x_1^k,x_2^k,\cdots,x_d^k)$，$\boldsymbol{y}_k=(y_1^k,y_2^k,\cdots,y_l^k)$，神经网络输出 $\hat{\boldsymbol{y}}_k=(\hat{y}_1^k,\hat{y}_2^k,\cdots,\hat{y}_l^k)$，其正向传播学习过程为

$$b_h^k=f(\alpha_h^k-\gamma_h^k) \tag{2.14}$$

$$\hat{y}_j^k=\sigma(\beta_j^k-\theta_j^k) \tag{2.15}$$

式中：f,σ 为激活函数，常见的有 sigmoid 函数、tanh 函数、ReLU 函数等。

BP 算法是常用且有效的神经网络训练算法，它建立在梯度下降法的基础上，属于有监督训练方式。对模型采用 BP 算法进行训练时，模型在样本 $(\boldsymbol{x}_k,\boldsymbol{y}_k)$ 的均方误差为

$$E_k=\frac{1}{2}\sum_{j=1}^{l}(\hat{y}_j^k-y_j^k)^2 \tag{2.16}$$

反向传播阶段依次向后传递误差，对任意参数进行梯度计算，得到更新估计为 $v^{(d+1)}=v^{(d)}-\boldsymbol{\eta}\Delta v^{(d)}$，其中 η 为学习率，d 为迭代次数。例如，对于样本 $(\boldsymbol{x}_k,\boldsymbol{y}_k)$ 第 d 次迭代后隐层到输出层更新权重为

$$w_{hj}^{(d+1)}=w_{hj}^{(d)}-\boldsymbol{\eta}\Delta w_{hj}^{(d)}=w_{hj}^{(d)}-\boldsymbol{\eta}\frac{E_k^{(d)}}{w_{hj}^{(d)}} \tag{2.17}$$

按照以上计算方法对模型全部参数进行训练，直到达到停止条件（如达到

最大迭代次数或均方差不再下降)。

神经网络在处理交通流非线性方面以及计算精度上具有无可比拟的优势,是最容易利用新增计算能力的机器学习方法。但是,模型最优结构的确定至今没有形成明确的理论,通常采用试探法。同时,神经网络对数据量的需求更高,当样本过小时容易出现过拟合现象。对神经网络的研究仍是交通流预测领域中的热点。

2.支持向量机

支持向量机(support vector machine, SVM)于 1995 年由 Cortes 和 Vapnik[62] 正式提出,该模型基于结构风险最小化准则,利用核函数将非线性的低维特征空间映射到线性的高维特征空间,并在高维空间进行线性分类或者线性回归。在交通流预测中主要应用的是支持向量回归(support vector regression,SVR)模型,其具体流程如下:

对于训练集 $D=(\boldsymbol{X},\boldsymbol{Y})=\{(\boldsymbol{x}_i,y_i)\mid i=1,2,\cdots,n\}$,$\boldsymbol{x}_i\in\mathbb{R}^p$,$y_i\in\mathbb{R}$:

(1) 利用非线性映射 $\phi(\cdot)$ 将输入变量 $\boldsymbol{X}$ 从样本空间 $\mathbb{R}^p$ 映射到高维特征空间 $\mathbb{R}^d$;

(2) 构建线性回归函数 $f(\boldsymbol{X})=\boldsymbol{w}^{\mathrm{T}}\phi(\boldsymbol{X})+\boldsymbol{b}$,其中 $\boldsymbol{w}$ 为权重向量($\boldsymbol{w}\in\mathbb{R}^d$),$\boldsymbol{b}$ 为偏置向量。

(3) 将对 w 和 b 的求解转换为凸二次规划问题:

$$\begin{aligned}&\min_{w,b,\xi_i,\hat{\xi}_i} P=\frac{1}{2}\|w\|^2+C\sum_{i=1}^{n}(\xi_i+\hat{\xi}_i)\\&\text{s.t.} f(x_i)-y_i\leqslant\varepsilon+\xi_i\\&y_i-f(x_i)\leqslant\varepsilon+\hat{\xi}_i\\&\xi_i\geqslant 0,\hat{\xi}_i\geqslant 0,i=1,2,\cdots,n\end{aligned}\tag{2.18}$$

式中:C 为正则化常数,用来平衡结构风险与特征表达能力;ε 为不敏感损失函数;ξ_i 和 $\hat{\xi}$ 为松弛变量。

(4) 引入拉格朗日乘子法,式(2.18) 转化为以下对偶问题:

$$\begin{aligned}&\max_{\alpha,\hat{\alpha}} D=\sum_{i=1}^{n}y_i(\hat{\alpha}_i-\alpha_i)-\varepsilon(\hat{\alpha}_i+\alpha_i)\\&\qquad-\frac{1}{2}\sum_{i=1}^{n}\sum_{j=1}^{n}(\hat{\alpha}_i-\alpha_i)(\hat{\alpha}_j-\alpha_j)\boldsymbol{\phi}(x_i)^{\mathrm{T}}\boldsymbol{\phi}(x_j)\\&\text{s.t.}\sum_{i=1}^{n}(\hat{\alpha}_i-\alpha_i)=0\\&0\leqslant\alpha_i,\hat{\alpha}_i\leqslant C\end{aligned}\tag{2.19}$$

(5) 对式(2.19) 进行求解,得到 $\hat{\alpha}_i$、α_i 不同时为 0 时对应的向量为支持向量,从而得到非线性可分训练样本的 SVR 的解:

$$b = y_i - \sum_{j=1}^{n} (\hat{\alpha}_j - \alpha_j)\kappa(x_j, x_i) \tag{2.20}$$

$$f(x) = \sum_{i=1}^{n} (\hat{\alpha}_i - \alpha_i)\kappa(x_i, x) + b \tag{2.21}$$

式中:$\kappa(x_i, x_j) = \boldsymbol{\phi}(x_i)^{\mathrm{T}}\boldsymbol{\phi}(x_j)$ 为核函数,常用的核函数有多项式核函数、径向基核函数、sigmoid 核函数等。

支持向量回归能够支持小样本分析,对低维非线性空间转换成高维线性空间进行求解,适用于处理非线性特征。支持向量回归在交通流预测中取得了较好的效果,现多将其应用于交通流预测的组合模型,对其参数的确定是研究的一个难点。

3.遗传算法

遗传算法是 19 世纪 60 年代由美国密歇根大学教授 J. Holland[63] 提出的一种高效的优化算法,被广泛应用于各种工程领域的优化问题中。该方法的提出主要依据达尔文的进化理论和孟德尔的遗传学理论,通过遗传和进化选择来实现“物竞天择,优胜劣汰”。遗传算法通过交叉、变异、复制得到新的个体来完成遗传和进化的过程,通过适应度计算来完成选择的过程。具体流程如下:

(1) 随机产生一组初始化个体构成初始种群,并评价每个个体的适应度。

(2) 判断算法收敛准则是否满足。若满足,则输出搜索结果;否则,执行下一步。

(3) 根据适应度大小以一定方式进行复制操作。

(4) 按照交叉概率执行交叉操作。

(5) 按照变异概率执行遍历操作。

(6) 返回(2)。

遗传算法多与其他模型相结合作为模型的优化部分用于交通流预测中,能够帮助模型进一步提高预测精度,具有良好的性能。

4.灰色理论

灰色理论(grey system,GS) 是邓聚龙[64] 于1982年创立的,该理论的主要研究对象是“部分信息已知,部分信息未知” 的小样本、贫信息的不确定系统。通过对部分已知信息学习和了解来提取有价值的信息,挖掘数据内在联系,实现对系统动态规律的正确认识和有效控制。其基于关联空间、光滑离散函数等概念定义灰导数与灰微分方程,进而用离散数据列建立微分方程形式的动态模型,即灰色模型(grey model,GM)。

GM(1,1) 是一阶微分方程模型,是灰色模型中最常用的模型。下面对其原理进行说明。设原始数列 $\boldsymbol{X}^{(0)} = (x^{(0)}(1), x^{(0)}(2), \cdots, x^{(0)}(n))$,依次对各时刻数据进行一次累加,得到生成数列$\boldsymbol{X}^{(1)} = (x^{(1)}(1), x^{(1)}(2), \cdots, x^{(1)}(n))$,其中

$$x^{(1)}(k) = \sum_{i=1}^{k} x^{(0)}(i) \quad (k = 1, 2, \cdots, n) \tag{2.22}$$

对于生成数列中的单变量,白化微分方程为

$$\frac{\mathrm{d}x^{(1)}(t)}{\mathrm{d}t} + ax^{(1)}(t) = b \tag{2.23}$$

式中:a 为发展系数;b 为灰作用量。

可以通过最小二乘法确定 a 和 b:

$$[a, b]^{\mathrm{T}} = (\boldsymbol{B}^{\mathrm{T}}\boldsymbol{B})^{-1}\boldsymbol{B}^{\mathrm{T}}\boldsymbol{Y} \tag{2.24}$$

式中

$$\boldsymbol{B} = \begin{bmatrix} -(x^{(1)}(2) + x^{(1)}(1))/2 & 1 \\ -(x^{(1)}(3) + x^{(1)}(2))/2 & 1 \\ \vdots & \vdots \\ -(x^{(1)}(n) + x^{(1)}(n-1))/2 & 1 \end{bmatrix}, \boldsymbol{Y} = \begin{bmatrix} x^{(0)}(2) \\ x^{(0)}(3) \\ \vdots \\ x^{(0)}(n) \end{bmatrix} \tag{2.25}$$

求得累加序列值为

$$\hat{x}^{(1)}(k+1) = (x^{(0)}(1) - b/a)\mathrm{e}^{-ak} + b/a \tag{2.26}$$

还原处理后,得到最终预测结果为

$$\hat{x}^{(0)}(k+1) = \hat{x}^{(1)}(k+1) - \hat{x}^{(1)}(k) = (1 - \mathrm{e}^{a})(x^{(0)}(1) - b/a)\mathrm{e}^{-ak} \tag{2.27}$$

GM(1,1) 模型通过累加或累减的操作对原始数据序列进行预处理,能够弱化数据的随机性,并且新生成的序列能更好地表达数据间的规律信息,适用于交通流的短时预测。但是,当数据波动较大时,预测性能有所下降。

2.3.3 基于深度学习理论的方法

1.深度前馈神经网络

深度前馈神经网络(deep feedforward neural network, DFNN)也称为多层感知机(multilayer perceptron, MLP),是典型的深度学习模型。DFNN 通过定义映射 $y=f(x;\theta)$,学习参数 θ 的值,得到最佳逼近函数。DFNN 与传统神经网络具有相同的结构,区别是 DFNN 的隐层通常在两层或两层以上。有研究表明,随着层数的加深,DFNN 能够以任意精度逼近任意函数。针对交通流的不确定性和非线性,能够抽象出更高维度的特征表示,从而提高交通流的预测精度。对深度模型的训练一直是学者的研究热点,合理设置网络层数和隐节点数以及合理的初始

化能极大地提高模型的训练效率和预测准确率。

2.卷积神经网络

卷积神经网络(convolutional neural network,CNN)是一种专门处理具有类似网格结构的数据的神经网络,比如时间序列和图像,被广泛地应用于图像处理、自然语言处理等领域。卷积神经网络这一概念是 LeCun[65] 为了解决数字手写体识别问题在论述神经网络结构时首次提出的,其主要受 Kunihiko Fukushima[66] 结合视觉研究提出的基于感受野的理论模型神经认知机(neocognitron)的启发。卷积神经网络包括一维卷积神经网络、二维卷积神经网络和三维卷积神经网络。一维卷积神经网络主要用于序列类的数据处理,二维卷积神经网络主要用于图像类文本的识别,三维卷积神经网络主要用于医学图像以及视频类数据识别。

卷积神经网络使用卷积运算代替了传统神经网络中层间的矩阵运算,能够提取局部特征信息,实现信息共享。其具体操作是利用固定维度滑动窗口与上一特征映射的局部区域相连,对局部数据进行加权平均,得到当前局部数据的特征映射。一旦该局部特征被提取,它与其他特征间的位置信息关系也就确定下来,具有位移不变性。每个卷积层由多个特征映射组成,因此可以学习数据中不同的特征。

卷积神经网络中另一个操作是池化运算,也称为池化层。池化层连接在卷积层之后,实现对特征的降维,保留主要信息。其具体的操作同样利用固定维度滑动窗口,对窗口内的数据计算平均值或者选取最大值。但是,在卷积神经网络中池化层并不是完全必需的,当数据维度过小时,池化层可能会导致许多有价值的信息丢失,同时也会忽略整体与部分之间的联系,对预测结果产生不良影响。

卷积神经网络是前馈神经网络,信息在网络中正向传播,从输入层对信息逐层传递,一直到输出层,得到预测结果,然后通过基于梯度的反向传播算法对网络进行监督训练,调整网络参数。

卷积神经网络具有出色的局部特征提取能力,在交通流预测的时间特征提取和空间特征提取中都有所应用。卷积神经网络通过卷积操作可以提取出固定时间长度或空间距离的特征信息,而当卷积层数加深时可以学习到更远的时间或空间特性,能够充分考虑交通流的传播性,极大地提高模型的预测精度。但是,其需要足够的样本进行训练,可解释性差。

3.循环神经网络

循环神经网络(recurrent neural network,RNN)是由 Rumelhart[67] 于 1986 年首次提出的一类用于处理序列数据的神经网络。基于“人的认知是基于过往的经验和记忆”这一观点,循环神经网络将前面的信息进行记忆并应用于对当前

输出的计算。循环神经网络的神经元有一个或多个自身反馈环，且隐节点之间不再无连接而是有连接的，使自身信息和前一时刻的信息能够加入对当前输出的计算中，具有动态信息处理能力，其也被称作反馈神经网络。反馈神经网络有别于前馈神经网络，其特征输入是有序的，因此，非常适合学习有序的具有非线性的特征数据，如时间序列数据、文本数据和音频数据等。

1997 年，Hochreiter 和 Schmidhuber[68] 提出了长短时记忆网络(long short-term memory，LSTM)，主要解决循环神经网络中长期依赖的问题，也就是随着网络结构的加深使模型丧失了学习到先前信息的能力，使优化变得极其困难，容易发生梯度消失或梯度爆炸。长短时记忆网络在循环神经网络的基础上增加了遗忘了、输入门和输出门三个门限。遗忘门通过考虑历史隐层信息和当前输入决定将什么信息从记忆信息中遗忘；输入门用来确定历史隐层信息和新的信息哪些保留在记忆单元中，更新记忆信息；输出门用来根据更新后的记忆、历史隐层信息和当前输入决定当前状态的输出。

门控循环单元(gated recurrent unit，GRU)是 RNN 模型的另一个研究分支，由 Cho 等[69] 于 2014 年提出。该模型简化了 LSTM 模型，只包含更新门和重置门两个门限。更新门的作用相当于将遗忘门和输入门合并在一起，决定了哪些旧信息需要被遗忘，哪些新信息需要被添加；重置门决定对先前信息的遗忘程度。GRU 相较于 LSTM 结构更加简单，模型效果学习也很好，同样能解决长短时记忆问题。

循环神经网络包括其变体具有对非线性的序列数据动态学习的能力，被广泛应用于交通流预测中。该模型能够充分考虑交通流时序数据中的先后顺序，学习交通流的动态特征，提高了预测的准确率。但是，由于模型参数过多，循环神经网络的训练难度大且耗时较长。

4.深度信念网络

深度信念网络(deep belief network，DBN)是 Hinton[70] 在 2006 年提出的，该模型是由若干个受限玻尔兹曼机(restricted boltzmann machine，RBM)堆叠而成的神经网络，既可以被看作一个生成模型，也可以看作判别模型。Hinton 同时提出了采用预训练(pre-training)的方式训练深度信念网络，防止网络层数加深导致模型梯度弥散。其基本思想是分别单独无监督地训练每层 RBM 网络，训练时将上一层隐节点的输出作为输入，而本层隐节点的输出作为下一层隐节点的输入，确保当前层尽可能多地保留特征信息；在预训练完成后，根据真实输出标签利用反向传播算法对整个网络参数进行微调(fine-tuning)，预训练也为其他深度模型训练提供了新的思路。

在图像分类和音频处理等领域已经验证了 DBN 的有效性。在交通流预测中,通过DBN对交通流进行无监督训练,学习交通流的高维特征表示,也取得了不错的成果,提高了预测准确性。

2.3.4 基于组合模型的方法

基于统计理论的方法模型、基于智能计算理论的方法模型以及基于深度学习理论的方法模型可通过相互组合,取长补短,发挥单个模型在预测中的优势,解决实际交通问题,完成预测任务。其结合的方式可以分为结果融合方式、特征融合方式、分解组合方式、优化组合方式等。

结果融合方式首先利用两个或两个以上模型对交通流进行独立预测,得到各自模型的预测结果,然后对各自模型结果进行加权平均得到最终预测结果[71-72]。通常这种方式应用于基于统计理论的方法模型和基于智能计算理论的方法模型之间,如时间序列模型与神经网络相结合、支持向量机与神经网络相结合或更多个模型的组合。研究表明,通过这一方式能够使组合模型的预测精度优于单个模型的预测精度。

特征融合方式是利用多个模型独立地学习交通流不同的高维特征,如对交通流的时间特征、空间特征以及外部特征,分别采用不同的模型进行特征提取,将高维特征进行组合得到新的特征,应用于预测模型中[73-74]。典型的如利用卷积网络提取交通流高维空间特征和利用循环神经网络提取交通流高维时间特征,将时空特征相结合应用于最终预测中。特征融合方式能够在提高模型预测精度的同时,分析出不同特征对交通流造成的影响。

分解组合方式多见于数据处理方法与预测模型相结合[75]。对含有噪声的交通流数据来说,首先采用卡尔曼滤波、小波分析等对原始交通流数据进行预处理,然后将标准化的数据应用于预测模型中,能够避免噪声数据造成的模型精度降低。

优化组合方式常见于优化算法,如遗传算法,与其他模型相结合,对模型的结构、参数、学习速率等进行优化[76]。在保证模型精度的前提下,这一方式能够使模型的整体性能有所提升。

2.4 小结

本章首先阐明了交通流的概念,对交通流特征进行了分析,然后对交通流的预测理论方法进行了详细介绍,分析了模型的适用性和不足之处,为读者理解后续研究工作提供帮助与支持。

第3章 高速路网交通参数数据特征分析

3.1 引言

高速路网交通参数数据特性分析是交通流预测研究的基础,正确有效的交通数据特性分析可以帮助研究人员进行交通流预测、行程时间预测、数据异常检测等研究模型的完善,提高实验结果的准确性,为高速公路决策分析系统提供更准确的指导理论基础。无论是高速公路交通状态的识别还是交通流的预测,首先都要明确自身研究的对象哪些事能够帮助顺利实现研究目标的属性字段,哪些是干扰噪声项。

交通流、交通密度和交通速度是分析高速公路交通状况的基本参数。密度作为表征交通强度的重要度量指标,常用于交通状态的预测与识别模型中,但越来越多的研究表明,密度作为交通状态预测与识别模型的参数存在一定的局限性,且密度数据不能直接依靠精密的仪器获得,而依赖交通流与速度数据。车道占有率能够通过仪器检测数据直接获得,并且与交通密度存在线性关系,在大量交通状态预测与识别研究中被广泛应用。本章分别对交通流、占道率和速度进行数据分析,以掌握高速公路交通流运行全貌。

3.2 高速公路交通数据介绍

3.2.1 高速公路收费数据

1.数据基本情况

国内高速公路两侧由于缺少用于定位行驶车辆的GPS设备,对其的研究不像城市道路网络研究那样具有可观的动态性。但行驶在高速公路中的车辆,车辆信息及行驶路线都会被沿途经过的收费站记录,研究人员可以依靠收费站采集到的数据实现对高速公路交通流的研究。每条收费数据中主要包括入出收费站编号、入出站时间、车型、入出站车牌号、收费类型、里程、载重等数据信息,表3.1为吉林省高速公路收费数据格式。

表 3.1　吉林省高速公路收费数据格式

中文名称	英文名称	解释说明
车辆编号	SUID	车辆 ID
入口收费站编号	INSATID	车辆进入高速公路的收费站 ID
出口收费站编号	OUTSATID	车辆驶出高速公路的收费站 ID
入站时间	INSATDATE	车辆进入收费站的时间
出站时间	OUTSATDATE	车辆驶出收费站的时间
车型	SUTYPE	客车编号为 1,货车编号为 2
入站车牌号	INSATPLATE	车辆进入收费站时的车牌号
出站车牌号	OUTSATPLATE	车辆驶出收费站时的车牌号
收费金额	TOLL	车辆驶出收费站时的缴费金额

表 3.2 为高速公路部分脱敏收费数据信息,入出收费站字段数据代表收费站编号,可以通过收费站编号字段在机构维度表中找到相对应的收费站名称;入出站时间分为入出站日期和入出站具体时分秒两个字段,方便对短时交通流数据的统计;收费类型包括电子不停车收费(ETC)和人工收费(MTC),研究人员可以对不同收费类型的交通流和收费额进行统计分析,以便管理者做出进一步的规划与政策调整;车型主要按客车和货车进行分类,客车分为不大于 7 座、8~19 座、20~39 座、不小于 40 座四种车型,货车分为不大于 2t、2~5t(含 5t)、5~10t(含 10t)、10~15t(含 15t)、大于 15t 五种车型,还包括绿色减免车等,研究人员可以对不同车型的交通流数据进行统计分析预测;入站车牌号和出站车牌号,可以用来检测逃费数据作为统计交通流数据的依据。

表 3.2　高速公路部分脱敏收费数据

编号	出口 收费站编号	入口 收费站编号	入站时间	出站时间	车型	入站车 牌号	出站车 牌号	收费金额 /元
1	131	312	2015-01-01 22:16:57	2015-01-01 22:42:03	1	蓝　吉 AMS6XX	蓝　吉 AMS6XX	15
2	131	312	2015-01-01 15:26:55	2015-01-01 15:54:26	1	蓝　辽 D105XX	蓝　辽 D105XX	15
3	112	312	2015-01-01 07:48:35	2015-01-01 10:01:47	5	黄　辽 H484XX	黄　辽 H484XX	385

续表

编号	出口 收费站编号	入口 收费站编号	入站时间	出站时间	车型	入站车 牌号	出站车 牌号	收费金额 /元
4	112	312	2015-01-01 18:30:00	2015-01-01 20:02:00	1	蓝 吉 CC58XX	蓝 吉 CC58XX	65
5	121	312	2015-01-01 07:03:01	2015-01-01 08:11:22	2	黄 吉 CK12XX	黄 吉 CK12XX	40
6	121	312	2015-01-01 07:22:14	2015-01-01 08:21:49	1	蓝 津 AXN3XX	蓝 津 AXN3XX	40
7	122	312	2015-01-01 13:31:26	2015-01-01 14:16:01	1	蓝 吉 A212XX	蓝 吉 A212XX	25
8	122	312	2015-01-01 10:43:26	2015-01-01 11:40:17	1	蓝 吉 AXN3XX	蓝 吉 AXN3XX	25
9	132	312	2015-01-01 07:34:02	2015-01-01 07:53:06	1	蓝 吉 AD78XX	蓝 吉 AD78XX	10
10	132	312	2015-01-01 07:35:06	2015-01-01 07:57:07	2	黄 吉 AD99XX	黄 吉 AD99XX	10

观察表 3.1 和表 3.2 可知,在原始的路网收费数据中,车型、入站车牌号、出站车牌号、收费金额这几个字段在计算车流量的过程中暂时没有使用,而且如果要从剩下的有用字段中提取到对应每条路段的交通流时序数据,就需要对原始收费数据进行处理。

2.公路交通数据预处理

由于高速公路具有的车速高、通行能力大等特点,在区域路网内可采集到数量巨大的原始收费数据。并且每条收费数据中存在多个对统计交通流无帮助的字段,因此需要对原始数据进行一定的预处理。首先需要筛选采集的无效、异常的数据并剔除。同时,为得到可用作模型输入的交通流时序数据,需要根据车辆及出入站编号按照时间顺序计算出行驶于目标路段的车流量。

1)数据筛选

高速公路收费站在每天的运营过程中会统计大量的行车数据,例如,在 2018 年春运期间,吉林省公路管理部门统计到省内总车流量达到近 2000 万辆。本章统计了目标区域 2015—2019 年的交通收费数据,数据规模同样较为庞大,因此剔除异常数据的环节显得非常重要。数据筛选主要包括以下几个步骤:

(1)为了更节省空间,同时使处理过程更加便捷,首先将数据表中入出站车牌号等未用到的字段删除。

(2)为了使统计的数据更具准确性,要保证每条收费数据中的车辆编号,入出收费站编号以及入出站时间字段都不为空,需剔除存在空字段的收费数据。

(3)在发生事故等特殊的情况下,某些行驶在高速公路上的客车或货车出现了长时间的停滞现象,往往不能在短时间内统计到具有这些车辆编号的出站数据,在这种条件下采集到的数据往往不能反映真实的交通流运行状态。

(4)由于划定路网区域的限制,有些统计到的收费数据可能没有入站时间,或者入出口收费站不在区域内,这样的数据在使用过程中可以剔除。

2)交通流统计

剔除收费数据中的异常数据后,接下来以路段为单位并按照时间的顺序统计交通流数据。本节选定以 15min 作为数据样本统计的步长,在每个单位步长内对入出每条路段收费站的不同车辆编号进行一次统计,将统计的不同车辆编号累加,实现了由单条收费数据向交通时序数据的转变。

在经过数据完整性筛选并剔除无意义的异常数据后,从收费数据中提取了对应路段的交通流时序数据,完成了预测模型输入的数据样本准备工作。交通收费数据预处理流程如图 3.1 所示。

3.2.2　PeMS 数据

美国加利福尼亚州高速公路性能测量系统(PeMS)由加利福尼亚州交通局主导研发高速公路运行监控系统[78]。经过多年对基础路段设施与数据服务中心的建设,现加利福尼亚州高速路网全程已达 3000 英里(1 英里 = 1609.344m),累计铺设了 44600 多个车辆检测器和 7000 多个控制器,用于搜集加利福尼亚州主干高速公路上的实时交通参数数据与道路实时信息。在信息采集的过程中,铺设在路面上的传感装置每隔 30s 向工作站发送检测数据。工作站中的数据处理中心以 5min 为时间间隔将原始采样数据统计汇总,并存储在相应的数据库中。

数据中主要包含检测时间、检测站点编号、路段编号、路段所属区域、路段类型、路段长度、观测百分比、观测样本数、交通流、平均速度和占道率。交通流数值表示在 5min 内所有车道车流量的总和。平均速度数值为在 5min 内所有车道车辆速度的加权求和后的值。占道率数值为 5min 内所有车道时间占有率加权求和后的值,即平均时间占有率。交通流、平均速度和占道率字段与时间和路段编码字段相结合后构成交通参数数据用于反映交通状态,因此路段编号、站点编号等对路段和站点进行描述的相关属性不是本书研究的重点。表 3.3 列出了 PeMS 部分交通参数数据。

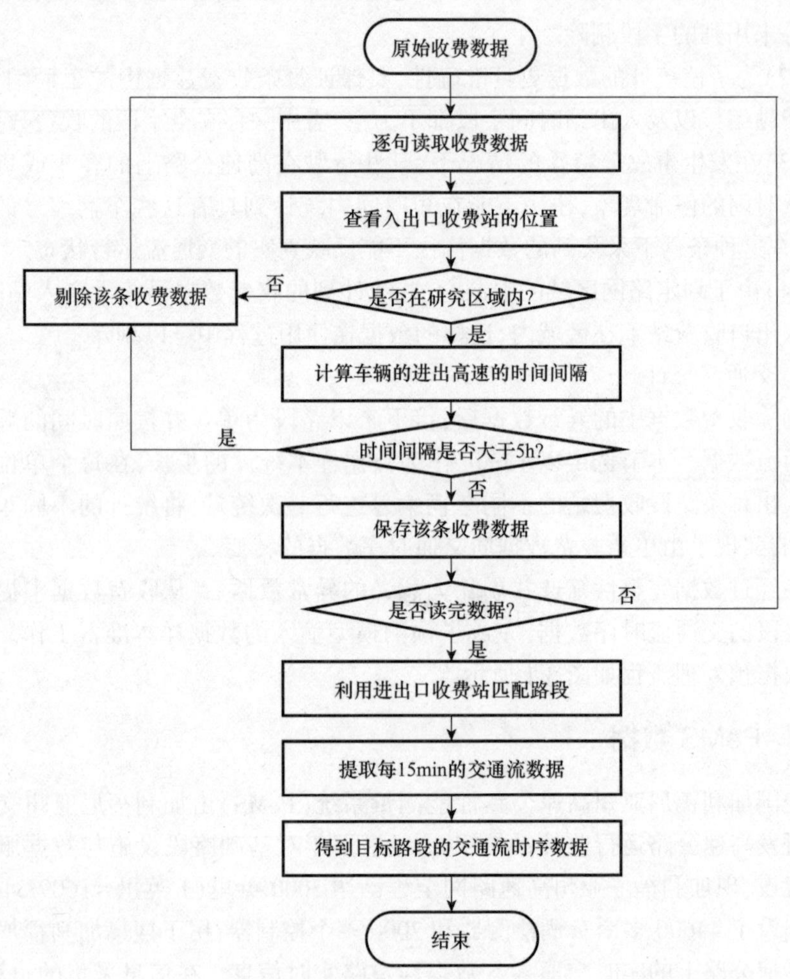

图 3.1 交通收费数据预处理流程图

表 3.3 PeMS 部分交通参数数据

编号	时间	路段编号	交通流 /(veh/5min)	平均速度 /(km/h)	占道率	车辆类型
1	2017-10-04 00:00:00	401211	129.0	71.5	0.0211	小
2	2017-10-04 00:05:00	401211	128.0	72.8	0.0183	小
3	2017-10-04 00:10:00	401211	128.0	70.9	0.0205	小

续表

编号	时间	路段编号	交通流 /(veh/5min)	平均速度 /(km/h)	占道率	车辆类型
4	2017-10-04 00:15:00	401211	104.0	71.9	0.0153	小
5	2017-10-04 00:20:00	401211	100.0	71.1	0.0177	小
6	2017-10-04 00:25:00	401211	128.0	69.5	0.0213	小

3.3　交通流参数特征分析

3.3.1　基于高速公路收费数据的交通流特征分析

本节以高速公路收费数据为研究对象,从时间和空间角度对交通流分布趋势进行讨论,定性分析时空特性;然后以 Pearson 相关系数法为基础分别计算历史时段与目标时段的交通流相关性、不同时间尺度的交通流周期相似性及研究路段与上下游路段之间的相关性,并对时空特性进一步分析。

1.研究数据

选取吉林省 2015 年 7 月 13 日到 8 月 9 日高速公路收费系统部分路网的收费数据作为交通参数具体研究对象。通过统计各个收费站出入口交通流数据、收费站之间点到点的 OD 交通流数据,以及对高速公路路网的分析研究,以时间间隔 15min 计算出各个路段的交通流数据。如图 3.2 所示,本节选取 34.11km 的路段作为研究路段,记为“0”路段。“1、2、3”为下游路段,“4、5、6”为上游路段。

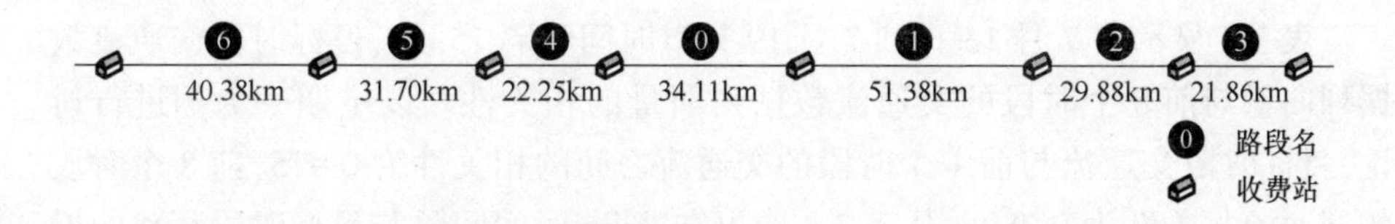

图 3.2　路段示意图

2.高速公路交通流时间序列性分析

时间序列性是指在同一统计指标下研究对象的数据随着时间先后顺序排列

起来的一组数据。图3.3为2015年7月13日到8月9日高速公路路段“0”星期一到星期日的交通流时间序列性分布。从图中可以看出,随着时间的推移,交通流分布在不断发生变化,以天为单位排列成一组有规律的交通流数据序列,即高速公路交通流时间序列性。同时,交通流分布曲线存在两个明显的高峰时段,这是人们上班作息规律性形成的。休息日,人们远途旅行的增加导致高速公路交通流高于工作日。

高速公路当前时段交通流与前几个时段的交通流之间存在一定的联系,因此利用相关性计算方法对时间序列特性进一步定量分析。假设目标时段交通流时间序列列向量为$\boldsymbol{x}(t)$,前n个时段的交通流时间序列列向量构成时间序列矩阵$[\boldsymbol{x}(1),\boldsymbol{x}(2),\cdots,\boldsymbol{x}(n)]$,式中$\boldsymbol{x}(1)$代表前1个时段的交通流时间序列列向量,以此类推,$x(n)$代表前$n$个时段的交通流时间序列列向量。

$$R(i,j)=\frac{\text{cov}(\boldsymbol{x}(i),\boldsymbol{x}(j))}{\sqrt{D(\boldsymbol{x}(i))}\sqrt{D(\boldsymbol{x}(j))}} \tag{3.1}$$

式中:$\text{cov}(\boldsymbol{x}(i),\boldsymbol{x}(j))$为$\boldsymbol{x}(i)$、$\boldsymbol{x}(j)$两变量的协方差系数;$D(\boldsymbol{x}(i))$,$D(\boldsymbol{x}(j))$分别为$\boldsymbol{x}(i)$、$\boldsymbol{x}(j)$两变量的方差。利用式(3.1)分别对前10个时段交通流数据与目标时段交通流时间序列列向量$x(t)$进行相关性计算,结果如表3.4所列。

表3.4 时间序列相关性

时间	t-1	t-2	t-3	t-4	t-5	t-6	t-7	t-8
星期一	0.975	0.956	0.934	0.916	0.886	0.858	0.832	0.780
星期二	0.967	0.945	0.926	0.897	0.869	0.850	0.825	0.793
星期三	0.964	0.959	0.941	0.907	0.891	0.857	0.832	0.803
星期四	0.978	0.954	0.933	0.914	0.886	0.861	0.834	0.805
星期五	0.972	0.965	0.943	0.922	0.893	0.864	0.834	0.799
星期六	0.945	0.935	0.909	0.883	0.853	0.811	0.791	0.743
星期日	0.961	0.948	0.918	0.876	0.845	0.815	0.778	0.758

表3.4显示了7月13日到7月19日以时间间隔15min,目标时段交通流数据列向量与前8个时段的交通流数据列向量的相关性。以星期一为例进行讨论,目标时段交通流与前1个时段的交通流之间的相关性为0.975,前8个时段的交通流相关性为0.780。从表3.4中可知,随着时间间隔与目标时段距离的增加,相关性逐渐下降。

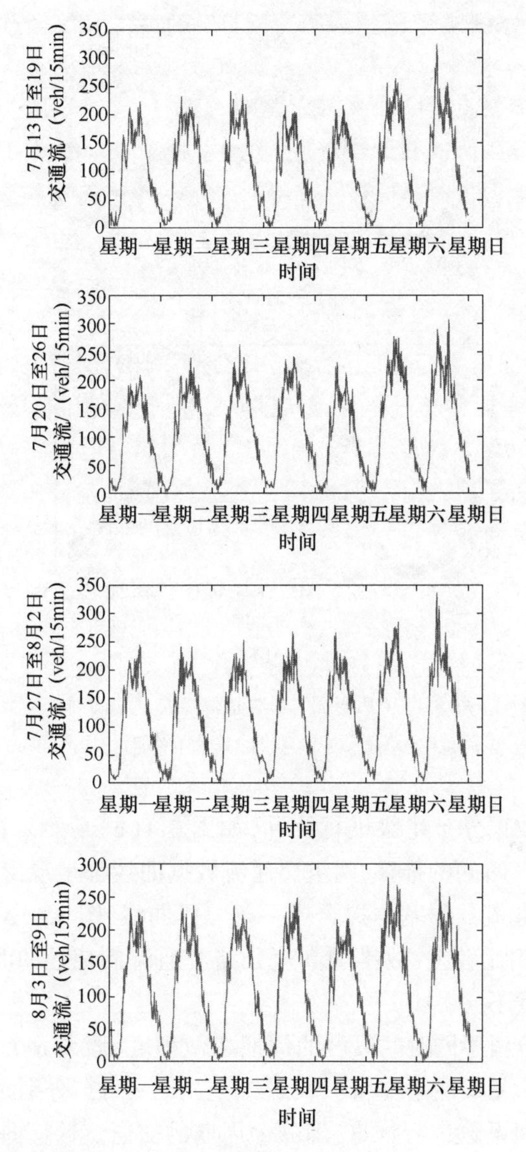

图3.3　交通流时间序列性分布

3.高速公路交通流周期相似性分析

高速公路交通流数据产生于人们的出行,人们生活作息出行周期规律性直接影响着交通流数据的特征。结合图3.3,分别按“星期”“天”为时间尺度进行比较分析,可知交通流呈现出不同程度的相似性变化规律,即高速公路交通流的周期相似性。由于休息日与工作日分析方法相同,以工作日为例进行讨论。对每个星期三的交通流数据分布趋势进行统计,如图3.4(a)所示。将第四个星期

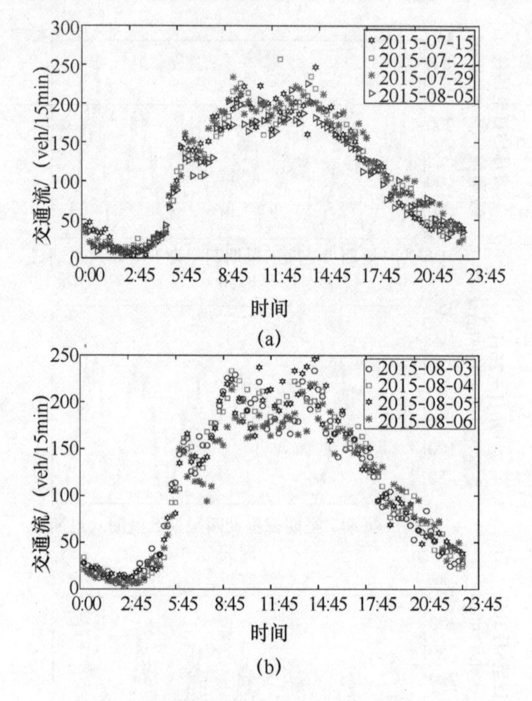

图 3.4 (见彩图)周期相似性交通流分布

(a)特定工作日;(b)连续工作日。

的前四天交通流数据分布趋势进行统计,如图 3.4(b)所示。比较图 3.4(a)和(b)可以看出,随着时间的推移,两组交通流数据曲线都呈现出明显的周期相似性。图 3.4(a)交通流数据基本拟合成一条“M”曲线,图 3.4(b)较为离散,其拟合性与图 3.4(a)相比较差,故推测高速公路交通流周期性的时间尺度不同,会导致周期相似程度不同。

为了进一步分析不同时间尺度的周期相似程度,假设 p 个周期的交通流数据列向量构成周期相似性矩阵$[\boldsymbol{x}(1),\boldsymbol{x}(2),\cdots,\boldsymbol{x}(p)]$。分别对图 3.4 所示的两组交通流周期相似系数进行计算,即 p 个周期的交通流数据向量两两间相关系数的平均数,其表达式为

$$E=\frac{\sum\limits_{p\geqslant j\geqslant i\geqslant 1}R(i,j)}{p(p-1)/2} \tag{3.2}$$

式中:$R(i,j)$ 为 $\boldsymbol{x}(i)$ 和 $\boldsymbol{x}(j)$ 两个周期交通流数据向量的相关系数。

表 3.5 列出图 3.4 两组交通流的周期相似系数。$R_1(15,22)$ 代表第一组以星期为单位进行讨论的 7 月 15 日和 7 月 22 日的相似系数,E_1 为第一组的周期相似

系数；$R_2(3,4)$ 为第二组 8 月 3 日和 8 月 4 日的相关系数，E_2 为第二组的周期相似系数；以此类推。表 3.5 中，第一组的周期相似系数为 0.9671，第二组的周期相似系数为 0.9098，分别对这两组的相似系数以及两个周期之间的相似系数进行对比可知，每周星期三的交通流周期相似性高于第五周连续工作日的交通流周期相似性。综上得出，以星期为时间尺度的同“星期几”的交通流周期相似性高于以“天”为时间尺度的交通流周期相似性。

表 3.5　周期相似系数

第 1 组	相似系数	第 2 组	相似系数
$R_1(15,22)$	0.969	$R_2(3,4)$	0.924
$R_1(15,29)$	0.957	$R_2(3,5)$	0.920
$R_1(15,5)$	0.966	$R_2(3,6)$	0.903
$R_1(22,29)$	0.970	$R_2(4,5)$	0.913
$R_1(22,5)$	0.971	$R_2(4,6)$	0.898
$R_1(29,5)$	0.970	$R_2(5,6)$	0.901
E_1	0.9671	E_2	0.9098

4. 高速公路交通流空间序列性分析

高速公路路网系统由各个路段连接组成，路网内某一路段交通流与其上下游路段交通流分布具有一定的关联性。如图 3.5 中(a)(b)(c)(d)(e)(f) 分别为路段 1、路段 2、路段 3、路段 4、路段 5、路段 6 与目标路段 0 之间 2015 年 8 月 3 日到 7 日连续一周工作日 480 个时间段的交通流拟合图。由图可以发现，各个路段交通流基本上都分别拟合于一条不同的直线，但拟合程度呈现不同的状态，其拟合程度系数如表 3.6 所列。

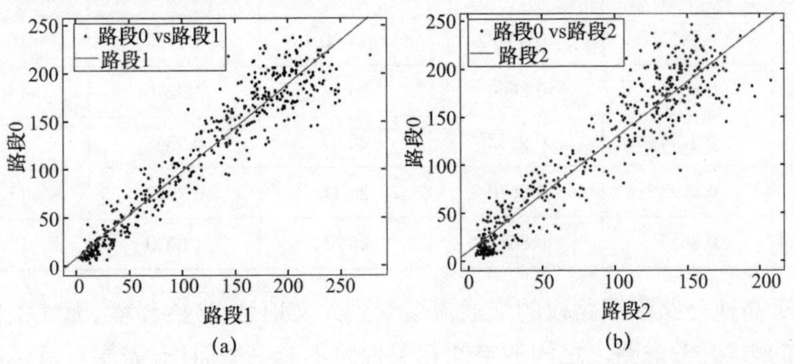

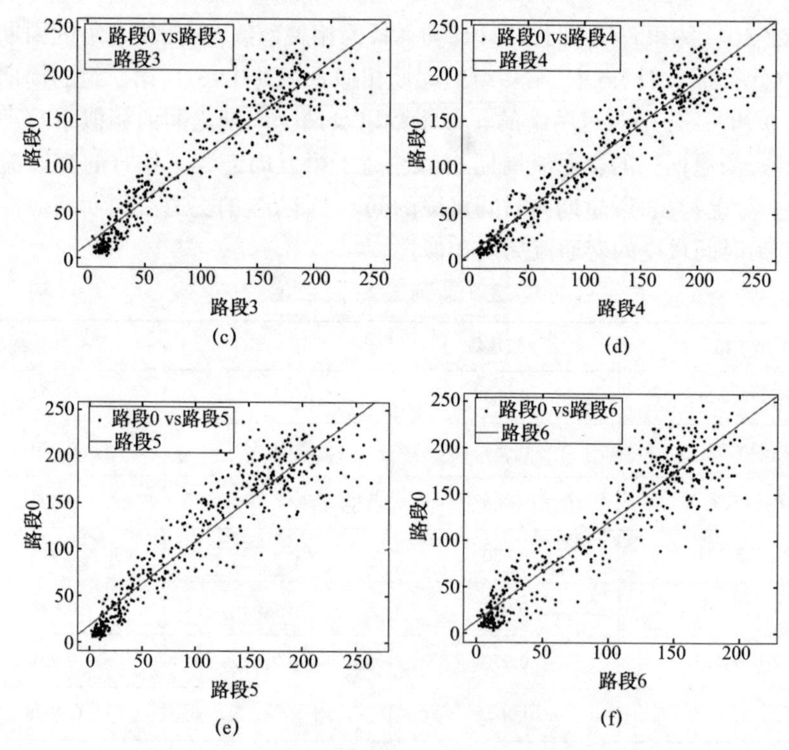

图 3.5　研究路段“0”与各个路段交通流拟合图

表 3.6 显示,路段 1 与研究路段 0 之间的决定系数高于其他下游路段,RMSE 均方根误差低于其他下游路段;路段 4 与研究路段 0 之间的决定系数高于其他上游路段,RMSE 低于其他上游路段,即高速公路交通流存在空间序列性。

表 3.6　研究路段与相邻路段交通流拟合程度系数

路段	决定系数 R^2	调整值 R^2	RMSE	斜率	截距
1	0.9152	0.9150	20.87	0.9077	7.49
2	0.8851	0.8848	24.30	1.1750	10.48
3	0.8666	0.8664	26.18	1.3270	15.57
4	0.9144	0.9142	20.97	0.9345	7.589
5	0.8673	0.8670	26.11	0.9012	17.90
6	0.8617	0.8614	26.65	1.0670	12.79

由于高速公路不同路段的交通流会受到人文地域、自然环境、天气条件等多种因素的影响,考虑路段之间的空间相关性时不能一概而论,需要对目标路段与其相邻路段之间的交通流相关性进行计算,从而确定上下游路段之间的相互依

赖性，进而对交通流的空间序列特性进行分析与讨论。假设l个相邻路段的交通流数据组成空间序列矩阵$[\boldsymbol{x}(1),\boldsymbol{x}(2),\cdots,\boldsymbol{x}(l)]$，利用式(3.1)分别对6个相邻路段的交通流数据与目标路段的交通流数据之间的相关性进行计算，计算结果如表3.7所列。

表 3.7　目标路段与相邻路段交通流相关系数

目标路段	相邻路段					
	1	2	3	4	5	6
0	0.961	0.939	0.917	0.956	0.931	0.908

从表3.7可知，各个路段交通流数据与目标路段的相关系数都大于0.9，其中相邻下游路段的相关性为0.961，相邻上游路段的相关性为0.956。结合图3.2和表3.7可知，随着与目标路段间隔距离的增加，相关性逐渐下降。

综上所述，通过对高速公路交通流数据分布趋势进行分析，可知交通流具有时间序列性、周期相似性和空间序列性。首先利用相关性计算方法对交通流时空特性进行研究，在时间上，发现历史时段交通流与目标时段交通流之间存在相关性，且随着与目标时段时间距离的增加逐渐下降；其次通过分析连续周同一日，发现交通流具有周期相似性。此外，在空间上，上下游路段交通流与目标路段交通流之间也存在相关性，且随着与目标路段距离的增加不断下降。

3.3.2　基于 PeMS 数据的交通流特征分析

本节以 PeMS 系统整理得到的交通参数数据为研究对象，从定量到定性研究分析各个交通参数存在的时空关联性与各交通参数间的相关关系，以了解高速公路运行状态。

1.研究数据

选取加利福尼亚州101高速公路上的10个相邻交通检测站点采集得到的交通数据作为交通参数具体研究对象。由于每个站点采集得到的数据在数据处理中心已经被做了专业的数据处理，各站点采集得到的数据对应的是各个路段具体的交通数据，路段之间的间隔以不同的交通检测站点进行划分。设检测站点的标号分别为$D_1,D_2,\cdots,D_{10}$，各检测站点统计的数据分别表示站点上游路段的交通数据，设定对应路段编号为$S_1,S_2,\cdots,S_{10}$。图3.6展示了10个交通检测站点与对应路段在地图上的位置关系。

2.基于时间维度的交通参数相关特性分析

图3.7 ~ 图3.9分别为路段S_1从2018年9月4日到10日连续一周的交通流、平均速度和占道率的曲线图。

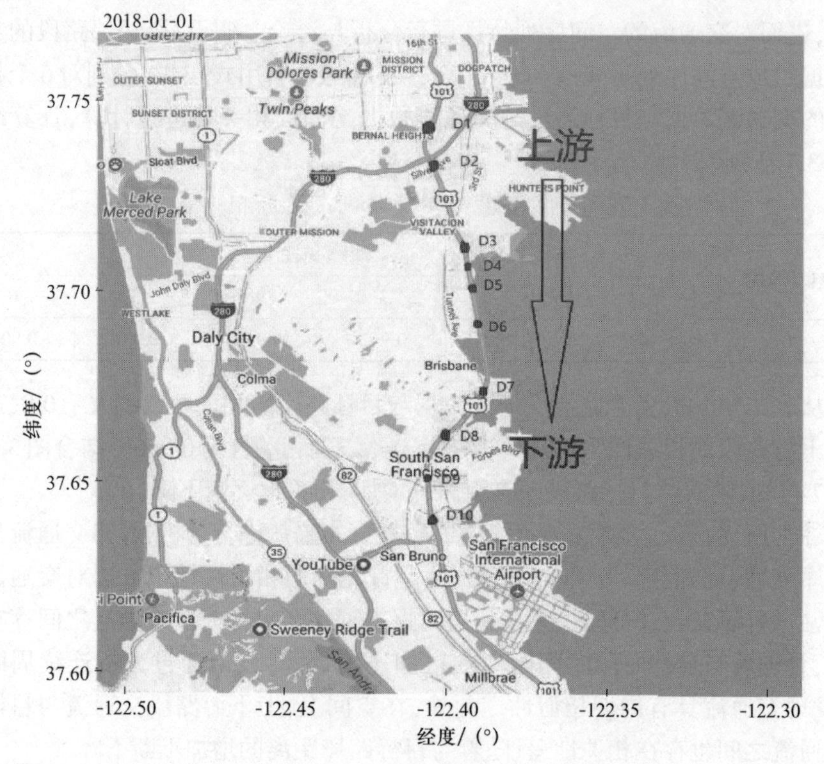

图 3.6　站点位置分布

从图 3.7 可以看出,不同星期的交通流曲线之间存在较明显的差距,但就其整体规律而言各曲线的变化规律十分相似,均呈现出马鞍状。在清晨和深夜交通流的检测值较小,白天的交通流较高且持续在一个比较稳定的值。以一周的规律来看,每天的交通流变化具有很高的相似性。类推到其他时间序列的交通流数据中,其展现的数据曲线具有同样的规律。由此可以得出结论:高速公路交通流数据在时间序列中呈现相似性和周期性,具有时间关联性。

结合人们的出行规律可知,8:00 附近、12:00 附近,16:30 附近是人们出行的高峰期,交通流的值应很大。然而,在图 3.7 中交通流的峰值出现在上述几个时段稍前,本时段的交通流呈现剧烈的振动,数个奇点恰好出现在这几个时段的附近。说明在出行的高峰期该路段出现了拥堵的交通状态。因此,依靠高速公路交通流数据在时间序列上的变化特性可以帮助预测高速公路交通状态。

从工作日和非工作日角度来观察,周末的交通流数据峰值出现时间稍晚,且总体取值高于工作日,但总体趋势仍具有一致性。

与交通流在时间维度上具有相似性和周期性一样,高速公路的平均速度同

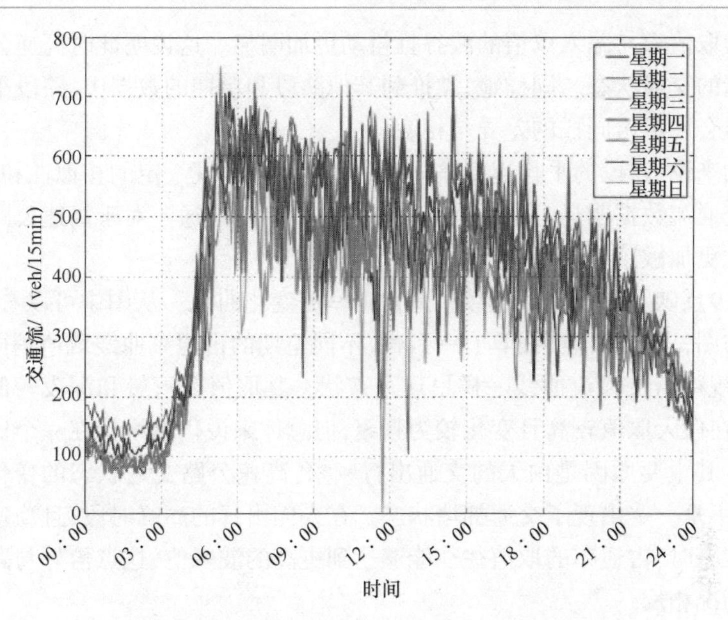

图 3.7　（见彩图）路段 S_1 一周的交通流曲线图

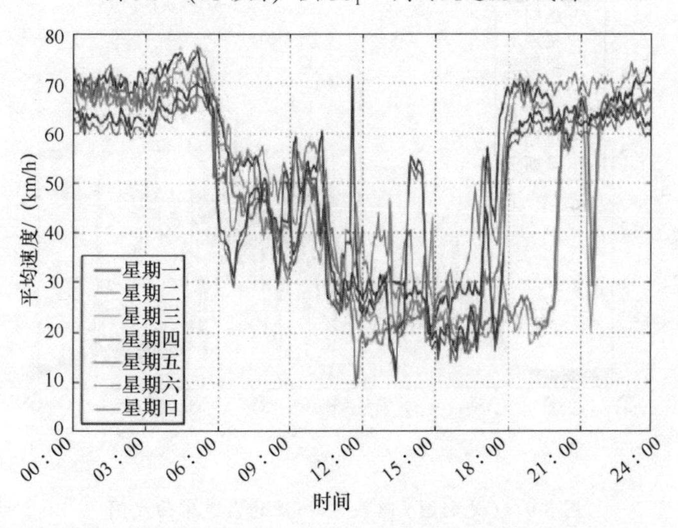

图 3.8　（见彩图）路段 S_1 一周的平均速度曲线

样在时间维度上也具有这些性质。从图 3.8 可知，不同星期的路段平均速度取值和变化规律均有一定差距。相较于交通流数据而言，路段平均速度的变化更加复杂，并没有呈现出一种固定模式的规律曲线。但基本可以确定的是，由于清晨和深夜人们出行的概率小，因而路段的平均速度能够达到一个较高的值，且持续在一个稳定的值附近。而由于白天出行的人数增多，路段通行条件受到一定限制，路段平均速度变化十分频繁且总体取值偏低。在人们出行的高峰期，路段平均速度的取值容易陷入取值的波谷且抖动更加明显。这说明此时高速公路上出现了拥堵的交通状态。同样地,类推到其他路段和星期的数据中,路段平均速度一周曲线会展示出同样的差异与相度。

总的来说,路段的平均速度整体在时间序列上呈现一定的相似性和周期性,但不如交通流数据明显。这说明路段平均速度相对交通流对于高速公路交通状态的变化更加敏感。

图3.9反映了一条路段连续一周占道率的变化曲线。从图中可以看出,占道率曲线与图3.7交通流曲线具有一致性,不同星期的占道率曲线取值稍微有些不同,整体规律与交通流曲线一样呈现马鞍状。其取值在清晨和深夜较低呈现平稳态势,在白天取值较高且变化较为频繁,但总体来说仍然维持在一个比较稳定的取值。其主要原因是白天的交通出行频繁,高速公路交通状态的变化较为剧烈,但又不是一定出现了交通拥堵状态。在人们出行的高峰时段,且高速公路出现拥堵状态时,占道率的取值往往能够达到更高的波峰值,这点恰好与路段平均速度的情况相反。

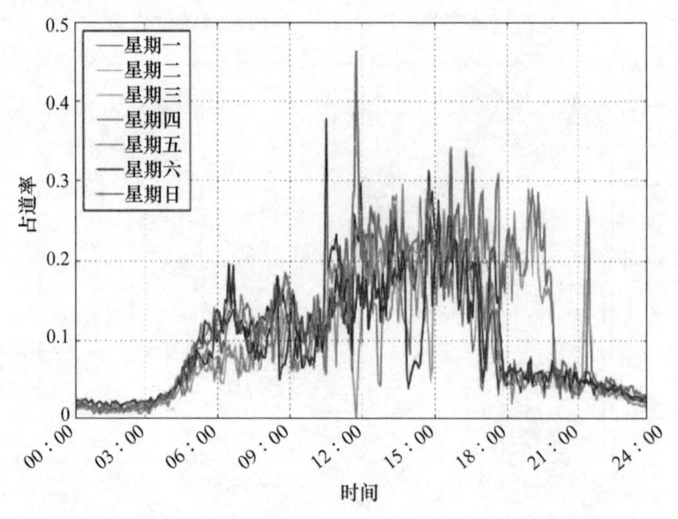

图3.9 (见彩图)路段 S_1 一周的占道率曲线图

综上所述,表征交通要素的交通流、平均速度和占道率三种交通参数在时间维度上具有明显的相似性和周期性。这种规律同样符合人们日常的出行规律,在一定程度上契合了高速公路交通状态时间维度上的变化规律。

3.基于空间维度的交通参数相关特性分析

在整个高速路网中,各个路段之间的交通参数变化存在一定的相关性,其关联程度受到自然因素、人文因素及路网拓扑结构的影响。交通参数的空间相关性通常包括横向相关性和纵向相关性两个方面,横向相关性是指同一路段不同行车道之间的交通参数具有很强的关联性，纵向相关性是指路网中相邻路段之间的交通参数具有很强的关联性。

通过将交通流、平均速度和占道率在时间维度上的曲线类推至其他相邻路段，所得曲线和上文类似。只能说明相邻路段的交通参数在时间序列上的相关特征具有相似性，并不能直观地说明相邻路段之间的交通参数具有很强的关联性。在以往的交通流预测研究中，大多仅考虑了当前路段与上下游路段交通参数之间的相关关系。为了全面方便地分析交通参数在空间维度上的关联性，从高速路网角度出发，引入皮尔森相关系数来量化路网交通参数之间的关联关系。

选取交通检测站点 $D_1, D_2, \cdots, D_{10}$ 在2017年7月1日到2018年月1日10中连续时段的交通参数作为研究对象，分别构建基于路段的交通参数时间序列。设检测点 D_1 一周的交通流时序向量为

$$\boldsymbol{Q}_i = [Q_i(1), Q_i(2), \cdots, Q_i(t), \cdots, Q_i(T)] \tag{3.3}$$

式中：$Q_i(t)$ 为检测站点 D_i 对应路段 S_i 在采样时间序列中第 t 时段的交通流；T 为采样时间序列的长度，采样时间间隔为5min；i 为路段序号，$i = 1, 2, \cdots, 10$。

设置路段 S_i 的平均速度时序向量 $\boldsymbol{V}_i$ 和占道率时序向量 $\boldsymbol{O}_i$，其表达式分别为

$$\boldsymbol{V}_i = [V_i(1), V_i(2), \cdots, V_i(t), \cdots, V_i(T)] \tag{3.4}$$

$$\boldsymbol{O}_i = [O_i(1), O_i(2), \cdots, O_i(t), \cdots, O_i(T)] \tag{3.5}$$

式中：$V_i(t), O_i(t)$ 分别为路段 S_i 在采样时间序列中第 t 时段的平均速度和交通流。

以计算路段 S_i 与路段 S_j 在交通流参数上的相关系数为例，计算公式如下：

$$R_{ij} = \frac{\sum_{t=1}^{T}(Q_i(t) - \overline{Q}_i)(Q_j(t) - \overline{Q}_j)}{\sqrt{\sum_{t=1}^{T}(Q_i(t) - \overline{Q}_i)^2 \sum_{t=1}^{T}(Q_j(t) - \overline{Q}_j)^2}} \tag{3.6}$$

式中：$\overline{Q}_i$ 为路段 i 在采样时间序列中交通流的平均值；$\overline{Q}_j$ 为路段 j 在采样时间序列中交通流的平均值；R_{ij} 为路段 S_i 与路段 S_j 的交通流相关系数。

依照上述计算公式，将交通流时序向量 $\boldsymbol{Q}_i$ 替换为平均速度时序向量 $\boldsymbol{V}_i$ 和占道率时序向量 $\boldsymbol{O}_i$，分别计算出各个路段之间平均速度与占道率的相关系数。

由皮尔森相关系数理论可知，当两种变量的相关系数值大于0.5时，它们之间存在强相关性。图3.10展示了路段 S_5 与其他路段在三种交通参数间的相关系数，路段 S_5 与其他路段的交通参数相关系数取值均大于0.5，该情况同样出现在其他路段之间的对比关系中，说明高速路网中连续路段之间的交通参数在空

间上具有极强的相关性。从交通参数总体变化来看，整体呈现一种先增后减的趋势，这说明越是邻近目标路段，其交通参数之间的相关性越强，随着距离的拉远，路段之间的相互影响变弱。上述变化特性表明，表征交通流在高速路网的连续路段中存在空间传递性，即高速路网交通流存在空间传递性。

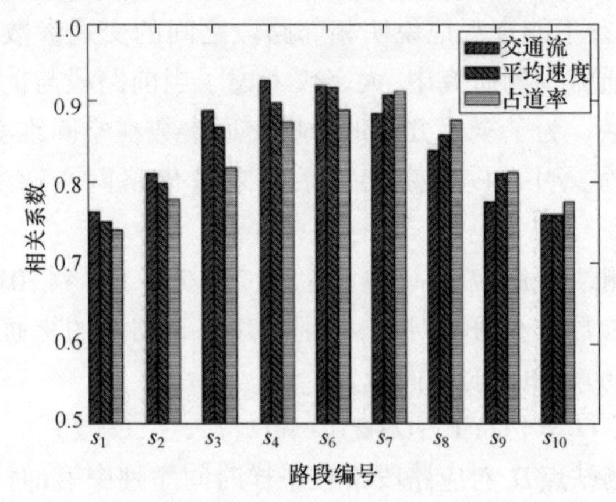

图 3.10 （见彩图）路段 S_5 与其他路段的交通参数相关系数

4.基于三种交通参数之间的相关性分析

从图 3.10 中可知，目标路段不同的交通参数对于同一路段的相关性取值也不尽相同。虽然相互之间的差距不是很大，且三者具有同样的变化趋势，但它们不能混为一谈。三种交通参数之间关联系数存在差异的原因在于三者之间并不是简单的线性关系。

如图 3.11 所示，以路段 S_1 的一周的交通参数为基准，通过构造散点图描述高速公路的单向交通三种参数关系，三种交通参数之间的关系不是以简单的线性表达式呈现出来的。

图 3.11(a) 显示，当路段的交通流偏低时，路段的平均速度可以达到最大值，也能达到最小值，说明两种情况对应不同的交通状态。图 3.11(b) 显示，路段平均速度与交通流的关系与图 3.11(a) 类似，同样的交通流取值出现在不同的占道率下。图 3.11(c) 显示，路段占道率与平均速度呈现单调关系，即随着占道率的增大，平均速度取值变小。

由于散点分布图受制于具体的样本数据，部分交通参数数值出现频率过高，而部分交通参数数值出现频率过低，因此图 3.11 中出现很多奇点，不能充分说明交通参数之间的整体关系。结合交通领域中已有的交通基本图(fundamental diagram，FD)，详细描述了三种交通状态变量之间的经验关系，简洁有效地说明了交通流三要素之间的影响关系。图 3.12 为典型的高速公路交通基本图。

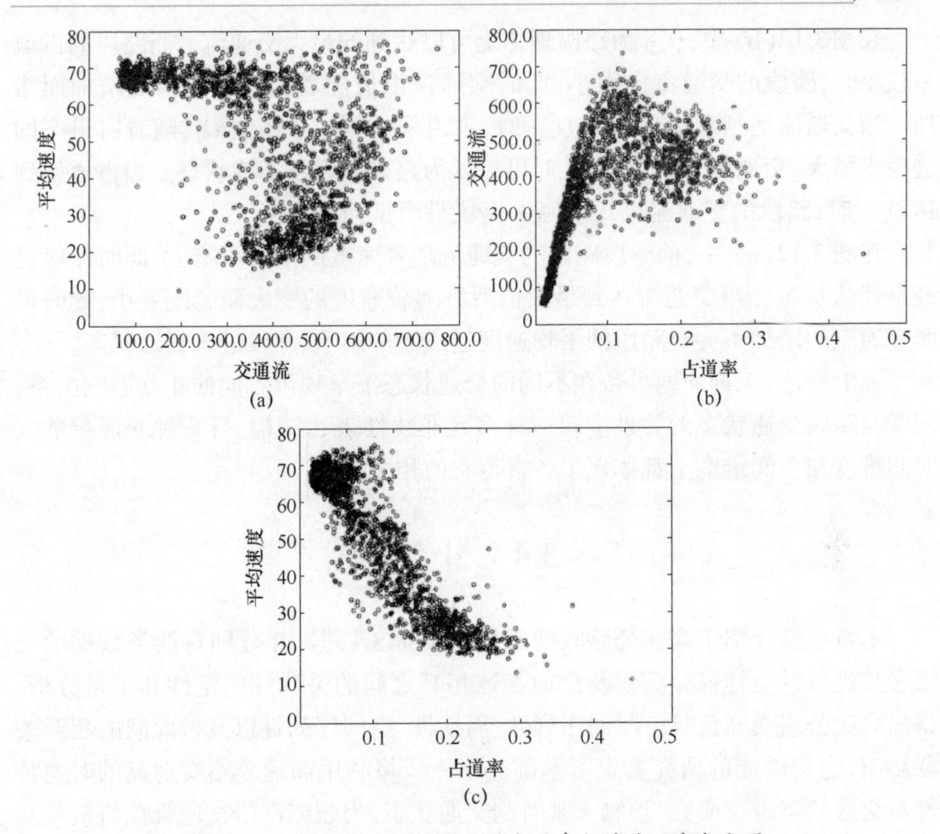

图 3.11　(见彩图) 路段 S_1 三种交通参数关系示意散点图

(a) 交通流与平均速度；(b) 占道率与交通流；(c) 平均速度与占道率

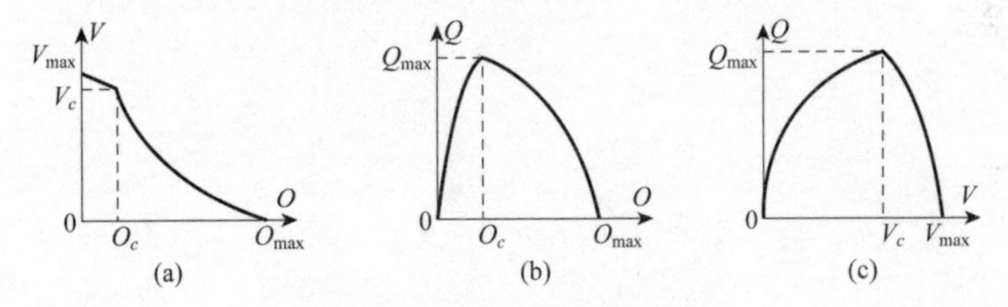

图 3.12　高速公路交通基本图

在图 3.12(a) 中，V_{max} 为理论上路段平均速度能达到的最大值，O_{max} 为路段能达到的最大占道率，V_c 与 O_c 为出现明显拥挤状态时路段平均速度与占道率的阈值。当路段车流密度比较小时，路段的平均车速达到了道路设计或理论规定的最大值。随着占道率逐渐增大，在未到 O_c 之前，速度的变化幅度非常小，V_{max} 与 V_c 可以看成近似相等。当占道率达到了阈值 O_c 时，随着占道率的进一步增大，速度呈现明显下降趋势。当占道率达到理论最大值 O_{max} 时，路段平均速度近似为 0，此时路段是严重拥堵的状态。

在图3.12(b)中,Q_{max}为路段理论上可以达到的最大交通流。当路段的占道率较小时,路段的交通流也很小,此时交通流取值随着占道率取值的增加而增加。当交通流达到理论最大值Q_{max}时,占道率也到达了阈值O_c,随着占道率的进一步增大,交通流开始下降,此时可以认为路段呈现出拥堵状态。当占道率到达O_{max}时,路段的交通流也几乎为0,路段是严重拥堵状态。

在图3.12(c)中,前半段路段的交通流随着速度的增大而增大,此时路段已经是拥堵状态。当交通流达到最大值后将随着速度的变大而急剧变小,此时说明交通流的增加不会对路段的平均速度造成大的影响,路段进入畅通状态。

综上所述,三种交通参数在不同的交通状态下呈现出不同的相互影响关系,三者与路段交通状态的关系呈现一种多元非线性表达结构,且三种交通参数在时间维度和空间维度上都体现了各自特有的相关特性。

3.4 小结

本章主要介绍了高速公路收费数据和PeMS数据,并分别对两类数据的交通参数进行时空特征分析以及交通参数相互之间的关联性的定性和定量分析,得出高速公路交通流具有时间序列性、周期性、空间序列性以及彼此间的相互关联影响,为交通流的研究奠定了基础。下一步将利用高速公路交通流的时空特性对交通状态进行研究,预测未来时刻交通状态,为职能部门交通管控与疏导及公众出行路线选择提供支持。

第4章　基于多模态识别的交通状态预测方法研究

4.1　引言

高速路网交通参数的变化特性反映出不同的交通状态,基于高速路网实时交通参数数据的交通状态预测方法是高速路网短时交通状态预测的基础。交通状态波动具有动态性与非线性,传统方法面对测试数据交通状态波动较缓时,能够取得较好的预测结果,而面对波动频繁的测试数据集时预测效果并不理想。此外,在高速路网具体的交通运行中,由于不同类型的车辆对不同天气与路况的适应能力不同,在不同车辆类型组成下各交通参数与交通状态变化程度不同,其对应具体的交通状态变化规律也不相同。因此,考虑将各交通状态下车辆类型比例因子作为预测交通状态的影响因素具有重要现实意义。

基于此,本章提出了一种基于循环神经网络与多模态识别的路网交通状态预测方法。首先依据车型比例对不同交通参数的敏感程度不同,采用灰色关联方法分析路网各交通参数与大车比例之间的关联性;其次使用模糊C均值聚类交通状态识别方法完成对历史路网交通状态等级进行划分,基于交通波动理论与上述分析得到的参数间的关联特性构建多个高速路网交通状态预测模型的变量特征集;最后构建基于循环神经网络的路网交通参数预测模型完成对路网各交通参数的预测,并结合模态识别方法识别交通状态。为进一步说明基于交通参数的交通状态预测模型在不同交通状态下的预测精度不同,需构建不同交通状态模式下的样本数据集,对比分析所提预测模型在不同交通状态下的预测精度。

本章的组织结构:4.2节介绍灰色关联分析方法,并采用该方法对车辆类别和交通参数关联性进行分析;4.3节详细介绍基于车辆因素考虑的循环神经网络高速路网短时交通状态预测模型及交通状态多模式识别方法;4.4节在真实数据集上验证并分析车辆因素对交通参数预测模型的影响及多模态自适应修正的预测效果;4.5节对本章内容进行小结。

4.2 基于灰色关联分析方法的车辆类别与交通参数的关联性分析

交通参数数据的取值可以通过各种检测工具与数理统计方法收集计算得到,而各种交通参数的变化受到地理环境和人为因素的影响呈现出一定的不确定性,因此高速路网中各交通参数的变化可以看作灰色系统。同时已有研究表明,大型车辆在车辆类别组成中所占比例对各交通参数之间的变化规律有着极大的影响[78]。本节以交通流、平均速度和占道率作为研究交通状态的基本交通参数,采用灰色关联分析方法分析大型车辆所占比例与三种交通参数的关联性。

4.2.1 灰色关联分析方法

灰色关联分析方法通过计算灰色关联度来描述和分析两个灰色因子间的相互影响程度,本质思想是利用两种灰色因子在某种维度序列中的曲线相似度来判断其联系是否紧密。因此,灰色关联分析方法为一个灰色因子的某种变化趋势提供了量化度量方法。这种方法非常适合对交通参数这样随机性较强的动态数据类型变量的分析。灰色关联分析法的建模步骤如下:

(1) 构建两个灰色因子序列矩阵 $\boldsymbol{X} = (\boldsymbol{X}_1, \boldsymbol{X}_2)$, $\boldsymbol{X}_i = (x_i(1), x_i(2), \cdots, x_i(n))^{\mathrm{T}}$,其中 $x_i(k)$ 表示灰色因子 i 在对应序列中的节点 k 的实际取值。由于不同灰色因子中各序列节点代表的实际意义不同,因此不同因子间序列的量纲不同,需要对因子序列进行无量纲化处理。均值归一化方法是常见的数据无量纲化处理方法,计算公式如下:

$$x_i(k) = \frac{x_i(k)}{\dfrac{1}{n}\sum_{k=1}^{n} x_i(k)} \tag{4.1}$$

(2) 计算两个灰色因子序列的差值,得到误差序列 $\Delta = (\Delta(1), \Delta(2), \cdots, \Delta(n))$。误差计算公式如下:

$$\Delta(k) = |x_1(k) - x_2(k)|, k = 1, 2, \cdots, n \tag{4.2}$$

(3) 计算两个灰色因子对应序列元素的关联系数:

$$\xi(k) = \frac{\min_k \Delta(k) + \rho \max_k \Delta(k)}{\Delta(k) + \rho \max_k \Delta(k)} \tag{4.3}$$

式中:ρ 为分辨系数,$0 \leqslant \rho \leqslant 1$,能够帮助调控关联数据间的差异性,一般取值为0.5。

(4) 对两个灰色因子序列中各元素的关联系数$\xi(k)$求和并计算其平均值，得到最终的灰色关联度：

$$r = \frac{1}{n}\sum_{k=1}^{n}\xi(k) \tag{4.4}$$

4.2.2　车辆类别与三种交通参数的关联性分析

车辆的类型主要按车辆的载重、质量与体型进行划分，本书基于交通管理部门对车辆类型的划分标准将车辆分为大型和小型。分别利用大车所占比例数据与小车所占比例数据对基于表征交通状态的三种交通参数进行关联度的计算分析。由对各交通参数的时间关联性分析与交通流的波动理论可知，路网交通流的变化是在时间序列上呈现连续性和相似性，在空间上由近及远的传递延伸，过去路段的上游的交通流状态会出现在未来时段的下游路段。

以路网中单个路段的交通参数与车辆类型的灰色关联度计算分析为例，构建路网路段S_i在时间列长度为T的交通流$\boldsymbol{Q}_i$、平均速度$\boldsymbol{V}_i$和占道率时间序列$\boldsymbol{O}_i$。大车占比与小车占比时间序列分别为$\boldsymbol{X}_i^{\text{big}}$、$\boldsymbol{X}_i^{\text{small}}$。利用灰色关联度计算方法分别计算大车占比与小车占比分别与三种交通参数的灰色关联度，得到各自的灰色关联度。灰色关联度的取值为[0,1]，越接近1，说明两个序列的相关性越强。本书将灰色关联度大于0.6的视为强联系，认为两种因子之间具有关联关系。

图4.1显示了大车占比与小车占比在路网中各个路段与三种交通参数的灰色关联度的分布趋势。

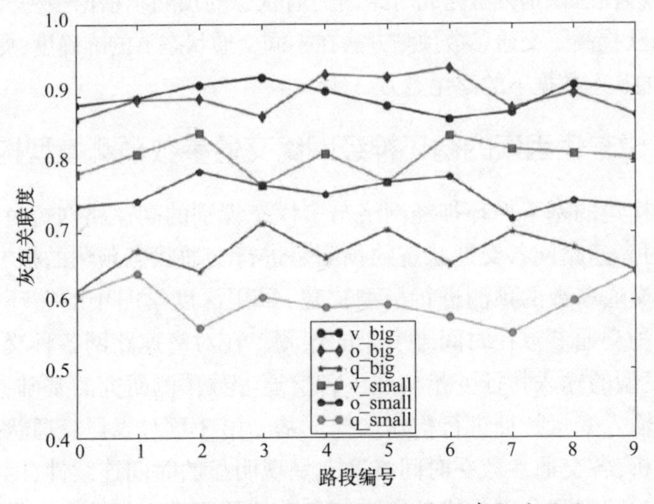

图4.1　(见彩图)路网车辆类型与交通参数关联图

从路网的角度来看,车辆类型与三种交通参数的灰色关联度在不同路段的取值无规律地波动,在一个范围内徘徊且相互之间的差距不大。这说明车辆类型对交通参数的影响在连续贯通的路网中没有明显的规律。因此,从路网的空间特征考虑车辆类型对交通参数的影响并不能取得明显的改善效果。从车辆类型对不同交通参数的影响来看,车辆类型在时间序列中与平均速度和占道率的关联度取值较高,说明车辆类型对平均速度与占道率的变化均有较大的影响。从大、小车型对同种交通参数关联度大小的对比来看,大车占有率与交通参数的关联性要更强一些,因此主要选用大车占有率作为车辆类型的特征参数。

4.3 基于 RNN 与多模态识别的高速路网短时交通状态预测模型构建

由车辆类型与三种交通状态的灰色关联分析结果可知,大车占有率作为表征路段车辆类型组成情况在很大程度影响了三种交通参数在时序上的变化规律。在各交通参数的预测模型中引入车辆类型字段有助于提高模型的预测精度。大车占有率与各交通参数在时间序列中体现出了比较强的关联性,而在空间上的关联并无明显的依赖关系。在路段连续且相互贯通的高速路网中,相邻路段间的交通参数变化往往是随着时间的推移而进行平稳过渡。因此,从时序维度出发考虑车辆类型与各交通参数的关联关系,构建基于车辆类型因素考虑的交通参数预测模型。文献[19]表明循环神经网络串联的网络结构使它在处理和预测序列数据中具有良好的效果[79]。本章采用深度学习网络中的循环神经网络作为基于车辆类型因素考虑的交通参数预测模型,结合多模态识别方法完成对路网交通状态的预测。依据多种模态对交通参数预测的修正,提高了交通参数预测方法在不同交通状态下的准确度,提高了整个模型在不同交通状态数据下的泛化能力。

4.3.1 考虑车辆因素的循环神经网络交通参数预测模型构建

在本章构建的基于循环神经网络与多模态识别的高速路网短时交通状态预测模型中,对高速路网各交通状态的预测是进行交通状态预测的根本前提,故先对高速路网交通参数的预测进行模型构建,采用深度学习中的循环神经网络模型完成对各种交通参数在时间维度上的预测。在对高速路网各种交通参数的预测中,预测模型的输入特征变量构成了各交通参数预测研究的基础,首先需要对预测模型的输入变量特征进行构建选择。基于第 3 章对表征交通状态的三种交通参数的分析,各交通参数在时间维度上呈现明显的时间连续性,因此选取三种交通参数的时间序列分别构成各自交通参数的预测模型的输入变量特征的一部分。考虑各个时段中大车占有率与各交通状态的变化紧密相关，构建大车占有率时间序列构成预测模型输入变量特征的另一部分。

为了预测 $T+1$ 时段高速路网中路段 i 的三种交通参数，本章构建时间序列长度为 T 的交通参数与大车占道率的时间序列向量。考虑大车占有率在各时段存在较强的灰色关联性，因此本节将交通参数与大车占有率在各时段的数据轮流作为基于车辆因素考虑的循环神经网络交通参数预测模型的输入。以预测路段 i 在时段 $T+1$ 的交通流为例，构建基于车辆因素考虑的循环神经网络交通流预测模型的输入特征向量为 $\boldsymbol{X}_i^q$，计算公式如下：

$$\boldsymbol{X}_i^q = (Q_i(1), \mathrm{VE}_i(1), Q_i(2), \mathrm{VE}_i(3), \cdots, Q_i(T), \mathrm{VE}_i(T)) \tag{4.5}$$

式中：$Q_i(t)$、$\mathrm{VE}_i(t)$ 分别为路段 i 在时段 t 的交通流和大车占有率。

同理，对于不同交通参数的预测模型构建不同的输入特征向量。设 $\boldsymbol{X}_i^v$ 和 $\boldsymbol{X}_i^o$ 分别为基于建基于车辆因素考虑的循环神经网络交通参数预测模型预测路段 i 在时段 $T+1$ 的平均速度和占道率的输入特征向量，计算公式如下：

$$\boldsymbol{X}_i^v = (V_i(1), \mathrm{VE}_i(1), V_i(2), \mathrm{VE}_i(3), \cdots, V_i(T), \mathrm{VE}_i(T)) \tag{4.6}$$

$$\boldsymbol{X}_i^o = (O_i(1), \mathrm{VE}_i(1), O_i(2), \mathrm{VE}_i(3), \cdots, O_i(T), \mathrm{VE}_i(T)) \tag{4.7}$$

基于上述交通参数预测模型的参数构建，融合了各交通参数与车辆类型在时序中的相关信息，同时考虑了交通参数在时序上的相关特性。其相较于非融合车辆类型信息的 参数预测模型，在一定程度上提高了预测精度。

本节提出的基于车辆类型考虑的循环神经网络交通参数预测模型是将同一时刻的交通参数和大车占有率数据轮流输入进来，因此与传统的循环神经网络结构存在一定区别，基于车辆类型构建的循环神经网络结构如图4.2所示。

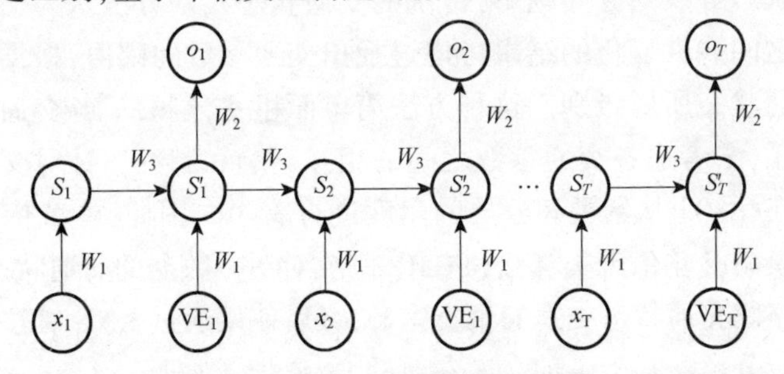

图4.2　基于车辆类型构建的循环神经网络结构

图4.2中，x_i 与 VE_i 分别表示对应交通参数与大车占有率在时间序列中时段 i 的取值。W_1 表示输入层与隐层的权重，W_2 表示输出层与隐层间的权重，W_3 表示上个时段数据与当前时段数据的权重，S_i 与 S_i'分别表示在时段 i 输入数据为交通参数和大车占有率的循环神经网络隐层的输出状态，o_i 表示在时段 i 的输入时间序列经过修正后得到的最新交通参数预测值。上述循环神经网络中各层输出计算过程如下：

$$S_i = f(W_3 \cdot S'_{i-1} + W_1 \cdot x_i) \tag{4.8}$$

$$S'_i = f(W_3 \cdot S_{i-1} + W_1 \cdot \mathrm{VE}_i) \tag{4.9}$$

$$o_i = h(W_2 S'_i) \tag{4.10}$$

隐层和输出层的激活函数分别为 f 和 h，均为非线性函数。依据通常激活函数的选择经验，模型在训练过程中分别选取 sigmoid 函数和 ReLU 函数作为隐层和输出层的激活函数。

由于车辆类型数据对不同的交通参数的具体影响不同，因此在对不同的交通参数进行预测时应该分开构建预测模型。对路网中不同路段的交通参数预测，需要依据不同路段的历史交通参数数据构建对应的数据集来完成。

4.3.2 交通状态多模态识别方法

4.3.1 节提出的基于车辆因素考虑的循环神经网络交通参数预测模型考虑了车辆类型对高速路网交通参数变化的影响，从一定程度上优化了预测结果。然而，经过通用训练集训练后的交通参数预测模型在不同交通状态变化趋势的数据集中进行预测，其预测精度之间差距较大，说明预测模型的泛化能力有待提高。基于分模态讨论的交通状态识别方法为解决上述问题提供了思路。

通过预测得到的交通参数来划分交通状态的等级可以看作一个多模态的识别过程。依据交通模态识别产生的误差来修正交通参数预测结果可以提高交通状态预测模型对数据的适应性。因此，对交通状态等级的划分与基于交通状态多模态识别的自适应调整构成了高速路网短时交通状态预测模型的第二部分。

在交通状态等级划分问题中，传统的交通状态判别方法认为交通状态变化是交通参数之间线性变化的结果。通过找出交通参数的阈值，根据是否超过阈值来判定交通状态所属级别。这种方法简单而粗暴，割裂了各交通状态级别之间的内在联系，未考虑各交通参数之间的相互影响和制约。针对交通状态等级划分问题，文献[80] 从聚类和分类的角度进行着手。因此，本节依据基于交通参数数据的模糊 C 均值聚类算法（FCM）完成对历史数据的交通状态等级标定，计算出各个路段交通状态类别的聚类中心，最后使用通过 KNN 算法对预测到的交通参数进行分类。基于三种交通参数的 FCM 步骤如下。

(1) 将历史交通参数数据进行归一化处理。以路段为分割单位构建基于路段 i 的交通流、平均速度与占道率样本数据集 $X_i = (X_i^1, X_i^2, \cdots, X_i^j, \cdots, X_i^n)$。$X_i^j = (Q_i^j, V_i^j, O_i^j)$ 表示样本数据集中的样本 j 在基于三种交通参数坐标中的某一点。

(2) 初始化聚类中心为 4 个，因此将交通状态划分为 4 类。设路段 i 的模糊簇为 $C_i = (C_i^1, C_i^2, C_i^3, C_i^4)$，聚类中心更新公式如下：

$$C_i^k = \frac{\sum_{j=1}^{n} (u_{kj}^i)^m X_i^j}{\sum_{j=1}^{n} (u_{kj}^i)^m} \tag{4.11}$$

式中:u_{kj}^i 为路段 i 样本数据集中样本 j 在模糊聚类中心 C_i^k 中的模糊隶属度;m 为模糊加权指数。

选择使用欧几里得距离(简称欧氏距离)作为计算样本点与聚类中心模糊隶属度的衡量指标。隶属度计算公式如下:

$$u_{kj}^i = \frac{\sqrt{\| X_i^j - C_i^k \|^2}}{\sum_{k=1}^{4} \sqrt{\| X_i^j - C_i^k \|^2}} \tag{4.12}$$

(3) 迭代更新各个样本与新聚类中心的模糊隶属度。设定迭代最大次数和模糊度阈值。若达到最大迭代次数或最近迭代两次样本数据集的隶属度平均差值小于阈值,则说明聚类达到最优效果。

基于三种交通参数的 FCM 过程得到各个路段的交通状态的聚类中心簇。计算基于车辆因素考虑的 RNN 交通流预测模型的交通参数预测结果与对应路段聚类中心簇中的距离,依据 KNN 算法的分类规则对交通状态进行预测分类。基于 RNN 与多模态识别的高速路网短时交通状态预测模型流程如图 4.3 所示。

4.3.3　模型训练

基于 RNN 与多模态识别的高速路网短时交通状态预测模型在交通状态预测过程中会得两种预测结果:一种是预测得到的三种交通参数,另一种是基于多模态识别方法得到的交通状态。基于多模态识别的方法通过大量数据的训练已经具备了较好的分类效果。如果交通参数的预测十分准确,那么交通状态预测模型的预测精度会非常高。基于上述思维,大部分的模型训练过程把交通参数视为模型的最终输出对象,利用最小二乘法和反向传播的思想迭代训练 RNN 中各层的权值参数。这种传统的训练方法忽略了具体交通状态与各交通参数之间的联系,过分依赖具体的交通参数数据,降低了模型在不同模态下的泛化能力,且极易陷入局部最优解,无法从根本上提高模型的预测精度。

基于上述问题提出一种基于多模态自适应修正的训练过程。通过对未来某时刻的交通状态进行合理准确的预测,根据交通状态与三种交通参数的对应关系即可获知该时刻三种交通参数大致所处的范围,从而可以将其作为一种预测误差反馈信号对交通参数预测模型中的权值变量进行动态修正,减少了预测误差,提高了模型的预测精度[82]。同时,依据具体交通状态对交通参数预测模型的修正,提高了交通参数预测模型在不同数据集中的泛化能力。因此,在基于多

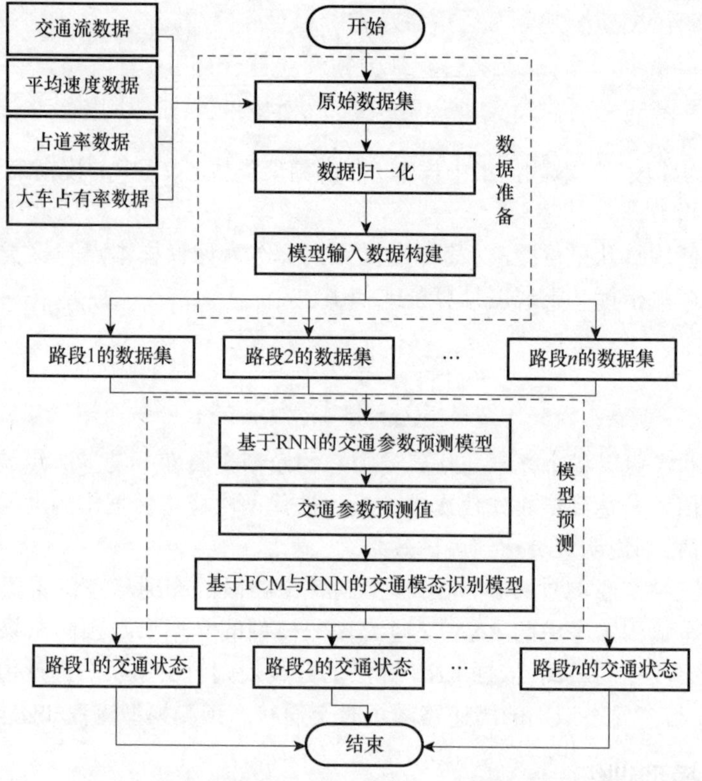

图 4.3　高速路网短时交通状态预测模型流程图

模态自适应修正的训练过程中，交通状态预测模型的最终输出为交通状态的具体模态，但具体修正的是交通参数预测模型中的取值参数，其本质是对交通参数预测模型的调整。其具体步骤如下：

(1) 设对应路段在时段 $T+1$ 的交通参数 $X_r=(Q_r,V_r,O_r)$，依据真实交通参数数据对预测路段在时段 $T+1$ 的模态标定为 M_{T+1}。依据前 T 个时段的交通参数数据与车辆类型数据，通过构建的基于车辆因素考虑的 RNN 交通参数预测模型预测得到时段$T+1$ 的交通参数的预测值 $X_p=(Q_p,V_p,O_p)$，对应的预测模态为 Y_{T+1}。

(2) 将真实交通参数确定的交通模态 M_{T+1} 与预测模态 Y_{T+1} 进行对比：若交通模态与预测模态相同，则通过对应真实交通参数与预测交通参数之间的误差，使用最小二乘法和反向传播思想完成对交通参数预测模型的训练，若交通模态与预测模态不一致，则构建对应三种交通参数的动态调整函数 θ_q、θ_v、θ_o，使各交通参数取值能够修正落到目标模态聚类中心和真实交通参数取值之间。这样既保留了模型对特定数据集的依赖性又考虑了各交通参数数据与交通模态之间的关系，增强了模型的泛化能力。对应交通参数的修正表达式如下：

$$Q_p=Q_p+\theta_q(Q_p,Q_r,Q_c) \tag{4.13}$$

$$V_p = V_p + \theta_v(V_p, V_r, V_c) \tag{4.14}$$

$$O_p = O_p + \theta_o(O_p, O_r, O_c) \tag{4.15}$$

式中：Q_c、V、O_c 分别为目标模态 M_{T+1} 对应聚类中心的三种交通参数取值。具体的修正函数描述如下：

$$\theta_q(Q_p, Q_r, Q_c) = a_{1q}(Q_r - Q_p) + a_{2q}(Q_c - Q_p) \tag{4.16}$$

$$\theta_v(V_p, V_r, V_c) = a_{1v}(V_r - V_p) + a_{2v}(V_c - V_p) \tag{4.17}$$

$$\theta_o(O_p, O_r, O_c) = a_{1o}(O_r - O_p) + a_{2o}(O_c - O_p) \tag{4.18}$$

式中：a_{1q}，a_{2q} 均为待定参数，其具体值在迭代训练过程中使用最小二乘法进行确定。

(3) 将上述的修正函数的取值视为当交通参数预测结果与真实交通参数在交通状态预测模型中的实际误差，通过反向传播进入 RNN 中逐层训练各自的权重参数。由于 RNN 的结构与一般的神经网结构不同，在具体某一时段的输出不仅与当前时段的网络有关，而且与过去多个时段的网络传递过来的状态相关。基于 RNN 构建的层传递间的误差函数如下：

$$\delta_i^t = f'(a_i^t)\left(\sum_{i=1}^{2} \delta_i^t w_i + \sum_{j=1}^{T} \delta_2^{t+j} w_3\right) \tag{4.19}$$

式中：δ_i^t 为第 i 层中在时段 t 的传导误差；f' 为对应层激活函数的导函数；a_i^t 为对应层在时段 t 的输入值。

基于上述各层误差计算方法，逐层传导，利用最小二乘法迭代修正各层的权值误差。图4.4展示了基于 RNN 与多模态识别的高速路网短时交通状态预测模型的训练流程。

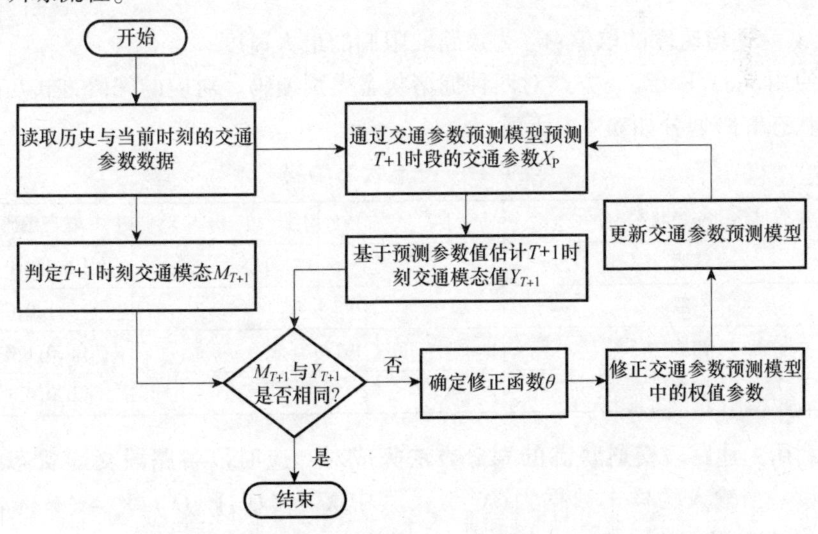

图4.4　高速路网短时交通状态预测模型训练流程图

4.4 实验与分析

4.4.1 数据集与实验参数设置

实验数据来源于 PeMS 收集的2017年7月1日到2018年1月10日高速路网上10条相邻且贯通路段的交通流、平均速度、占道率和大车占有率等数据记录。由于数据统计时间间隔为5min,故每条路段共有52992条数据记录。依据4.3节介绍的模型输入数据构建方法构建相应的数据集。

为保证输入数据能够很好地被深度神经网络识别,首先需要对原始数据进行数据预处理,主要包括数据清洗和归一化。本节的归一化方法为最大最小归一化,使各交通参数的取值映射在[0,1]。

基于 RNN 与多模态识别的高速路网短时交通状态预测模型是有监督的分类模型,必须向模型提供有标签的学习样本。由于高速公路路段的交通状态划分依赖具体的交通参数数据,本章依据 Kerner 等[83] 提出的交通状态标识方法,结合美国交通拥堵指标体系与 INRIX Index[84] 引入了交通状态划分指标 VC,利用 VC 的阈值范围将高速公路的交通状态分为畅通、一般、拥挤、堵塞。VC 的计算公式如下:

$$\mathrm{VC} = \frac{V}{V_{\mathrm{m}}} \tag{4.20}$$

式中:V 为平均速度的取值;V_{m} 为该路段限制的最大速度。

使用 one - hot 编码方式对四种拥堵状态类别编码。对应的编码方式与路段交通状态等级划分如表4.1所列。

表4.1 交通状态编码

路段交通状态	VC 阈值	状态编码
畅通	> 0.7	[1,0,0,0]
一般	0.5 ~ 0.7	[0,1,0,0]
拥挤	0.2 ~ 0.5	[0,0,1,0]
堵塞	< 0.2	[0,0,0,1]

利用上述路段交通状态的划分方法完成对对应时段各路段交通状态的标记。设一个输入的样本数据为(X^j, Y^j),其中$X^j = (Q^j, V^j, O^j)$,$Y^j = (y_1^j, y_2^j, \cdots, y_i^j)$。$y_i^j$ 表示样本数据预测时段路段 i 的交通状态,其具体编码如表4.1所列。依据上述方法完成对数据集的构建,将全体数据样本的90% 用于模型的训练,10%

充当测试集。

实验在Python环境下使用基于Theano后端的Keras框架实现。构建基于车辆因素考虑的RNN交通参数预测模型,依据4.3.1节中对模型输入变量特征的构建,本实验设定输入变量的时间序列长度为18,由于大车占有率与交通参数的时间序列向量相互交错构成新的向量,故RNN模型的步长设为36。RNN设为三层结构,隐藏层和输出层分别使用Sigmoid函数和ReLU函数作为激活函数。Droupt应用在每一层网络中,设定为0.2。初始化学习率为0.001,Batch size设为128,训练迭代次数为1000。在基于FCM与KNN的交通模态识别过程中,聚类中心点随机设定,聚类个数为4,模糊指数为2,迭代次数为1000,阈值为10^{-6}。映射在三种交通参数空间中各点间的距离选择欧氏距离。训练过程中函数的参数随机设定为[0,1]中的值。

4.4.2　评价指标

为了衡量基于RNN与多模态识别的高速路网短时交通状态预测模型的预测效果,选用准确率作为衡量预测模型性能的标准,分别计算不同路段的交通状态预测准确率,路网的整体预测准确度为各路段的交通状态预测准确率求和平均后的取值,计算公式如下:

$$\mathrm{ACC} = \frac{\sum_{i=1}^{10} \mathrm{ACC}_i}{10} \tag{4.21}$$

式中:ACC_i为路段i的预测准确率。

此外,还选用平均绝对误差(mean absolute error,MAE)、均方根误差(root mean squared error,RMSE)和平均绝对百分误差(mean absolute percentage error,MAPE)作为模型性能评价标准,计算公式如下:

$$\mathrm{MAE} = \frac{1}{N}\sum_{i=1}^{N} |x_i - \tilde{x}_i| \tag{4.22}$$

$$\mathrm{RMSE} = \sqrt{\frac{1}{N}\sum_{i=1}^{N} (x_i - \tilde{x}_i)^2} \tag{4.23}$$

$$\mathrm{MAPE} = \frac{1}{N}\sum_{i=1}^{N} \frac{|x_i - \tilde{x}_i|}{X_i} \times 100\% \tag{4.24}$$

式中:x_i,$\tilde{x}_i$分别为实际值和预测值;N为样本数量。三个指标的值越小,预测结果越接近实际值。

4.4.3 实验结果分析

为验证基于 RNN 与多模态识别的高速路网短时交通状态预测模型可行有效,进行如下实验来对比研究分析模型的预测情况。

1.车辆因素对交通参数预测模型的影响

依据 4.3 节中介绍的模型构建方法构建基于车辆因素考虑的 RNN 交通参数预测模型,利用高速路网中某一路段中的数据集训练该模型。同时训练未引入车辆因素的 RNN 交通参数预测模型。分别利用两种模型对同一路段同一时段的交通参数数据进行预测。分别对交通流、平均速度和占道率三种交通参数在加入和未加入车辆因素的 RNN 交通状态预测模型进行预测对比。

由于样本数量较多,只随机选取部分数据的预测情况进行展示。图 4.5、图 4.6 和图 4.7 分别为在 2017 年 7 月 1 日到 2018 年 1 月 10 日中随机一天某条路段在上述两种交通参数预测模型中交通流、占道率和平均速度情况。两种模型在各自交通参数的预测结果中都取得了比较好的预测效果,各时段的总体误差均在一个稳定的范围内波动,因此可以说明本章提出的模型有一定的可行性。通过每个图的横向比较,不难发现在考虑车辆因素后,交通参数的预测精度普遍提高。但从交通参数之间的差距来看,平均速度预测对比图的差距最明显,说明了车辆因素对平均速度的变化影响最大。虽然模型在整体上取得了好的预测结果,但是从图 4.5 ~ 图 4.7 中可以看出,当对应交通参数抖动变化频繁时,预测效果就变得不理想。说明上述两种模型均对交通状态的变化规律学习不够多,对于不同的数据集其预测泛化能力不足。

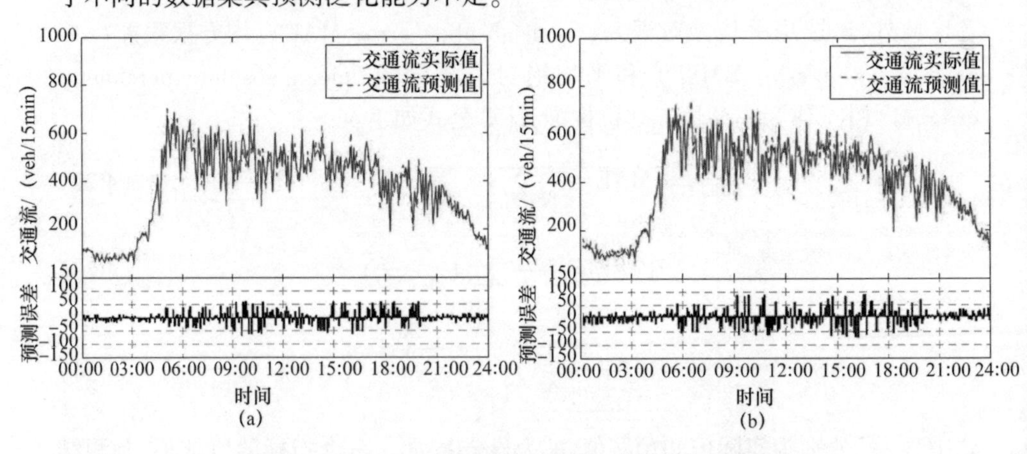

图 4.5 (见彩图)交通流在两种预测模型下的预测对比

(a)考虑车辆因素的交通流预测结果;(b)未考虑车辆因素的交通流预测结果。

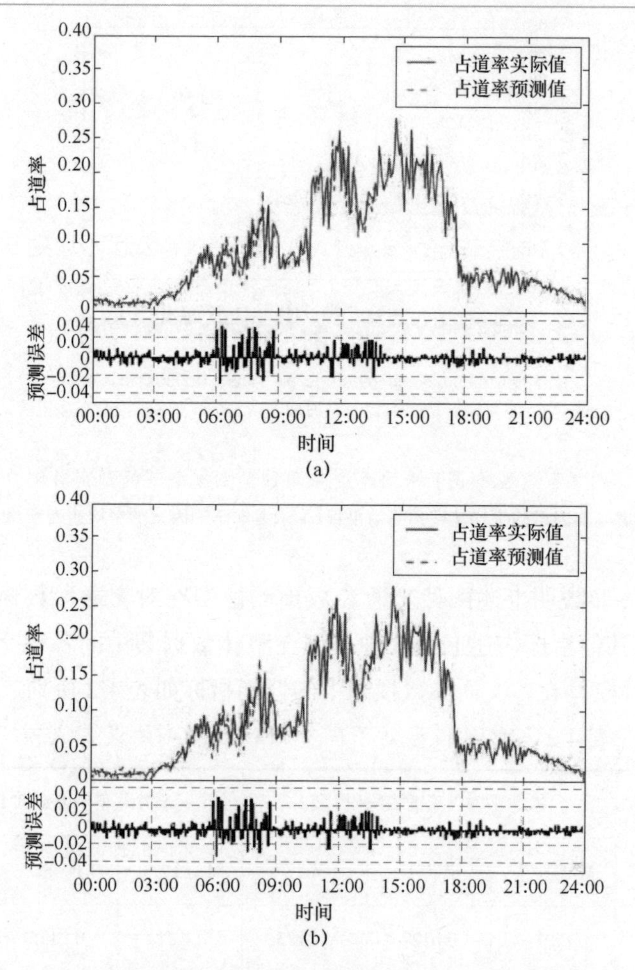

图 4.6 （见彩图）占道率在两种预测模型下的预测对比

(a) 考虑车辆因素的占道率预测结果；(b) 未考虑车辆因素的占道率预测结果。

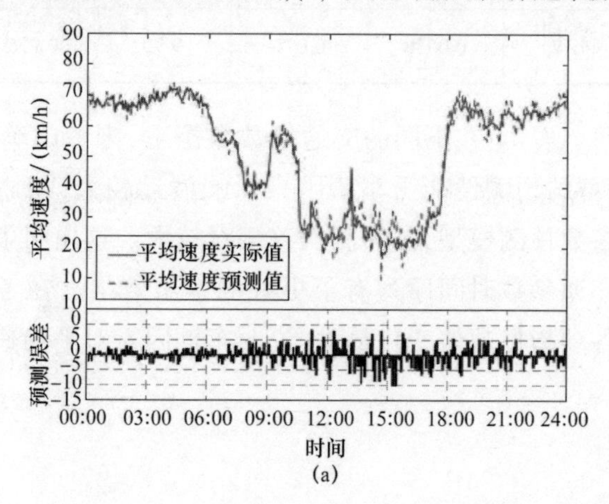

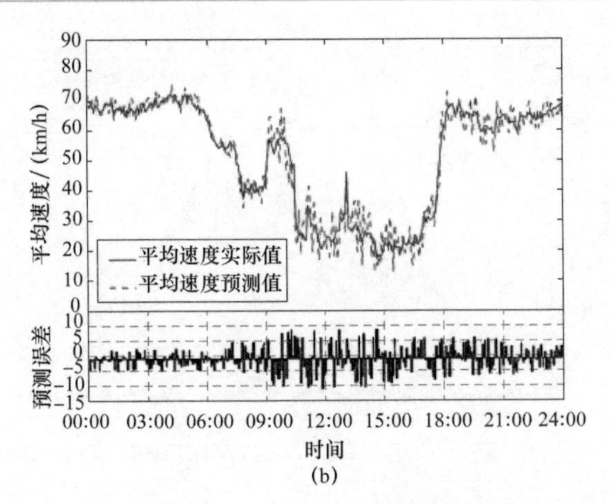

图 4.7 (见彩图) 平均速度在两种预测模型下的预测对比

(a) 考虑车辆因素的平均速度预测结果;(b) 未考虑车辆因素的平均速度预测结果。

为了进一步说明上述两种交通参数预测模型在对交通参数预测中存在的差异性,使用其他指标描述上述两种模型在整体数据集中的各种交通参数预测情况。这两种模型在各交通参数预测中的性能指标如表 4.2 所列。

表 4.2 两种模型对不同交通参数预测的误差比较

交通参数	考虑车辆因素的 RNN 模型			未考虑车辆因素的 RNN 模型		
	MAPE/%	RMSE	MAE	MAPE/%	RMSE	MAE
交通流	9.91	0.0127	0.0123	11.31	0.0175	0.0221
占道率	7.10	0.0054	0.031	10.60	0.0078	0.0450
平均速度	6.12	0.0036	0.027	9.90	0.0069	0.0370

从表 4.2 中可以看出,在不同的交通参数数据下,未考虑车辆因素的 RNN 交通参数预测模型的预测性能受车辆因素影响波动较大,相比考虑了车辆因素的 RNN 交通参数预测模型,其预测误差相对较大。这说明了考虑车辆因素的 RNN 模型对交通参数时间序列有了更好的学习效果。在考虑了车辆因素后,平均速度的各项指标数值变化最大,说明车辆因素对平局速度参数变化的影响最大。

2.加入多模态自适应修正的训练过程对预测模型的影响

为了验证加入多模态自适应修正的模型训练过程使交通参数预测模型具有更高的预测精度和泛化能力,在上述实验研究的基础上,针对同样的数据集在基于车辆因素考虑的RNN交通参数预测模型中分别使用传统的训练方法和多模态自适应修正的方法进行训练,在同一测试数据集中完成预测结果的对比。图4.8展示了在基于车辆因素考虑的RNN交通参数预测模型中加入多模态自适应修正训练方法后对三种交通参数的预测结果。通过与图4.5、图4.6和图4.7(a)对比可知,在加入多模态自适应修正的训练过程后,模型的预测精度明显提高,且在交通状态变化频繁的位置误差极大程度地减少了,说明加入多模态自适应修正方法的模型训练过程训练出来的新模型对交通状态的变化有着良好的适应能力,证实了基于多模态的自适应修正训练方法的有效性和可行性。

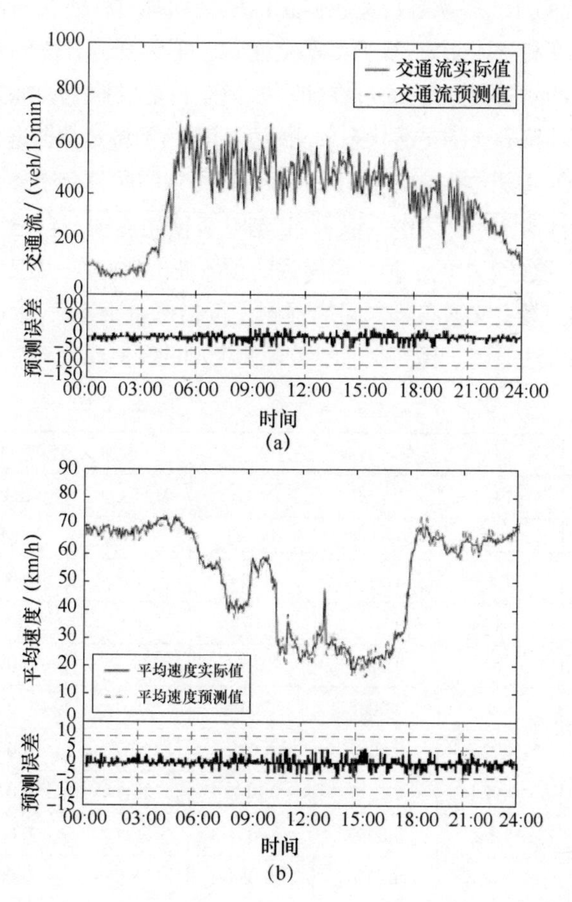

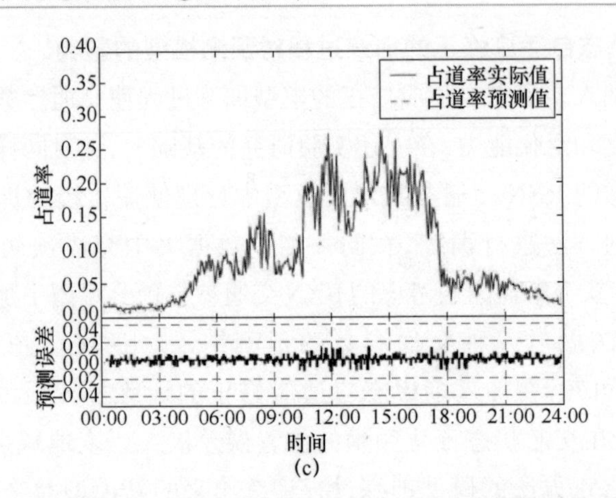

图 4.8 (见彩图)加入多模态自适应修正训练过程的交通参数预测结果

(a)交通流预测结果;(b)平均速度预测结果;(c)占道率预测结果。

为更好地说明加入多模态自适应修正的模型训练过程使交通参数预测模型具有更高的预测精度和泛化能力,基于本章交通状态等级划分方法构建四组分别标定为四种交通状态的测试数据集,通过在加入多模态自适应修正训练方法与未加入多模态自适应修正训练方法的交通状态预测模型对四组测试集数据进行预测对比。

表 4.3 列出四组测试集在经过不同训练过程得到的两种交通参数预测模型中预测性能的各种指标对比。从表中可以看出,与没有使用多模态自适应修正的模型训练过程相比,四个数据集中的三种交通参数的预测评价指标在一定程度上均有降低,且不同测试集在同类型交通参数之间的预测评价指标差距不大,因此证明了多模态自适应修正训练方法有助于提高交通参数预测模型的预测精度和泛化能力。

表 4.3 各交通参数预测的误差比较

数据集		加入多模态自适应修正方法			未加入多模态自适应修正方法		
		MAPE/%	RMSE	MAE	MAPE/%	RMSE	MAE
测试集 1	交通流	8.81	0.0157	0.0141	9.11	0.0165	0.0178
	占道率	7.4	0.0051	0.034	8.7	0.0068	0.041
	平均速度	5.12	0.0031	0.024	6.9	0.0054	0.033
测试集 2	交通流	8.64	0.0149	0.0133	10.31	0.0185	0.0241
	占道率	8.3	0.0067	0.038	9.4	0.0081	0.047
	平均速度	5.72	0.0037	0.028	6.7	0.0051	0.036
测试集 3	交通流	9.92	0.0177	0.0142	11.11	0.0184	0.0188
	占道率	7.8	0.0059	0.037	9.1	0.0084	0.053
	平均速度	7.12	0.0056	0.034	8.7	0.0069	0.037

续表

数据集		加入多模态自适应修正方法			未加入多模态自适应修正方法		
		MAPE/%	RMSE	MAE	MAPE/%	RMSE	MAE
测试集4	交通流	9.34	0.0163	0.0138	10.31	0.0171	0.0176
	占道率	7.4	0.0056	0.036	9.3	0.0080	0.049
	平均速度	6.11	0.0043	0.029	7.8	0.0059	0.034

表4.4列出四种测试集在加入和未加入多模态自适应修正方法的基于RNN与多模态识别的高速路网短时交通状态预测模型中高速路网交通预测精度对比。

表4.4　高速路网交通状态预测准确率比较

数据集	加入多模态自适应修正方法的准确率	未加入多模态自适应修正方法的准确率
测试集1	0.965	0.91
测试集2	0.947	0.861
测试集3	0.935	0.819
测试集4	0.954	0.882

通过对比四个测试集在两个交通状态预测模型上的整体路网交通状态预测准确率可知,加入多模态自适应修正方法的交通状态预测模型有更高的预测准确率,且不同测试集的预测准确率差距较小,再次证明了引入多模态自适应修正的方法有助于提高模型的预测性能。

4.5　小结

本章针对以往高速公路交通状态预测方法较少考虑车辆因素对交通状态的影响,且总是基于交通参数的误差反向传播训练预测模型,忽视了交通参数与具体交通状态之间的联系等问题,提出了一种基于循环神经网络与多模态识别的路网交通状态预测方法。首先依靠FCM对高速路网交通状态进行划分;然后综合分析了车辆因素在高速路网中与三种交通参数之间的灰色关联性,通过构建基于车辆因素考虑的RNN交通参数预测模型完成各个交通参数的预测;最后依据预测得到的交通参数与KNN算法相结合完成对高速路网的交通状态进行分类和识别。由于传统的模型训练方法忽略了交通参数与交通状态的联系,模型的泛化能力不高,因此提出一种多模态自适应修正训练方法,基于交通参数和交通状态之间的对应关系来修正模型,提高了模型的预测性能和泛化能力。

第5章　基于共享时空特征的交通状态预测方法研究

5.1　引言

利用人工神经网络(artificial neural network,ANN)技术实现交通流预测是近年来智能交通领域的一个重要研究分支。相较于传统的机器学习模型,人工神经网络技术不依赖特征工程,对非线性特征具有较强的映射能力,在求解复杂问题上具有较大的优势。现有的研究工作主要面临以下三个问题:

(1) 时空相关性分析。时间特征和空间特征是交通流的两个重要特征,不同时间、不同地点的交通流不断变化。交通流在时间维度上表现出连续特征,在空间维度上相邻路段之间相互影响。预测模型对时空特征的学习能力直接影响交通流预测的性能。

(2) 交通网络流量预测。现有的研究方法多针对单路段交通流进行预测,这往往会导致预测模型忽略部分时空特征,使模型的准确率降低。其主要原因是单路段交通流在传播的作用下使彼此不相邻的路段也相互影响,例如,交通拥堵随着时间的推移会蔓延到几千米甚至几十千米,而这一特征往往不能反映在模型中,造成精度损失。多路段交通流预测能够充分整合交通网络中蕴含的大量时空信息,同时把握交通网络整体状态,从而更好地支持交通决策。

(3) 神经网络初始化问题。基于人工神经网络的交通流预测模型存在权重初始化问题。当初始权重过大时,神经网络容易陷入局部极小值;当初始权重过小时,前期隐层的梯度较小,权重更新较慢,因此需要增加隐层以获得良好的性能,而这会增加模型的计算复杂度和时间复杂度。同时,随着网络层数的加深,训练会变得更加困难。因此,需要对神经网络进行合理的初始化,帮助网络更有效地找到全局最优解。

传统神经网络往往将交通流的时间序列和空间序列进行拼接组合表征交通流的时空特征,这样做模型训练简单,但需要大量人为工作来确定时间和空间的特征维度,并且容易忽略部分时空特征。通过多任务学习(multi-task learning,MTL)机制共享交通流时空特征能够帮助预测模型提高泛化能力,同时避免了空间特征的人工提取工作[52,85]。针对深度神经网络权重初始化问题，堆栈自编码(stacked autoencoder,SAE)网络作为一种无监督的深度学习方法，通过逐层贪婪训练得到神经网络每层的权值，能够有效降低模型训练难度。在城市人流量预测中应用 SAE 初始化神经网络模型，可取得较好的预测效果[86]。

基于以上研究本章提出了基于堆栈自编码网络和多任务学习的交通流预测模型(multi-task learning with stacked autoencoders model,MSAE)，旨在克服传统神经网络无法充分利用交通网络间时空共享信息的局限性，解决深度神经网络的初始化问题。MSAE 模型在多任务学习机制的启发下，将每条路段的单任务交通流预测整合在一起，由深度神经网络共同训练。通过多任务学习机制，模型可以共享每条道路的空间特征和时间特征，而不是单独训练每个预测任务，实现交通网络多路段交通流预测。同时，利用无监督训练模型堆栈自编码网络对基于深度神经网络的有监督预测模型进行权重预训练，使训练得到的权重能够更好地保留原始数据的主要特征，用于作为神经网络的初始值。在两个真实数据集上对该模型进行了实验验证和分析，结果表明，所提 MSAE 模型在平均绝对误差、平均绝对百分比误差和均方根误差指标上都小于对比模型，得到了更精确的结果。

本章的组织结构：5.2 节介绍堆栈自编码网络原理和多任务学习的基本知识；5.3 节介绍基于堆栈自编码网络和多任务学习的交通流预测模型及其训练方式；5.4 节将 MSAE 模型在两个真实数据集上与单任务深度神经网络、多任务深度神经网络以及单任务堆栈自编码网络模型进行对比实验，并对实验结果进行分析；5.5 节对本章内容进行小结。

5.2　相关工作

本节分别对 MSAE 模型的理论基础，即自编码网络、堆栈自编码网络和多任务学习机制进行简要概述。

5.2.1　自编码网络

自编码(autoencoder,AE)网络是一种通过无监督方式学习数据的高效表示的人工神经网络[87]，20 世纪 80 年代由 Rumelhart 等[88]提出，其主要目的是解决反向传播没有“老师”的问题[89]。自编码网络在无需任何特征工程的情况下将输入数据作为监督信息，经过适当训练得到输入数据的抽象特征，并在其中保留了数据中的主要特征[90]。自编码网络结构如图 5.1 所示。

自编码网络的网络结构与多层感知机类似，包含输入层、隐层和输出层，区

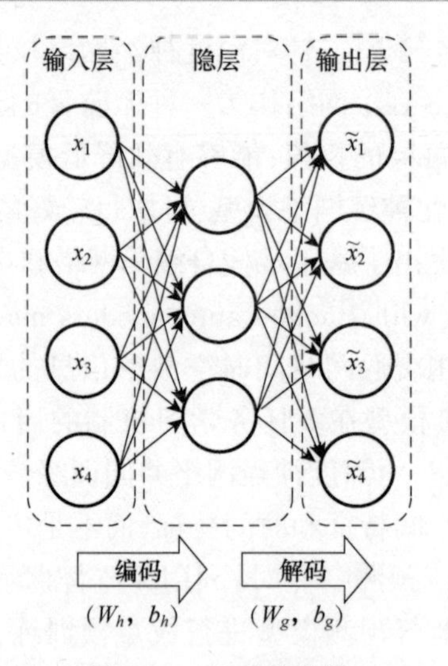

图 5.1　AE 网络结构

别是自编码网络的输入神经元规模与输出神经元规模一致。传统的监督学习方法是把样本真实的标签当作期望输出,并以此监督学习过程。自编码网络将输入样本作为输出标签监督学习过程,因此被称为无监督学习。自编码网络通过输入层到隐层训练样本的特征表达,在经隐层到输出层重构样本。

从输入层到隐层对原始数据 $\boldsymbol{X}$ 的编码过程如下:

$$\boldsymbol{H}=f_{\theta_h}(\boldsymbol{X})=\boldsymbol{\sigma}_h(\boldsymbol{W}_h\boldsymbol{X}+\boldsymbol{b}_h) \tag{5.1}$$

从隐层到输出层求解重构数据 $\widetilde{\boldsymbol{X}}$ 的解码过程如下:

$$\widetilde{\boldsymbol{X}}=g_{\theta_g}(\boldsymbol{H})=\boldsymbol{\sigma}_g(\boldsymbol{W}_g\boldsymbol{H}+\boldsymbol{b}_g) \tag{5.2}$$

式中:$\boldsymbol{H}$ 为隐层输出;$\theta=(\boldsymbol{W},\boldsymbol{b})$;$\boldsymbol{W}_h$ 和 $\boldsymbol{b}_h$ 分别为编码阶段的权重和偏置,$\boldsymbol{W}_h\in\mathbb{R}^{u\times v}$,$\boldsymbol{b}_h\in\mathbb{R}^{v}$;$\widetilde{\boldsymbol{X}}$为输出层的输出; $\boldsymbol{\sigma}_h$,$\boldsymbol{\sigma}_g$ 分别为编码阶段和解码阶段的激活函数,通常使用 sigmoid 函数。输出层的输出 $\widetilde{\boldsymbol{X}}$ 可以看作对输入层 $\boldsymbol{X}$ 的重构,通过定义自编码网络的重构误差函数来衡量特征重构的学习效果:

$$\min_{\theta}\frac{1}{N}\sum_{i=1}^{n}(\boldsymbol{X}_i-\widetilde{\boldsymbol{X}}_i)^2 \tag{5.3}$$

本质上,自编码网络训练的特征参数使得输出 $\widetilde{\boldsymbol{X}}$ 近似等于输入 $\boldsymbol{X}$。利用梯度下降法对模型进行求解,可得到对输入的特征表示 θ_h。基于这样的特点,自编码网络广泛用于数据降维和模型初始化[91-92]。

5.2.2 堆栈自编码网络

堆栈自编码网络是由多层自编码网络组成的无监督学习的深度神经网络,结构如图5.2所示,网络中的每层都是通过一个自编码网络进行独立训练的。其中,每层将前一层的输出作为输入,通过最小化重构误差训练当前层的自编码网络。这一过程相当于对每层都初始化了一个合理的能反映当前层输入特征的权重参数。一旦所有层都经过了预训练,训练就进入有监督的微调阶段。根据实际期望输出,在网络的顶部增加逻辑回归层,应用反向传播算法训练整个网络。

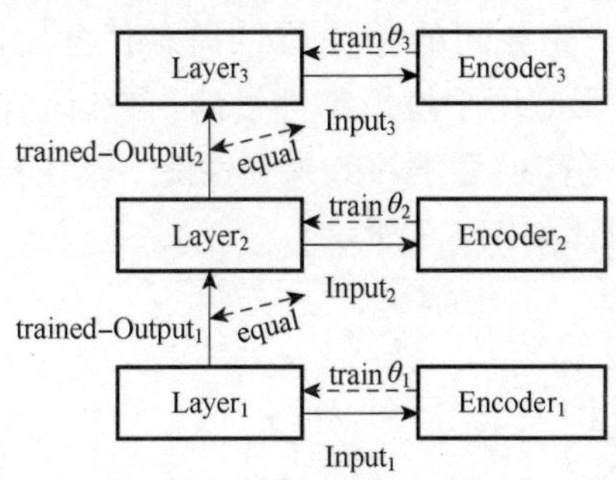

图5.2　SAE网络结构

将第 $k-1$ 层网络输出 $\boldsymbol{X}_{k-1}$ 作为输入训练第 k 层自编码网络,其编码和解码操作分别为

$$\boldsymbol{X}_k = f_{\theta_h}(\boldsymbol{X}_{k-1}) = \sigma_k^h(\boldsymbol{W}_k^h \boldsymbol{X}_{k-1} + \boldsymbol{b}_k^h) \tag{5.4}$$

$$\widetilde{\boldsymbol{X}}_{k-1} = g_{\theta_g}(\boldsymbol{X}_k) = \sigma_k^g(\boldsymbol{W}_k^g \boldsymbol{X}_k + \boldsymbol{b}_k^s) \tag{5.5}$$

式中:$\boldsymbol{X}_k$ 为第 k 层自编码网络的隐层输出;$\widetilde{\boldsymbol{X}}_{k-1}$ 为第 k 层自编码网络输出层输出;$\boldsymbol{W}_k^h$,$\boldsymbol{b}_k^h$ 为编码阶段的权重和偏置;$\boldsymbol{W}_k^g$,$\boldsymbol{b}_k^s$ 为解码阶段的权重和偏置;σ_k^h 和 σ_k^g 分别为激活函数。

通过学习,网络只保留编码阶段的 $\boldsymbol{W}_k^h$ 和 $\boldsymbol{b}_k^h$ 作为网络初始化参数,抛弃解码阶段的 $\boldsymbol{W}_k^g$ 和 $\boldsymbol{b}_k^s$。按照这种方式,对每层构建的自编码网络依次进行学习。最后通过增加逻辑回归层和实际期望输出对整个网络参数进行微调。这种训练方式能够帮助神经网络首先获得关于输入样本的先验信息,避免随机初始化造成的反向传播过程中可能出现的梯度弥散或梯度爆炸现象[93]。

本章利用堆栈自编码网络对深度神经网络模型进行权重初始化,以提高模型特征学习能力,避免产生梯度弥散或梯度爆炸问题。

5.2.3 多任务学习机制

多任务学习是迁移学习的一个分支,其主要目标是利用包含在相关任务训练信号中的领域信息进行归纳偏置,从而提高模型的泛化能力[94]。多任务学习最早可以追溯到1993年,Caruana[95]发表了关于多任务学习机制的文章,提出在所有任务间共享隐层,保留特定任务输出层,实现Hard参数共享。1997年,Baxter[96]验证了多任务学习过拟合共享参数的风险小于过拟合特定任务参数。相对于单任务学习(single - task learning,STL),每次只学习一个任务,多任务学习充分利用多个任务间的相关信息提高任务之间的辨识度和预测性能[97]。目前,多任务学习应用于垃圾邮件过滤、自然语言处理、图像识别、语音识别等多个领域,用来提高模型学习效果和性能。基于神经网络的单任务学习与多任务学习的结构对比如图5.3所示。

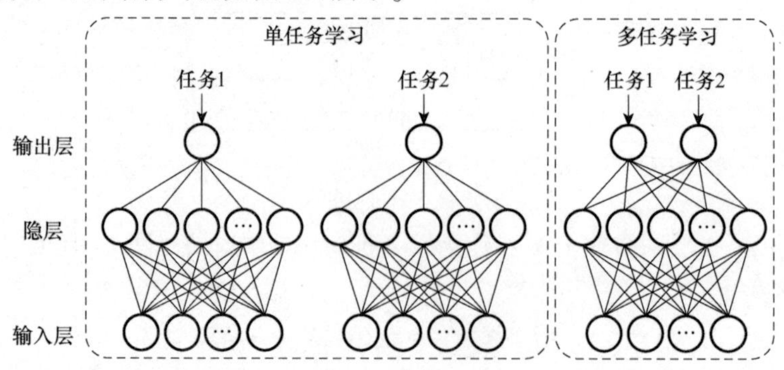

图5.3　单任务学习与多任务学习的结构对比

多任务学习相比单任务学习具有三个方面的优势:① 多任务学习模型具有更好的泛化性能。单任务学习模型通常假设任务间是相互独立的,而现实生活中任务间往往存在关联。例如,假设预测每条路段交通流的任务相互独立,那么要建立与路段数量相同的模型。而相邻路段间的交通流往往是相关联的,彼此之间相互影响。多任务学习模型可以将相邻路段预测任务整合在一起,通过共享任务间的信息,对其进行关联建模,从而提高模型整体的泛化能力。② 多任务学习可以提高模型中每个任务的学习效率。多任务学习为每个单独的任务增加了额外信息,有效地扩大了样本规模。相比单任务学习,多任务学习机制可以学习获得更加鲁棒的特征,使每个单独任务都能从中受益。③ 多任务学习能够降低过拟合风险。在多任务学习机制中,每个单独的任务都充当了一个归纳偏置,起到与正则化相似的作用,因此降低了模型过拟合风险。

本章利用多任务学习机制,通过共享信息对交通网络中多路段的交通流时空特征进行建模,提高模型的鲁棒性和泛化能力,同时完成交通网络多目标预测任务。

5.3　基于堆栈自编码网络和多任务学习的交通流预测模型

本节主要阐述 MSAE 模型的框架和算法详细流程。首先描述 MSAE 模型整体框架的构建;其次对模型的各个组成部分进行说明;最后给出详细的算法流程。

5.3.1　MSAE 模型框架

MSAE 模型的结构框架如图 5.4 所示,该模型主要由两部分组成:一是网络预训练模块。针对神经网络随着网络层数加深导致难以有效训练的问题,提出利用堆栈自编码网络预训练网络模型参数对网络进行合理初始化,进而减少模型网络层数,降低训练难度,提高学习效率。二是基于多任务学习的多路段交通流预测模块。利用多任务学习机制,通过在每个交通流预测任务之间共享信息来学习交通网络中的时空特征,实现交通网络多路段交通流预测,提高模型的泛化能力。

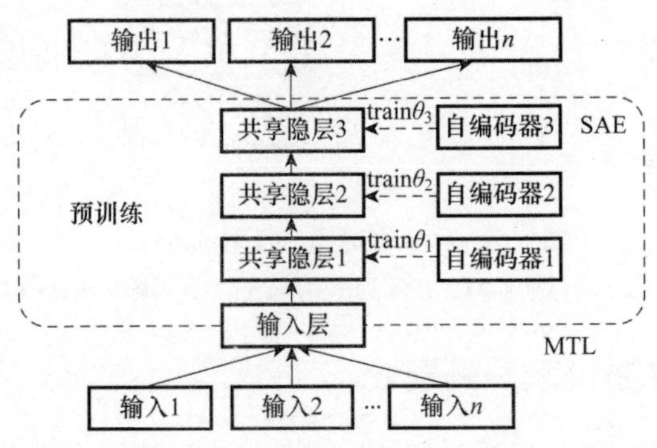

图 5.4　MSAE 模型的结构框架

5.3.2　网络预训练模块

堆栈自编码网络采用无监督贪婪逐层训练[98] 的方式学习网络中每层的特征重构和预训练网络参数。堆栈自编码网络训练过程如图5.5所示,网络结构包含三个隐层,利用堆栈自编码网络对三个隐层进行权重初始化。其主要思路是依次训练网络中每层,将前一层的输出作为输入,训练下一层的网络参数。具体来说,依次对每层隐层应用自编码网络进行训练。首先将原始输入作为第一层隐层的输出标签,利用编码和解码操作训练第一层隐层的权重参数,保留编码阶段的权重参数(W_1, b_1) 作为第一层隐层的网络参数,如图 5.5(a) 所示。其次将第一层隐层网络参数固定,其隐层输出作为第二层网络的输入与输出标签,继续用自编码网络训练第二层隐层的网络参数(W_2, b_2),如图 5.5(b) 所示。然后重复以上工作得到第三层隐层的权重参数(W_3, b_3),如图 5.5(c) 所示。至此,得到全部隐层参数,如图 5.5(d) 所示。最后进入微调阶段,在网络顶层增加逻辑回归层,通过反向传播算法微调网络整体参数,完成训练,如图 5.5(e) 所示。

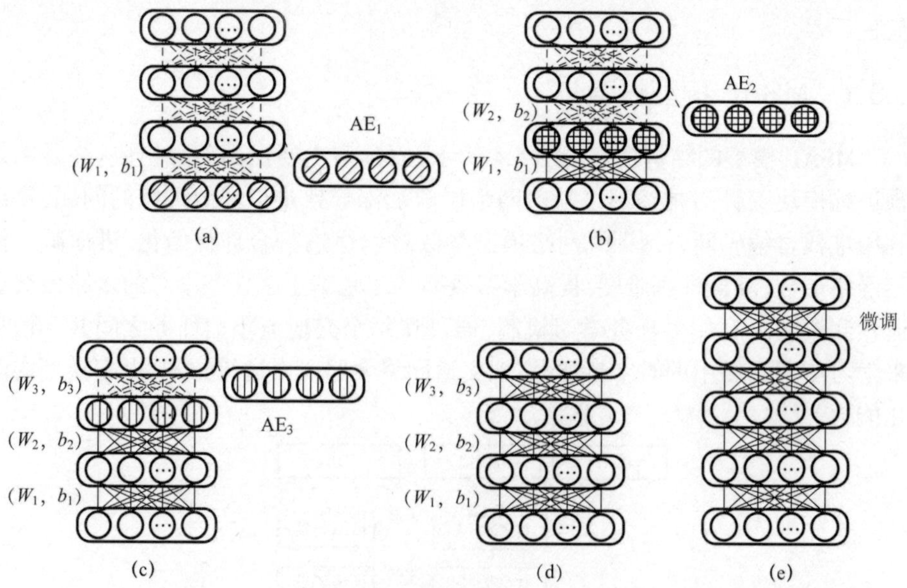

图 5.5 堆栈自编码网格训练过程

(a) 训练 AE_1;(b) 训练 AE_2;(c) 训练 AE_3; (d) 预训练完成;(e) 微调。

5.3.3 多任务学习机制预测模块

从决策角度来看,常常需要对整体或局部的交通流做全面分析,以制定交通计划。单路段交通流预测往往无法满足实际需求,同时,由于无法共享交通网络信息,单路段交通流预测容易忽略部分时空特征。交通流不仅受相邻路段的影响,而且受其他路段交通流传播作用的影响。在单路段交通流预测中往往需要人工干预,单独从原始数据中提取空间特征向量,而目前研究无法基于理论和方法来确定特征向量的规模。同时针对不同的道路,特征有所不同,也难以用统一的维度表示。因此,针对单路段交通流预测的模型通常难以应用到其他路段,模型泛化能力较差。利用多任务学习机制可以同时对多个路段的交通流特征进行学习,其中每个任务都可以为其他任务提供所需要的空间信息和时间信息,避免单任务学习模型显式的空间特征提取工作,提高模型的泛化能力,同时实现交通网络多路段交通流预测。

基于人工神经网络的多任务学习的交通流预测模型如图 5.6 所示。它由四部分组成:

(1) 输入层:将每条路段的交通流的历史时间序列作为输入,如图 5.7 所示。其中,预测每条路段的交通流是一个独立的单任务,将一组相邻路段交通流预测任务作为多任务学习神经网络的输入。

(2) 共享隐层:可以使相关任务之间的信息有效地结合。每个交通流预测任务为其他任务提供时空信息,避免了人工干预,提高了模型的鲁棒性。

(3) 任务特定层:完成对任务的拆分,分别学习每个任务中与其他任务不同的特定信息,实现共享信息和任务特定信息的统一。

(4) 输出层:输出每个交通流预测任务的结果。

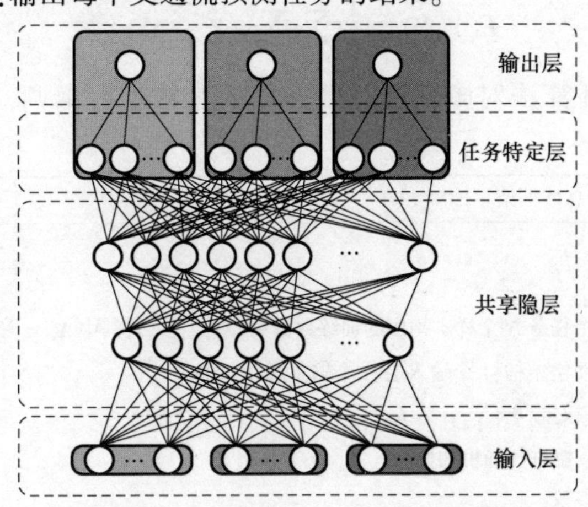

图 5.6　基于多任务学习的交通流预测模型

5.3.4　MSAE 模型训练

MSAE 模型主要分两步来完成多路段交通流预测:一是通过堆栈自编码网络进行无监督预训练,获得网络初始化参数;二是利用预训练的参数初始化多任务神经网络,通过有监督的微调操作完成多路段交通流预测任务。

假设模型由 T 个任务构成,每个任务包含 N 个训练样本 $\{\boldsymbol{X}_i^t, Y_i^t\}_{i=1,t=1}^{N,T}(i \in N, t \in T)$、$S$ 个测试样本 $\{\boldsymbol{X}_i^t, Y_i^t\}_{i=1,t=1}^{S,T}, (i \in S, t \in T)$,其中 $\boldsymbol{X}_i^t \in \mathbb{R}^d, \boldsymbol{Y}_i^t \in \mathbb{R}$ 分别代表第 t 个任务中第 i 个样本的输入与输出。令 $\widetilde{Y}_i^t$ 表示第 t 个任务中第 i 个样本的预测值,根据经验,利用均方误差函数表示模型的损失函数:

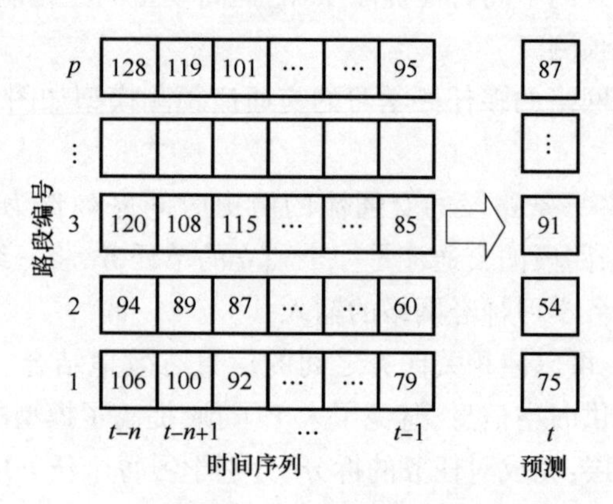

图 5.7　交通数据表示

$$L(Y,\widetilde{Y}) = \frac{1}{2}\sum_{t=1}^{T}\sum_{i=1}^{N}(Y_i^t - \widetilde{Y}_i^t)^2 \tag{5.6}$$

利用反向传播算法对多任务神经网络的参数进行微调，步骤如算法 5.1 所示。

算法 5.1　MSAE 算法总体框架
1.预训练 **输入：** (1) T 个任务，每个任务 N 个样本构成的训练数据集 $\{\boldsymbol{X}_i^t\}_{i=1,t=1}^{N,T}$，其中 $\boldsymbol{X}_i^t \in \mathbb{R}^d$； (2) 堆栈自编码网络结构：1 个输入层、1 个输出层、K 个隐层。 **输出：** 网络各层预训练权重 $\{\boldsymbol{\theta}_i\}_{i=1}^K$，$i \in K$； **Step1**：对网络中每层权重进行随机初始化。 **Step2**：逐层训练各层参数： **Step2.1**：对当前层输入 $\boldsymbol{X}_k$ 进行编码操作； **Step2.2**：对当前层输出进行解码操作得到 $\widetilde{\boldsymbol{X}}_k$； **Step2.3**：计算重构误差 $L(\boldsymbol{X}_k,\widetilde{\boldsymbol{X}}_k)$； **Step2.4**：反向传播算法更新权重参数，最小化重构误差，直到达到停止条件，否则跳转到 **Step2.1**。 **Step3**：重复 **Step2**，直到全部隐层权重训练完毕。 **2.利用训练集对多任务神经网络进行微调训练** **输入：** (1) T 个任务，每个任务 N 个样本构成的训练数据集 $\{\boldsymbol{X}_i^t, Y_i^t\}_{i=1,t=1}^{N,T}$，其中 $\boldsymbol{X}_i^t \in \mathbb{R}^d$，$Y_i^t \in \mathbb{R}$； (2) 深度神经网络结构：1 个输入层、1 个输出层、K 个隐层； (3) 预训练所得权重 $\{\boldsymbol{\theta}_i\}_{i=1}^K$。

输出:T 个任务交通流预测结果及预测模型 MSAE。

Step1:用$\{\boldsymbol{\theta}_i\}_{i=1}^{K}$ 初始化全部隐层权重。

Step2:将真实交通流作为标签数据训练从输入层到输出层的全部网络节点:

Step2.1:正向传播计算输出 $\widetilde{Y}$;

Step2.2:计算误差 $L(Y,\widetilde{Y})$;

Step2.3:反向传播算法更新权重参数,最小化误差函数,直到达到停止条件,否则跳转到 **Step2.1**。

3.应用测试集对模型进行验证

输入:(1) T 个任务,每个任务 S 个样本构成的测试数据集$\{\boldsymbol{X}_i^t, Y_i^t\}_{i=1,t=1}^{S,T}$,其中 $\boldsymbol{X}_i^t \in \mathbb{R}^d, Y_i^t \in \mathbb{R}$;

(2) MSAE 模型。

输出:T 个任务交通流在测试集上的预测结果。

Step1:将测试数据输入上一过程训练得到 MSAE 模型;

Step2:执行训练模型,得到预测结果。

5.4　实验与分析

本节主要对 *MSAE* 模型进行评估,首先对实验数据集进行介绍,然后给出实验参数设置,最后通过对比实验对模型的有效性进行分析。

5.4.1　数据集

本节使用两个真实数据集作为研究对象,用于验证模型的有效性:第一个数据集源于 2015 年 1 月 1 日到 2015 年 3 月 31 日大广高速吉林段共 12 个高速公路收费站出口流量数据,由吉林省高速公路管理局(Jilin Provincial Expressway Administration, JPEA)提供。第二个数据集源于PeMS收集的2016年1月1日到2016 年 3 月 31 日美国加利福尼亚州 US50 - E 快速路由西向东连续 12 个探测器的交通流数据。在 PeMS 中约有 15000 个独立的探测器部署在加利福尼亚州范围内的快速路上,探测器每隔 30s 采集一次交通数据,可以生成 5min、1h、1 天、1 周 的聚合数据。PeMS 的开源性,使其成为交通预测中应用最广泛的数据集。根据 Highway Capacity Manual[99] 的建议,本书将交通流按照每 15min 汇总一次。选取前两个月交通数据作为训练集,后一个月交通数据作为测试集。

5.4.2　实验参数设置

本节使用 Python 深度学习库 TensorFlow 和 Keras 构建 MSAE 模型。对于输入数据,应用最小 - 最大归一化方法将数据归一化到区间[0,1],结果如图 5.8

所示。输出层的激活函数设置为 sigmoid 函数,它的区间为(0,1)。MSAE 模型选取包含 3 个隐层的神经网络,每层含 400 个神经元,通过梯度下降法进行训练。此外,相同结构的堆栈自编码网络完成对该神经网络的参数初始化工作,提取 8 个时间间隔构成的交通流时间序列数据作为时间特征输入 MSAE 模型中。损失函数设置为预测值与实际值之间的均方误差。使用早停机制监督模型训练过程,当 loss 值收敛时,提前停止训练。模型中参数设置经过了反复试验和误差设定,得到最佳结构。

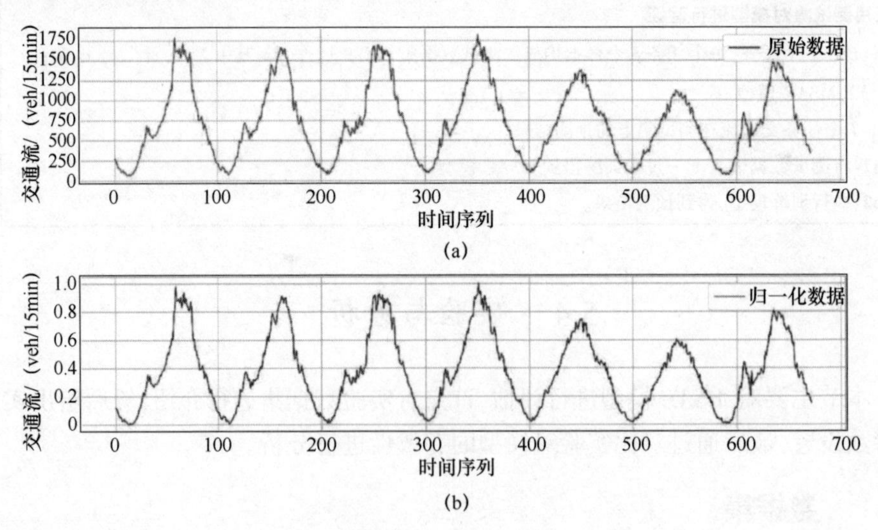

图 5.8　数据归一化

模型的对比模型包括单任务深度神经网络(deep neural network with single-task learning,DNN-STL) 模型、多任务深度神经网络(deep neural network with multi-task learning,DNN-MTL) 模型、单任务堆栈自编码网络(stacked autoencoder with multi-task learning,SAE-STL) 模型。设置每个模型使用的神经网络结构包含 3 个隐层,每个隐层包含 400 个神经元,迭代次数为 100。同样使用 MSE 作为损失函数,以及早停机制监督训练过程。对每个模型分别反复训练 10 次,求得模型的平均性能指标。

通过平均绝对误差、均方根误差和平均绝对百分比误差度量模型的有效性。

5.4.3　实验结果分析

将 MSAE 模型与 DNN-STL 模型、SAE-STL 模型[86] 和 DNN-MTL 模型[85] 应用到 JPEA 和 PeMS 数据集上进行对比实验,验证 MSAE 模型的有效性和泛化能力。

1.JPEA 数据集

DNN-STL模型、SAE-STL模型、DNN-MTL模型和MSAE模型在JPEA数据集上的交通流预测结果如表5.1所列。

表5.1　不同模型在JPEA数据集上的交通流预测结果

模型	MAE	MAPE/%	RMSR
DNN-STL	0.0173	19.59	0.0254
SAE-STL	0.0152	16.31	0.0201
DNN-MTL	0.0111	15.57	0.0173
MSAE	0.0106	13.46	0.0168

从表5.1中可以看出,多任务模型预测性能优于单任务模型。多任务的DNN-MTL模型在MAE、MAPE和RMSE指标上比单任务的DNN-STL模型分别降低了35.84%、20.52%和31.89%。多任务的MSAE模型与单任务的SAE-STL相比在三个指标上分别下降了30.26%、17.47%和16.42%。实验结果表明多任务学习相比单任务学习在交通流预测任务中具有较大的优势。多任务学习机制实现了交通网络中的信息共享,更好地融合了交通流的时空特征,降低了模型预测误差。

通过合理初始化的神经网络比传统的随机初始化的神经网络具有更好的性能。表5.1表明,经过堆栈自编码网络初始化的SAE-STL模型在MAE、MAPE和RMSE指标上比随机初始化的DNN-STL模型分别降低了12.14%、16.74%和20.87%。MSAE模型与DNN-MTL模型相比在MAE、MAPE和RMSR指标上分别降低了4.50%、13.55%和2.89%。实验结果表明,利用堆栈自编码网络对神经网络各层进行权重初始化,有助于缓解神经网络训练难度,提高预测准确率。

MSAE模型与DNN-STL、SAE-STL及DNN-MTL模型相比,在MAE、MAPE和RMSE指标上分别平均下降了24.50%、20.77%和17.72%,取得了较小的预测误差,提升了模型预测精度。因此,对于MSAE模型,通过预训练方式初始化网络模型参数,以及考虑不同任务间的信息共享能够提高模型整体的预测性能,这也是MSAE模型优于其他三个模型的主要原因。

图5.9所示为不同模型在JPEA数据集上的预测效果,显示了四个模型在2015年3月16日K195路段交通流实际值与预测值的对比结果。其中,误差为实际值与预测值的残差,误差值越接近,中线就越接近零,代表实际值与预测值越接近,预测效果越好。

从图 5.9 中可以看出,四个模型的预测值曲线都接近真实值曲线。其中,DNN-STL 模型在预测整体表现上相对差一些,在交通变化相对平缓的时段预测效果较好,而当在高峰时段交通流趋势变化较大时预测性能明显下降。SAE-STL 模型同样在数据平滑状态时预测效果较好,在数据发生较大变化时性能下降。从误差观测上看,SAE-STL 模型优于 DNN-STL 模型,验证了模型预训练的优势。DNN-MTL 模型预测值在总体变化趋势上大体与真实值保持一致,其预测误差相较于 DNN-STL 模型有所降低,在交通流变化剧烈的高峰时段有较好的预测表现,表明多任务学习机制通过更全面的时空特征考量能够提高模型的预测性能。MSAE 模型相较于 DNN-STL、SAE-STL 和 DNN-MTL 模型,无论在交通流相对平稳的时段,还是在高峰时段,均能比较准确地对交通流的变化做出预测,表明 MSAE 模型在交通流预测任务中的优势和有效性。

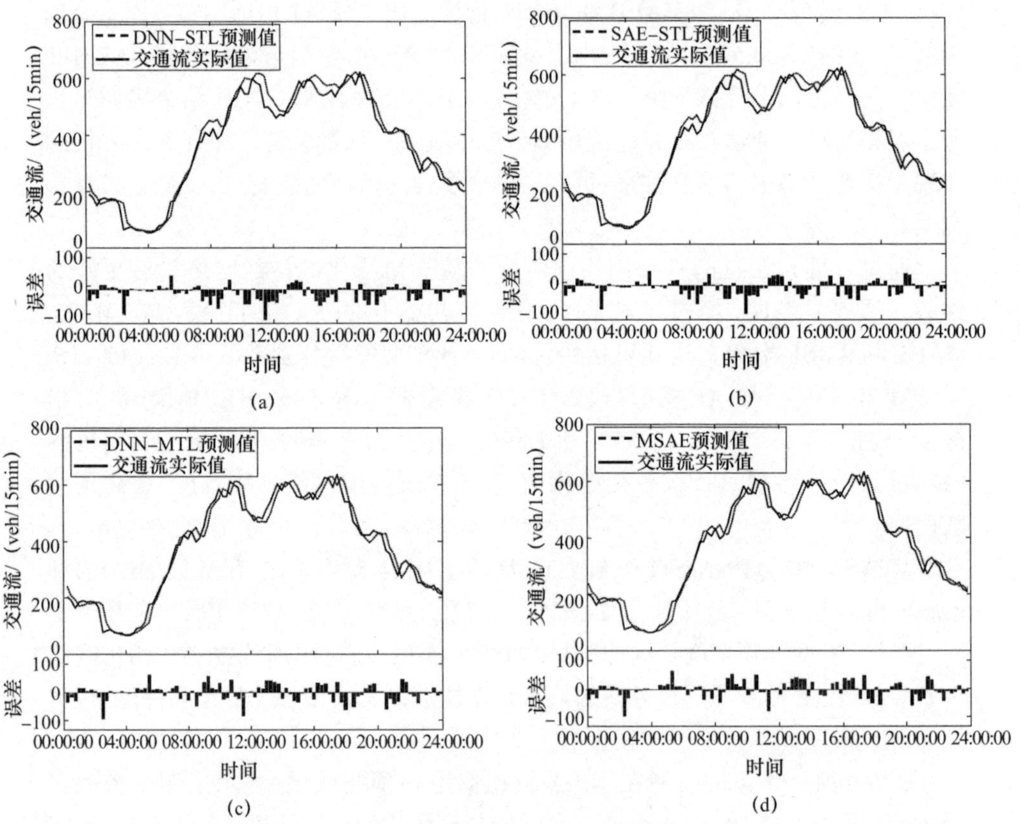

图 5.9　不同模型在 JPEA 数据集上的预测效果

(a) DNN-STL 模型;(b) SAE-STL 模型;(c) DNN-MTL 模型;(d) MSAE 模型。

2.PeMS 数据集

表 5.2 为四个模型在 PeMS 数据集上的实验对比结果。从表中可以看出,在 PeMS 数据集上,多任务学习模型 DNN-MTL 和 MSAE 模型相较于单任务学习模型 DNN-STL 和 SAE-STL 模型仍然取得了较好的预测结果。DNN-MTL 模型相比 DNN-STL 模型在 MAE、MAPE 和 RMSE 指标上分别降低了 16.17%、8.29% 和 15.02%。MSAE 模型相比 SAE-STL 模型在 MAE、MAPE 和 RMSE 指标上分别降低了 20.53%、12.74% 和 16.39%,这表明多任务学习在时空特征学习上具有较大的优势。利用堆栈自编码网络预训练的 MSAE 模型和 SAE-STL 模型与随机初始化网络权重参数的 DNN-MTL 模型和 DNN-STL 模型相比也取得了较小的误差指标,凸显了预训练对提高模型学习能力的重要作用。MSAE 模型在 PeMS 数据集上的 MAE、MAPE 和 RMSE 指标与其他三个基准模型相比分别平均降低了 19.99%、12.99% 和 15.92%,表明模型在交通网络多路段交通流预测中的有效性。

表 5.2　四个模型在 PeMS 数据集上的实验对比结果

模型	MAE	MAPE/%	RMSR
DNN-STL	0.0402	13.51	0.0586
SAE-STL	0.0375	12.87	0.0543
DNN-MTL	0.0337	12.39	0.0498
MSAE	0.0298	11.23	0.0454

图 5.10 为四个模型于 3 月 21 日在 PeMS 数据集上 313055 观测点交通流真实值与预测值的对比结果。从整体预测曲线上看,四个模型预测曲线趋势均与真实值曲线相接近。在高峰时段,交通流波动较大,模型预测性能均出现下降。从图中可以看出,DNN-STL 模型对交通流波动的捕捉能力相对较弱,在整体的预测上预测值偏离实际值较大。经过初始化的 SAE-STL 模型的预测性能优于 DNN-STL 模型,从误差上看,整体的偏离相对较小。DNN-MTL 模型在平稳的时段的预测能力进一步增强,但在交通流剧烈变化的时段仍然偏离较大。MSAE 模型在数据平缓时预测效果最好,在数据变化趋势增加时,其误差相较于其他三个模型也有所下降,少量观测值偏离实际值较大,表明 MSAE 模型具有更高的预测精度,验证了 MSAE 模型在 PeMS 数据集上的有效性。

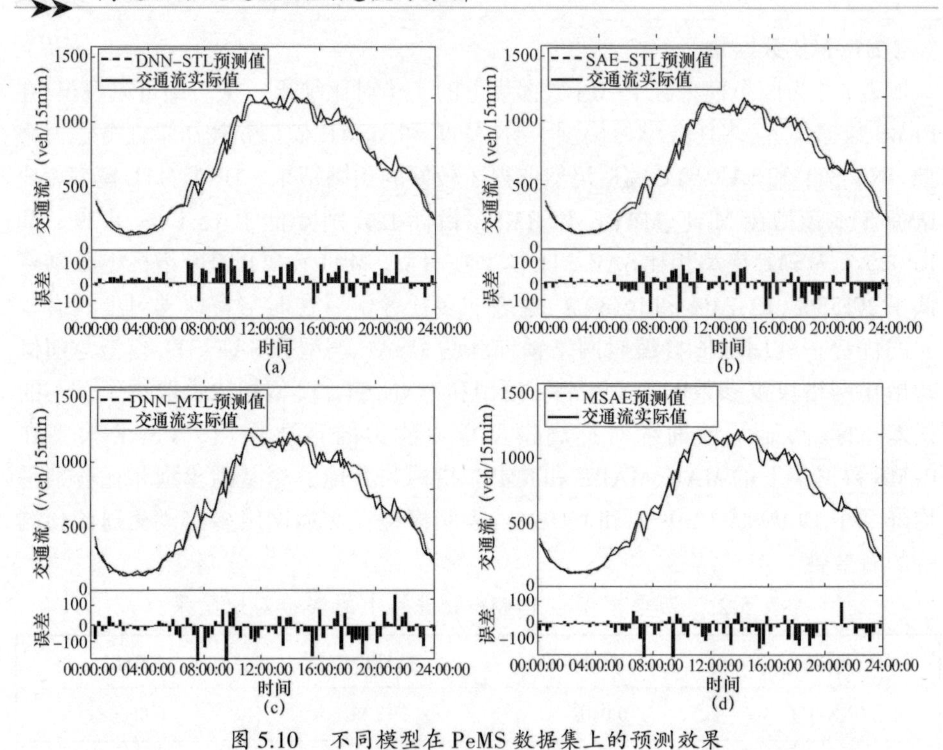

图 5.10　不同模型在 PeMS 数据集上的预测效果

(a) DNN-STL 模型;(b) SAE-STL 模型;(c) DNN-MTL 模型;(d) MSAE 模型。

综上所述,MSAE 模型在 JPEA 数据集和 PeMS 数据集上相对于其他三个模型均取得了较好的预测结果,表明 MSAE 模型通过交通网络中的路段信息共享学习交通流的时空特征能够有效地降低模型训练误差。同时,预训练模型网络参数能够降低网络训练难度,提升训练效果。两者的结合能够在整体上提高模型的预测性能,验证了 MSAE 模型在交通网络多路段交通流预测任务上的有效性和泛化能力。

5.5　小结

本章介绍了堆栈自编码网络和多任务学习机制,并在此基础上提出了基于堆栈自编码网络和多任务学习的交通流预测模型 MSAE,克服了传统神经网络无法充分利用交通网络中共享信息的局限性,解决了网络模型初始化问题。首先 MSAE 模型考虑了单任务学习模型的局限性,应用多任务学习机制学习交通网络中的共享信息,充分利用交通流的时空特征提高模型预测能力;其次针对深度神经网络初始化问题,提出利用堆栈自编码网络对网络进行预训练,对每层隐层进行合理的初始化,降低深度神经网络训练难度,并对训练的过程给出了详细

的说明;最后在两个真实的数据集上对 MSAE 模型进行了对比验证。实验结果表明:

(1) 多任务学习模型与单任务学习模型相比,能够通过对共享时空信息的学习降低模型预测误差,提高模型的预测精度。此外,每个任务相当于其他任务的偏置,增强了模型的鲁棒性,避免了过拟合问题。

(2) 利用堆栈自编码网络与随机初始化神经网络相比,逐层贪婪训练神经网络参数的初始化方法能够显著提高模型的性能,降低模型训练难度。

(3) MSAE 模型在两个真实数据集 JPEA 和 PeMS 上与三个基准模型相比,均取得了相对较小的实验误差,验证了 MSAE 模型的有效性和泛化能力。

第6章　基于 Fused Ridge 降噪的交通流预测方法研究

6.1　引言

现有交通流预测方法大多基于环路检测器或其他传感器采集的交通数据进行分析与预测,具有实时、直观和连续采集的优势。但是,这类传感器数据中常常会因为设备故障、系统通信受损或环境等因素而产生不必要的噪声[100]。噪声的产生会削弱数据样本中主要特征的强度,导致预测模型在数据的整体学习上表现不佳。交通流数据的质量直接影响模型的预测性能,因此需要建立更加鲁棒的模型,以防止噪声数据对预测结果造成偏差。

目前,学者对交通数据的噪声识别和降噪方法进行了广泛研究,研究方法大致分为:平滑法和预测法。平滑法通过选取合适的窗口宽度对噪声数据周围的数据进行加权运算,使数据更接近实际情况。其代表算法有算数平均滤波法[101]、移动平均滤波法[102]、指数平滑法[103]和Savitzky-Golay滤波[104]等。这类方法计算速率快,但是在消除噪声数据的同时也对有效信号进行了衰减。预测法通过建立模型,根据历史数据对噪声数据进行预测、识别和消除。例如:KNN算法[105]通过距离度量邻居节点来识别噪声数据;小波变换方法[106-107]将交通信号进行分解,滤除高频噪声信号,重构原始信号。这类方法能够对非平稳的交通信号进行有效学习,但是由于计算复杂性,会增加额外的时间消耗,难以保证交通预测的实时性。此外,这类降噪算法在滤除噪声的同时也使得原始数据过于平滑,不能反映交通数据中所隐藏的信息,导致部分特征信息丢失,具有一定的局限性。

Fused Lasso[108]特征选择方法是 Lasso 的一个变体,也称全变分去噪(total variation denoising)[109],通过 L_1 惩罚实现系数的稀疏性及连续系数的差分稀疏性,选择一组强相关的相邻特征,使它们的系数进一步相等,实现在高维空间的数据降噪。Fused Lasso 广泛应用于分析有序且高度相关的特征,而交通流时间序列表现出有序性和相邻特征高度相关性,因此适于应用 Fused Lasso 分析交通流连续时间特征,实现数据降噪。其计算简单,能够保证交通流预测的实时性。

然而,Fused Lasso 中应用 L_1 惩罚将系数差分衰减为0,意味着许多相邻系数得到相同的估计值,这将使交通流时间序列失去时间趋势特征。L_2 惩罚又称为岭回归(ridge),是一种有效的解决方案。它按比例收缩系数得到具有非稀疏性的平滑系数,不会使模型的系数和系数差分衰减为0,能够保持时间序列的趋势特征,同时又具有降噪能力。

基于以上分析本章提出了一种基于 Fused Ridge 特征选择和多任务学习的交通流预测模型(fused ridge with multi-task learning model,FR-MTL),避免了噪声数据对模型预测结果产生不良影响,完成交通流预测任务。首先提出 Fused Ridge 特征选择方法,通过对 L_2 正则化惩罚模型系数和系数差分生成具有非稀疏性的平滑系数,在消除噪声的同时保持交通流的趋势性。其次将这一特征选择方法应用于多任务学习神经网络框架下,采用反向传播算法进行训练,实现短期交通流预测任务。最后,通过对比实验,在真实数据集上验证所提模型的有效性;同时,在包括含固定噪声率的高斯噪声数据集和含固定缺失率的缺失数据集上验证模型应对噪声数据的能力。

本章的组织结构:6.2 节介绍 Fused Ridge 的理论基础;6.3 节介绍 Fused Ridge 特征选择方法及公式推导;6.4 节提出 FR-MTL 模型学习框架,完成交通流预测任务;6.5 节通过实验对 FR-MTL 模型的性能进行分析;6.6 节对本章内容进行小结。

6.2　相关工作

本节主要对 Fused Ridge 特征选择方法的理论基础 Lasso、Ridge、Elastic Net 及 Fused Lasso 特征选择方法进行介绍。

6.2.1　Lasso 方法

基于 L_1 正则化的 Lasso 方法广泛应用于数学和工程学中的许多领域。其最早于 1996 年由 Tibshirani 提出[110],在最小化残差平方和基础上增加系数绝对值之和的惩罚项。它能够产生稀疏解实现特征选择工作,使模型具有可解释性,具体描述为

$$\hat{\beta}(\text{Lasso}) = \arg\min_{\beta} \frac{1}{2} \| \boldsymbol{y} - \boldsymbol{X\beta} \|_2^2 + \lambda \| \boldsymbol{\beta} \|_1 \tag{6.1}$$

式中:$\boldsymbol{\beta}$ 为学习系数;λ 为调和参数($\lambda \geqslant 0$),用来控制 L_1 权重衰减的强度。

将其变为更一般的形式为

$$\tilde{J}(\boldsymbol{\beta};\boldsymbol{X},\boldsymbol{y}) = J(\boldsymbol{\beta};\boldsymbol{X},\boldsymbol{y}) + \lambda \|\boldsymbol{\beta}\|_1 \tag{6.2}$$

式中：$J(\boldsymbol{\beta};\boldsymbol{X},\boldsymbol{y})$ 为原目标函数；$\tilde{J}(\boldsymbol{\beta};\boldsymbol{X},\boldsymbol{y})$ 为添加正则化后的目标函数。

对应的梯度为

$$\nabla_{\beta}\tilde{J}(\boldsymbol{\beta};\boldsymbol{X},\boldsymbol{y}) = \nabla_{\beta}J(\boldsymbol{\beta};\boldsymbol{X},\boldsymbol{y}) + \lambda\,\mathrm{sign}\boldsymbol{\beta} \tag{6.3}$$

式中：$\mathrm{sign}(\cdot)$ 为符号函数，当$\boldsymbol{\beta} > 0$时，$\mathrm{sign}\boldsymbol{\beta} = 1$，当$\boldsymbol{\beta} < 0$时，$\mathrm{sign}\boldsymbol{\beta} = -1$，当$\boldsymbol{\beta} = 0$时，$\mathrm{sign}\boldsymbol{\beta} = 0$。

假设模型的最优解为$\boldsymbol{\beta}^*$，在$\boldsymbol{\beta}^*$处通过泰勒级数表示：

$$\hat{J}(\boldsymbol{\beta};\boldsymbol{X},\boldsymbol{y}) = J(\boldsymbol{\beta}^*;\boldsymbol{X},\boldsymbol{y}) + \frac{1}{2}(\boldsymbol{\beta} - \boldsymbol{\beta}^*)^{\mathrm{T}}\boldsymbol{H}(\boldsymbol{\beta} - \boldsymbol{\beta}^*) \tag{6.4}$$

式中：$\boldsymbol{H}$ 为 J 在$\boldsymbol{\beta}^*$处关于$\boldsymbol{\beta}$的 Hessian 矩阵。

进一步简化，假设 Hessian 是对角矩阵，即

$$\boldsymbol{H} = \mathrm{diag}([\boldsymbol{H}_{1,1},\boldsymbol{H}_{2,2},\cdots,\boldsymbol{H}_{n,n}])\ (\boldsymbol{H}_{i,i} > 0) \tag{6.5}$$

则 L_1 正则化目标函数可以表示为

$$\hat{J}(\boldsymbol{\beta};\boldsymbol{X},\boldsymbol{y}) = J(\boldsymbol{\beta}^*;\boldsymbol{X},\boldsymbol{y}) + \sum_i\left[\frac{1}{2}\boldsymbol{H}_{i,i}(\boldsymbol{\beta}_i - \boldsymbol{\beta}_i^*)^2 + \lambda|\boldsymbol{\beta}_i|\right] \tag{6.6}$$

最小化此目标函数可以得到解析解：

$$\boldsymbol{\beta}_i = \mathrm{sign}(\boldsymbol{\beta}_i^*)\max\left\{|\boldsymbol{\beta}_i^*| - \frac{\lambda}{\boldsymbol{H}_{i,i}},0\right\} \tag{6.7}$$

上述解有以下两种可能结果：

(1) 当$|\boldsymbol{\beta}_i^*| \leqslant \dfrac{\lambda}{\boldsymbol{H}_{i,i}}$时，正则化目标中的$\boldsymbol{\beta}_i$最优值$\boldsymbol{\beta}_i = 0$。因为在方向 i 上$J(\boldsymbol{\beta};\boldsymbol{X},\boldsymbol{y})$ 对 $\hat{J}(\boldsymbol{\beta};\boldsymbol{X},\boldsymbol{y})$ 的贡献被抵消，L_1 正则化将$\boldsymbol{\beta}_i$衰减到 0。

(2) 当$|\boldsymbol{\beta}_i^*| > \dfrac{\lambda}{\boldsymbol{H}_{i,i}}$时，$L_1$ 正则化不会将$\boldsymbol{\beta}_i$的最优值衰减到 0，而仅在方向 i 上移动$\dfrac{\lambda}{\boldsymbol{H}_{i,i}}$的距离。

通过上述分析可知，L_1 正则化使部分参数为 0，产生模型的稀疏解。基于这种特性，Lasso 方法广泛应用于特征选择工作。它既能从特征子集中自动选取有意义的特征，简化模型，又能使模型具有可解释性。

6.2.2 Ridge 方法

Ridge[111] 方法也叫作岭回归或者 Tikhonov 正则，通过向目标函数添加系数

平方和使权重衰减压缩,更加接近原点来简化模型,防止过拟合:

$$\hat{\beta}(\text{Ridge}) = \arg\min_{\beta} \frac{1}{2}\|\boldsymbol{y} - \boldsymbol{X\beta}\|_2^2 + \frac{\lambda}{2}\|\boldsymbol{\beta}\|_2^2 \tag{6.8}$$

将式(6.8) 表达为更一般的形式:

$$\widetilde{J}(\boldsymbol{\beta};\boldsymbol{X},\boldsymbol{y}) = J(\boldsymbol{\beta};\boldsymbol{X},\boldsymbol{y}) + \frac{\lambda}{2}\|\boldsymbol{\beta}\|_2^2 \tag{6.9}$$

对上式求导可得

$$\nabla_{\beta}\widetilde{J}(\boldsymbol{\beta};\boldsymbol{X},\boldsymbol{y}) = \nabla_{\beta}J(\boldsymbol{\beta};\boldsymbol{X},\boldsymbol{y}) + \lambda\boldsymbol{\beta} \tag{6.10}$$

使用单步梯度下降更新权重得到

$$\boldsymbol{\beta} \leftarrow \boldsymbol{\beta} - \eta[\nabla_{\beta}J(\boldsymbol{\beta};\boldsymbol{X},\boldsymbol{y}) + \lambda\boldsymbol{\beta}] = (1-\eta\lambda)\boldsymbol{\beta} - \eta\nabla_{\beta}J(\boldsymbol{\beta};\boldsymbol{X},\boldsymbol{y}) \tag{6.11}$$

从上面更新步骤可以看出,加入对权重的 L_2 正则化后,权重向量会在每次权重更新的时候收缩。根据奥卡姆剃刀原理,即简单有效原理,权重收缩意味着权值减小,模型的复杂度降低,过拟合风险也随之降低。

进一步简化分析,令 $\boldsymbol{\beta}^* = \arg\min_{\beta} J(\boldsymbol{\beta})$ 表示没有正则化的目标函数的最优解。在$\boldsymbol{\beta}^*$ 的邻域对目标函数进行二次近似,则有

$$\hat{J}(\boldsymbol{\beta}) = J(\boldsymbol{\beta}^*) + \frac{1}{2}(\boldsymbol{\beta} - \boldsymbol{\beta}^*)^{\mathrm{T}}\boldsymbol{H}(\boldsymbol{\beta} - \boldsymbol{\beta}^*) \tag{6.12}$$

式中:$\boldsymbol{H}$ 为 J 在 β^* 处计算的 Hessian 矩阵。

对式(6.12) 求导数可得:

$$\nabla_{\beta}\hat{J}(\boldsymbol{\beta}) = \boldsymbol{H}(\boldsymbol{\beta} - \boldsymbol{\beta}^*) \tag{6.13}$$

当 $\hat{J}$ 取值最小时,其梯度为0。考虑在式(6.13) 中增加 L_2 正则化后对权重的影响。假设 $\widetilde{\boldsymbol{\beta}}$ 是目标函数加入正则化后的最优解,则有

$$\lambda\widetilde{\boldsymbol{\beta}} + \boldsymbol{H}(\widetilde{\boldsymbol{\beta}} - \boldsymbol{\beta}^*) = 0 \tag{6.14}$$

$$(\boldsymbol{H} + \lambda\boldsymbol{I})\widetilde{\boldsymbol{\beta}} = \boldsymbol{H}\boldsymbol{\beta}^* \tag{6.15}$$

$$\widetilde{\boldsymbol{\beta}} = (\boldsymbol{H} + \lambda\boldsymbol{I})^{-1}\boldsymbol{H}\boldsymbol{\beta}^* \tag{6.16}$$

分解实对称矩阵 $\boldsymbol{H} = \boldsymbol{Q\Lambda Q}^{\mathrm{T}}$(其中 $\boldsymbol{\Lambda}$ 为对角矩阵,$\boldsymbol{Q}$ 为特征向量的标准正交基),并将其代入式(6.16) 可得

$$\begin{aligned}\widetilde{\boldsymbol{\beta}} &= (\boldsymbol{Q\Lambda Q}^{\mathrm{T}} + \lambda\boldsymbol{I})^{-1}\boldsymbol{Q\Lambda Q}^{\mathrm{T}}\boldsymbol{\beta}^* \\ &= [\boldsymbol{Q}(\boldsymbol{\Lambda} + \lambda\boldsymbol{I})\boldsymbol{Q}^{\mathrm{T}}]^{-1}\boldsymbol{Q\Lambda Q}^{\mathrm{T}}\boldsymbol{\beta}^*\end{aligned}$$

$$= \boldsymbol{Q}(\boldsymbol{\Lambda} + \lambda \boldsymbol{I})^{-1}\boldsymbol{\Lambda}\boldsymbol{Q}^{\mathrm{T}}\boldsymbol{\beta}^{*} \tag{6.17}$$

当 λ 趋于0时,正则化的解 $\tilde{\boldsymbol{\beta}}$ 会趋近 $\boldsymbol{\beta}^{*}$ 。当 λ 增加时,权重衰减将沿着由 $\boldsymbol{H}$ 的特征向量所定义的轴缩放 $\boldsymbol{\beta}^{*}$ 。沿着 $\boldsymbol{H}$ 特征值较大的方向,权重衰减小;沿着 $\boldsymbol{H}$ 特征值较小的方向,权重衰减大,$\boldsymbol{\beta}^{*}$ 会收缩到几乎为0。也就是说,L_2 正则化使主要特征权重保留相对完好,而无助于减小目标函数的特征权重将会在训练中逐渐被衰减掉。

6.2.3 Elastic Net 方法

Zou 和 Hastie[112] 研究指出,Lasso 方法在以下两个方面存在局限性:

(1) 当特征数 n 大于样本数 p 时,Lasso 方法所选特征数受到样本数的限制,最多只能选择与样本数相同的 n 个特征。

(2) 如果存在一组高度相关的特征,Lasso 方法倾向于从中选择一个特征,而忽略其他特征。

为了克服 Lasso 方法的局限性,他们提出了 Elastic Net 方法特征选择方法。Elastic Net 方法在 Lasso 方法的基础上增加了 L_2 正则化项:

$$\hat{\beta}(\text{Elastic Net}) = \arg\min_{\beta} \frac{1}{2} \| \boldsymbol{y} - \boldsymbol{X\beta} \|_2^2 + \lambda_1 \| \boldsymbol{\beta} \|_1 + \lambda_2 \| \boldsymbol{\beta} \|_2^2 \tag{6.18}$$

通过增加 L_2 正则化项,Elastic Net 方法能够避免变量选择数量的限制,同时选择具有相关性的各组变量。换句话说,当 $\lambda_1 = 0, \lambda_2 \neq 0$ 时,目标函数退化为岭回归;当 $\lambda_1 \neq 0, \lambda_2 = 0$ 时,目标函数为 Lasso 回归。

通过数据扩展,将 Elastic Net 方法的解表示成 Lasso 方法解的形式[113]:

对于给定数据集$(\boldsymbol{X}, y)$ 和参数(λ_1, λ_2),定义一个新的数据集$(\boldsymbol{X}^{*}, \boldsymbol{y}^{*})$:

$$\boldsymbol{X}^{*}_{(n+p)\times p} = \frac{1}{\sqrt{(1+\lambda_2)}} \begin{pmatrix} \boldsymbol{X} \\ \sqrt{\lambda_2}\, I \end{pmatrix}, \boldsymbol{y}^{*}_{(n+p)} = \begin{pmatrix} \boldsymbol{y} \\ 0 \end{pmatrix} \tag{6.19}$$

令 $\gamma = \lambda_1 / \sqrt{(1+\lambda_2)}$, $\boldsymbol{\beta}^{*} = \sqrt{(1+\lambda_2)}\boldsymbol{\beta}$,于是有

$$\| y - \boldsymbol{X\beta} \|_2^2 + \lambda_1 \| \boldsymbol{\beta} \|_1 + \lambda_2 \| \boldsymbol{\beta} \|_2^2 = \| y^{*} - \boldsymbol{X}^{*} \boldsymbol{\beta}^{*} \|_2^2 + \gamma \| \boldsymbol{\beta}^{*} \|_1 \tag{6.20}$$

$$\begin{aligned} \hat{\beta}(\text{Elastic Net}) &= \frac{1}{\sqrt{(1+\lambda_2)}} \hat{\boldsymbol{\beta}}^{*} \\ &= \frac{1}{\sqrt{(1+\lambda_2)}} \operatorname{argmin}\{ \| y^{*} - \boldsymbol{X}^{*}\boldsymbol{\beta}^{*} \|_2^2 + \gamma \| \boldsymbol{\beta}^{*} \|_1 \} \end{aligned} \tag{6.21}$$

根据上述转换,Elastic Net 的解转换成了 Lasso 解的形式。此外,在进行数据扩展后,原样本数由 n 拓展到 $n+p$,数据样本的秩变为 p。因此 Elastic Net 变量选择数量不在受样本个数的限制,能够连续进行特征选择。

6.2.4 Fused Lasso 方法

Lasso 方法和 Elastic Net 方法的优点是,当特征变换相对位置时,其没有对变量的选择结果造成影响。但是,当特征存在次序关系时,这些方法显然忽略了变量之间的次序关系。Tibshirani[108] 针对 Lasso 特征选择方法仅对每个单独的特征进行权重衰减,而忽略了变量间次序因素的局限性,提出了 Fused Lasso 方法实现对有序且高度相关的特征进行选择。Fused Lasso 方法借鉴了 Land 等[114] 于 1996 年提出的利用系数差分绝对值求和的惩罚来解决变量间次序的问题,并与 Lasso 方法相结合:

$$\hat{\beta}(\text{Fused Lasso}) = \arg\min_{\beta} \frac{1}{2} \| \boldsymbol{y} - \boldsymbol{X\beta} \|_2^2 + \lambda_1 \| \boldsymbol{\beta} \|_1 + \lambda_2 \| \boldsymbol{\beta}_i - \boldsymbol{\beta}_{i-1} \|_1 \tag{6.22}$$

式中:λ_1、λ_2 分别是系数和系数差分惩罚项的调和参数,$\lambda_1 \geqslant 0$,$\lambda_2 \geqslant 0$;$\lambda_1 \| \boldsymbol{\beta} \|_1$ 鼓励模型的系数稀疏性;$\lambda_2 \| \boldsymbol{\beta}_i - \boldsymbol{\beta}_{i-1} \|_1$ 鼓励模型系数差分稀疏性。

该方法不仅能将部分权重衰减为 0,同时能将部分系数差分衰减为 0,使相邻特征间得到相同的估计,起到平滑作用,因此适用于分析特征有序并且高度相关的数据。

同时,Fused Lasso 方法对一组高度相关的变量具有分组效应。给定数据集 $(\boldsymbol{X},\boldsymbol{y})$,其中

$$\boldsymbol{X} = (\boldsymbol{x}^1;\boldsymbol{x}^2,\cdots,\boldsymbol{x}^p) = \begin{pmatrix} x_1^1 & x_1^2 & \cdots & x_1^p \\ x_2^1 & x_2^2 & \cdots & x_2^p \\ \vdots & \vdots & & \vdots \\ x_n^1 & x_n^2 & \cdots & x_n^p \end{pmatrix}, \boldsymbol{y} = (y_1,y_2,\cdots,y_n) \tag{6.23}$$

令 $\hat{\beta}(\lambda_1,\lambda_2)$ 为 Fused Lasso 方法使用调和参数 (λ_1,λ_2) 时的估计值。假设对于任意特征 i 有 $\hat{\beta}_i(\lambda_1,\lambda_2) \geqslant 0$,令 $\rho_i = (\boldsymbol{x}^i)^{\mathrm{T}} \boldsymbol{x}^{i+1}$ 表示相邻标准化协变量 $\boldsymbol{x}^i$ 和 $\boldsymbol{x}^{i+1}$ 的相关性,其中 $i = 2,\cdots,p-2$。对式(6.22) 进行变换得

$$\arg\min_{\beta} \frac{1}{2} \| \boldsymbol{y} - \boldsymbol{X\beta} \|_2^2 + \lambda_1 \| \boldsymbol{\beta} \|_1 + \lambda_2 \| \boldsymbol{D\beta} \|_1 \tag{6.24}$$

式中:$\boldsymbol{D}$ 为差分矩阵,且有

$$D = \begin{pmatrix} -1 & 1 & 0 & \cdots & 0 & 0 & 0 \\ 0 & -1 & 1 & \cdots & 0 & 0 & 0 \\ \vdots & \vdots & \vdots & & \vdots & \vdots & \vdots \\ 0 & 0 & 0 & \cdots & -1 & 1 & 0 \\ 0 & 0 & 0 & \cdots & 0 & -1 & 1 \end{pmatrix} \tag{6.25}$$

对系数差分正则化项进行微分,可得

$$\partial_i(\|\boldsymbol{D}\boldsymbol{\beta}\|_1) = \begin{cases} \operatorname{sign}(\beta_1 - \beta_2) & (i = 1) \\ \operatorname{sign}(\beta_p - \beta_{p-1}) & (i = p) \\ \operatorname{sign}(\beta_i - \beta_{i-1}) - \operatorname{sign}(\beta_{i+1} - \beta_i) & (\text{其他}) \end{cases} \tag{6.26}$$

假设$\hat{\beta}_i(\lambda_1,\lambda_2) > 0$,$\hat{\beta}_{i+1}(\lambda_1,\lambda_2) > 0$,式(6.24)关于$\beta_i$和$\beta_{i+1}$的微分分别为

$$-(\boldsymbol{x}^i)^{\mathrm{T}}(\boldsymbol{y} - \boldsymbol{X}\hat{\boldsymbol{\beta}}) + \lambda_1 + \lambda_2[\operatorname{sign}(\beta_i - \beta_{i-1}) - \operatorname{sign}(\beta_{i+1} - \beta_i)] = 0 \tag{6.27}$$

$$-(\boldsymbol{x}^{i+1})^{\mathrm{T}}(\boldsymbol{y} - \boldsymbol{X}\hat{\boldsymbol{\beta}}) + \lambda_1 + \lambda_2[\operatorname{sign}(\beta_{i+1} - \beta_i) - \operatorname{sign}(\beta_{i+2} - \beta_{i+1})] = 0 \tag{6.28}$$

将式(6.27)和式(6.28)相减,可得

$$-(\boldsymbol{x}^{i+1} - \boldsymbol{x}^i)^{\mathrm{T}}(\boldsymbol{y} - \boldsymbol{X}\hat{\boldsymbol{\beta}}) + \lambda_2(\kappa_{i+1} - \kappa_i) = 0 \tag{6.29}$$

式中

$$\kappa_i = \operatorname{sign}(\hat{\beta}_i - \hat{\beta}_{i-1}) - \operatorname{sign}(\hat{\beta}_{i+1} - \hat{\beta}_i) \tag{6.30}$$

$$\kappa_{i+1} - \kappa_i = 2\operatorname{sign}(\hat{\beta}_{i+1} - \hat{\beta}_i) - \operatorname{sign}(\hat{\beta}_i - \hat{\beta}_{i-1}) - \operatorname{sign}(\hat{\beta}_{i+2} - \hat{\beta}_{i+1}) \tag{6.31}$$

由于$\boldsymbol{x}^i$是标准化特征,因此$|\boldsymbol{x}^{i+1} - \boldsymbol{x}^i|^2 = 2(1 - \rho_i)$。结合$|\boldsymbol{y} - \boldsymbol{X}\hat{\boldsymbol{\beta}}|^2 \leqslant |\boldsymbol{y}|^2$,由式(6.29)可得

$$|\kappa_{i+1} - \kappa_i| \leqslant \lambda_2^{-1}|\boldsymbol{y}|\sqrt{2(1 - \rho_i)} \tag{6.32}$$

若$\hat{\beta}_i(\lambda_1,\lambda_2) \neq \hat{\beta}_{i+1}(\lambda_1,\lambda_2)$,$|\kappa_{i+1} - \kappa_i| = 0$,当且仅当$\operatorname{sign}(\hat{\beta}_{i+1}(\lambda_1,\lambda_2) - \hat{\beta}_i(\lambda_1,\lambda_2))$,$\operatorname{sign}(\hat{\beta}_i(\lambda_1,\lambda_2) - \hat{\beta}_{i-1}(\lambda_1,\lambda_2))$和$\operatorname{sign}(\hat{\beta}_{i+2}(\lambda_1,\lambda_2) - \hat{\beta}_{i+1}(\lambda_1,\lambda_2))$同时为1或-1。综上所述,当$\lambda_2^{-1}|\boldsymbol{y}|\sqrt{2(1 - \rho_i)} < 1$时,只存在两种情况:

$$\hat{\beta}_i(\lambda_1,\lambda_2) = \hat{\beta}_{i+1}(\lambda_1,\lambda_2)$$

或 $\operatorname{sign}(\hat{\beta}_{i+1}(\lambda_1,\lambda_2) - \hat{\beta}_i(\lambda_1,\lambda_2)) = \operatorname{sign}(\hat{\beta}_i(\lambda_1,\lambda_2) - \hat{\beta}_{i-1}(\lambda_1,\lambda_2)) =$

$\mathrm{sign}(\hat{\beta}_{i+2}(\lambda_1,\lambda_2) - \hat{\beta}_{i+1}(\lambda_1,\lambda_2)) \neq 0$Fused Lasso 方法的分组效应得证。

在现实世界中,许多研究领域的数据都存在次序关系且高度相关,因此适于应用 Fused Lasso 方法进行分析。在神经科学方面,Xin 等[115] 利用 Fused Lasso 方法实现了阿尔茨海默病的疾病诊断,显示出良好特征提取性能。Lee 等提出了 Fused Lasso 逻辑回归模型分析愈伤组织厚度分布,学习阿尔茨海默病在特定部位的特征[116]。在信号处理方面,Parekh 等[117] 应用 Fused Lasso 方法对稀疏分段常数信号进行去噪,并用于脉冲检测问题。在生物工程领域,Yu 等[118] 用 Fused Lasso 方法解决了连续光谱数据中普遍存在的峰值偏差问题。Park 等[119] 利用 Fused Lasso 方法构建具有特征选择的虚拟计量模型,识别光谱信号中的重要特征,从而提高模型的准确性和鲁棒性。

综上所述,图 6.1 描述了 Lasso、Ridge、Elastic Net 及 Fused Lasso 四种方法在特征选择上的特点与区别。

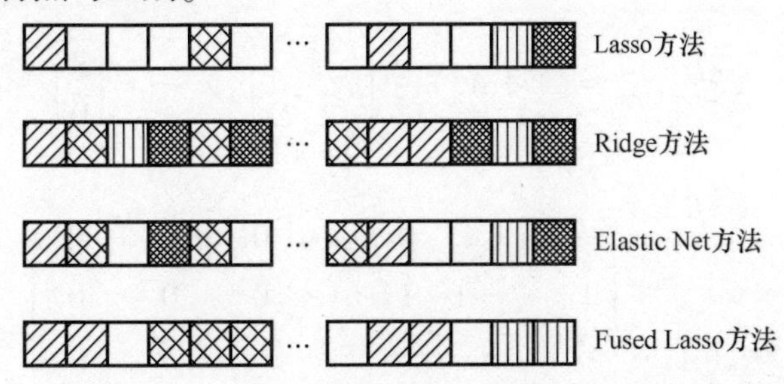

图 6.1　Lasso、Ridge、Elastic Net 和 Fused Lasso 四种方法特征变量选择

Lasso 正则化方法将不相关的特征参数衰减到 0,得到模型的稀疏解,使模型具有可解释性;Rigde 方法并没有将特征参数衰减到 0,而是使相关权重得到较大的估计,不相关的权重得到几乎为 0 的估计;Elastic Net 方法综合了 Lasso 方法和 Ridge 方法的变量选择的特点,能够选择连续相关的特征,同时也能产生稀疏解,对存在分组特征的数据有良好的泛化能力; Fused Lasso 方法考虑了特征之间的相关性和次序关系,增加了系数差分惩罚项,使模型相似特征能够得到相同的估计,得到平滑的特征变量,同时也产生了分组效应。

6.3　Fused Ridge 特征选择方法

对于高度相关的有序数据,Fused Lasso 方法通过对变量的系数差分施加 L_1 正则化来实现数据平滑,为数据降噪提供了一个潜在的解决方案。然而,施加 L_1 惩罚会导致系数差分被衰减到 0,使相邻特征得到完全相同的特征估计。在交通预测任务中,交通流数据具有连续趋势特征,当相邻特征得到完全相同估计时将会使趋势特征丢失。L_2 惩罚项可以将模型系数及系数差分按比例衰减到尽可能小,但不会衰减到 0。它能有效地保留交通流趋势特征,又能使相邻特征尽可能得到相似而非相同的估计。因此,对 Fused Lasso 方法进行改进,采用 L_2 正则化代替 L_1 正则化对交通数据系数和系数差分进行惩罚,降低噪声数据对模型性能的影响,提高预测精度。

定义 6.1 对于采用最小二乘的线性模型,Fused Ridge 定义为

$$\hat{\beta}(\text{Fused Ridge}) = \arg\min_{\beta} \frac{1}{2} \| \boldsymbol{y} - \boldsymbol{X\beta} \|_2^2 + \frac{\lambda_1}{2} \| \boldsymbol{\beta} \|_2^2 + \frac{\lambda_2}{2} \| \boldsymbol{\beta}_i - \boldsymbol{\beta}_{i-1} \|_2^2 \tag{6.33}$$

可以通过数据扩张的方式将 Fused Ridge 改写成 Ridge 的形式:

定理 6.1 对于给定数据($\boldsymbol{X},\boldsymbol{y}$) 和($\lambda_1,\lambda_2$),定义一个扩张数据集($\boldsymbol{X}^*$,$\boldsymbol{y}^*$),其中:

$$\boldsymbol{X}^*_{(n+p-1)\times p} = (1+\lambda_2)^{-1/2} \begin{pmatrix} \boldsymbol{X} \\ \sqrt{\lambda_2}\boldsymbol{D} \end{pmatrix}, \boldsymbol{y}^*_{(n+p)} = \begin{pmatrix} \boldsymbol{y} \\ 0 \end{pmatrix} \tag{6.34}$$

式中

$$\boldsymbol{D}_{(p-1)\times p} = \begin{pmatrix} -1 & 1 & 0 & \cdots & 0 & 0 & 0 \\ 0 & -1 & 1 & \cdots & 0 & 0 & 0 \\ \vdots & \vdots & \vdots & & \vdots & \vdots & \vdots \\ 0 & 0 & 0 & \cdots & -1 & 1 & 0 \\ 0 & 0 & 0 & \cdots & 0 & -1 & 1 \end{pmatrix} \tag{6.35}$$

令 $\gamma = \lambda_1/1+\lambda_2, \boldsymbol{\beta}^* = \sqrt{1+\lambda_2}\boldsymbol{\beta}$,于是可得

$$\| \boldsymbol{y} - \boldsymbol{X\beta} \|_2^2 + \lambda_1 \| \boldsymbol{\beta} \|_2^2 + \lambda_2 \| \boldsymbol{\beta}_i - \boldsymbol{\beta}_{i-1} \|_2^2 = \| \boldsymbol{y}^* - \boldsymbol{X}^*\boldsymbol{\beta}^* \|_2^2 + \gamma \| \boldsymbol{\beta}^* \|_2^2 \tag{6.36}$$

$$\begin{aligned} \hat{\beta}(\text{Fused Ridge}) &= \frac{1}{\sqrt{1+\lambda_2}} \hat{\boldsymbol{\beta}}^* \\ &= \frac{1}{\sqrt{1+\lambda_2}} \arg\min \{ \| \boldsymbol{y}^* - \boldsymbol{X}^* \boldsymbol{\beta}^* \|_2^2 + \gamma \| \boldsymbol{\beta}^* \|_2^2 \} \end{aligned} \tag{6.37}$$

证明:根据数据集定义可得

$$\boldsymbol{y}^* - \boldsymbol{X}^* \boldsymbol{\beta}^* = \begin{pmatrix} \boldsymbol{y} \\ 0 \end{pmatrix} - (1+\lambda_2)^{-1/2} \begin{pmatrix} \boldsymbol{X} \\ \sqrt{\lambda_2}\boldsymbol{D} \end{pmatrix} \sqrt{1+\lambda_2}\boldsymbol{\beta} = \begin{pmatrix} \boldsymbol{y} - \boldsymbol{X\beta} \\ -\sqrt{\lambda_2}\boldsymbol{D\beta} \end{pmatrix} \tag{6.38}$$

所以有

$$\| \boldsymbol{y}^* - \boldsymbol{X}^* \boldsymbol{\beta}^* \|_2^2 = \begin{pmatrix} \boldsymbol{y} - \boldsymbol{X\beta} \\ -\sqrt{\lambda_2} \boldsymbol{D\beta} \end{pmatrix}^{\mathrm{T}} \begin{pmatrix} \boldsymbol{y} - \boldsymbol{X\beta} \\ -\sqrt{\lambda_2} \boldsymbol{D\beta} \end{pmatrix} = \| \boldsymbol{y} - \boldsymbol{X\beta} \|_2^2 + \lambda_2 \boldsymbol{\beta}^{\mathrm{T}} \boldsymbol{D}^{\mathrm{T}} \boldsymbol{D\beta} \tag{6.39}$$

另外,有

$$\gamma \| \boldsymbol{\beta}^* \|_2^2 = \frac{\lambda_1}{1 + \lambda_2} \| \sqrt{1 + \lambda_2} \boldsymbol{\beta} \|_2^2 = \lambda_1 \| \boldsymbol{\beta} \|_2^2 \tag{6.40}$$

联立式(6.39) 和式(6.40),可得

$$\begin{aligned} \| \boldsymbol{y}^* - \boldsymbol{X}^* \boldsymbol{\beta}^* \|_2^2 + \gamma \| \boldsymbol{\beta}^* \|_2^2 &= \| \boldsymbol{y} - \boldsymbol{X\beta} \|_2^2 + \lambda_2 \boldsymbol{\beta}^{\mathrm{T}} \boldsymbol{D}^{\mathrm{T}} \boldsymbol{D\beta} + \lambda_1 \| \boldsymbol{\beta} \|_2^2 \\ &= \| \boldsymbol{y} - \boldsymbol{X\beta} \|_2^2 + \lambda_1 \| \boldsymbol{\beta} \|_2^2 + \lambda_2 \| \boldsymbol{\beta}_i - \boldsymbol{\beta}_{i-1} \|_2^2 \end{aligned} \tag{6.41}$$

令 $\hat{\boldsymbol{\beta}}^* = \operatorname{argmin}\{ \| \boldsymbol{y}^* - \boldsymbol{X}^* \boldsymbol{\beta}^* \|_2^2 + \gamma \| \boldsymbol{\beta}^* \|_2^2 \}$ 可得

$$\hat{\boldsymbol{\beta}}(\text{Fused Ridge}) = \frac{1}{\sqrt{1 + \lambda_2}} \hat{\boldsymbol{\beta}}^* \tag{6.42}$$

定理证明完毕。

定理 6.1 说明,Fused Ridge 可以转换成等价的 Ridge 形式,转换后的数据样本量由 n 变为 $n + p - 1$,同时特征矩阵 $\boldsymbol{X}^*$ 的秩变为 p,能够实现对全部 p 个特征的选择。式(6.37) 表明,Fused Ridge 可以像 Ridge 一样对系数进行衰减,使主要特征权重保留相对完好,而无助于减小目标函数的特征权重将会在训练中逐渐被衰减掉,同时保证数据的平滑趋势特征。

下面考虑 Fused Ridge 的解析解。已知

$$\begin{aligned} L(\boldsymbol{\beta}, \lambda_1, \lambda_2) &= \frac{1}{2} \| \boldsymbol{y} - \boldsymbol{X\beta} \|_2^2 + \frac{\lambda_1}{2} \| \boldsymbol{\beta} \|_2^2 + \frac{\lambda_2}{2} \| \boldsymbol{\beta}_i - \boldsymbol{\beta}_{i-1} \|_2^2 \\ &= \frac{1}{2} \| \boldsymbol{y} - \boldsymbol{X\beta} \|_2^2 + \frac{\lambda_1}{2} \| \boldsymbol{\beta} \|_2^2 + \frac{\lambda_2}{2} \| \boldsymbol{D\beta} \|_2^2 \\ &= \frac{1}{2} (\boldsymbol{y} - \boldsymbol{X\beta})^{\mathrm{T}} (\boldsymbol{y} - \boldsymbol{X\beta}) + \frac{\lambda_1}{2} \boldsymbol{\beta}^{\mathrm{T}} \boldsymbol{I\beta} + \frac{\lambda_2}{2} \boldsymbol{\beta}^{\mathrm{T}} \boldsymbol{D}^{\mathrm{T}} \boldsymbol{D\beta} \\ &= \frac{1}{2} (\boldsymbol{y} - \boldsymbol{X\beta})^{\mathrm{T}} (\boldsymbol{y} - \boldsymbol{X\beta}) + \frac{1}{2} \beta^{\mathrm{T}} (\lambda_1 \boldsymbol{I} + \lambda_2 \boldsymbol{D}^{\mathrm{T}} \boldsymbol{D}) \boldsymbol{\beta} \end{aligned} \tag{6.43}$$

式中:$\boldsymbol{I}$ 为单位矩阵,$\boldsymbol{I} \in \mathbb{R}^{p \times p}$;$\boldsymbol{D}$ 为差分矩阵,$\boldsymbol{D} \in \mathbb{R}^{(p-1) \times p}$。

令 $\boldsymbol{\Omega} = \lambda_1 \boldsymbol{I} + \lambda_2 \boldsymbol{D}^{\mathrm{T}} \boldsymbol{D}$,对式(6.43) 关于 $\boldsymbol{\beta}$ 求导数可得

$$\nabla L(\boldsymbol{\beta}, \lambda_1, \lambda_2) = \frac{\partial \boldsymbol{L}(\boldsymbol{\beta}, \lambda_1, \lambda_2)}{\partial \boldsymbol{\beta}} = - \boldsymbol{X}^{\mathrm{T}} y + \boldsymbol{X}^{\mathrm{T}} \boldsymbol{X\beta} + \boldsymbol{\Omega\beta} = 0 \tag{6.44}$$

所以有

$$\hat{\beta}(\text{Fused Ridge}) = (\boldsymbol{X}^{\mathrm{T}}\boldsymbol{X} + \boldsymbol{\Omega})^{-1}\boldsymbol{X}^{\mathrm{T}}\boldsymbol{y} \tag{6.45}$$

经过以上推算得到了Fused Ridge的解析解。当令$\boldsymbol{\Omega} = \lambda \boldsymbol{I}$时,模型解析解退化为Ridge的解析解。式(6.45)可以看出,Fused Ridge方法能够避免信息矩阵$\boldsymbol{X}^{\mathrm{T}}\boldsymbol{X}$的退化,选择出全部特征,同时不会将系数衰减到0,保持特征间的连续趋势。

6.4 基于Fused Ridge方法和多任务学习的交通流预测模型

本节提出基于Fused Ridge方法和多任务学习的交通流预测模型,通过Fused Ridge方法降噪交通数据,并应用第5章所提多任务学习机制利用交通网络中的共享信息学习交通流的时空特征。首先阐述FR-MTL模型框架,然后介绍模型的训练方法。

交通流不仅表现出时间相关性,而且具有空间相关性。交通网络中的每条道路与相邻道路之间共享交通状态信息,并且随着信息在网络中传播,甚至可以与更远的道路共享信息。为了学习交通流的时空相关性,引入多任务学习机制。多任务学习是迁移学习中的一种典型的归纳式学习方法,它可以揭示任务之间的潜在特征,并使每个任务都从中获益,提高模型的泛化能力。每条道路的交通流预测是一个独立的任务,多个相关道路预测任务通过多任务学习机制整合在一起,共同学习道路之间的时空特征,完成预测任务。FR-MTL模型框架如图6.2所示。

其具体过程如下:

(1) 数据预处理。样本中的数据数值差异较大容易造成训练收敛速度慢和神经元输出饱和等问题,为了消除数值差异造成的不良影响,利用最小-最大归一化方法将数据限定在[0,1]范围内。令$x_{\max}$和$x_{\min}$分别表示样本中的最大值与最小值,对样本中x_i进行归一化处理得到

$$x_i' = \frac{x_i - x_{\max}}{x_{\max} - x_{\min}} \tag{6.46}$$

(2) 建立模型训练样本和测试样本。给定T个任务(T个路段交通流同时预测),每个任务包含N个训练样本$\{(\boldsymbol{X}_i^t, \boldsymbol{Y}_i^t)\}_{i=1,t=1}^{N,T}(i \in N, t \in T)$、$S$个测试样本$\{(\boldsymbol{X}_i^t, \boldsymbol{Y}_i^t)\}_{i=1,t=1}^{S,T}(i \in S, t \in T)$,其中$\boldsymbol{X}_i^t$为第$t$个任务中第$i$个样本的特征表示,$\boldsymbol{X}_i^t \in \mathbb{R}^d$,$\boldsymbol{X}_i^t = [x_1^{ti}, x_2^{ti}, \cdots, x_d^{ti}]$,$d$为样本维度;$\boldsymbol{Y}_i^t$为预测目标,$\boldsymbol{Y}_i^t \in \mathbb{R}$。

(3) 模型训练及目标函数。对权重矩阵施加Fused Ridge惩罚,即系数和系

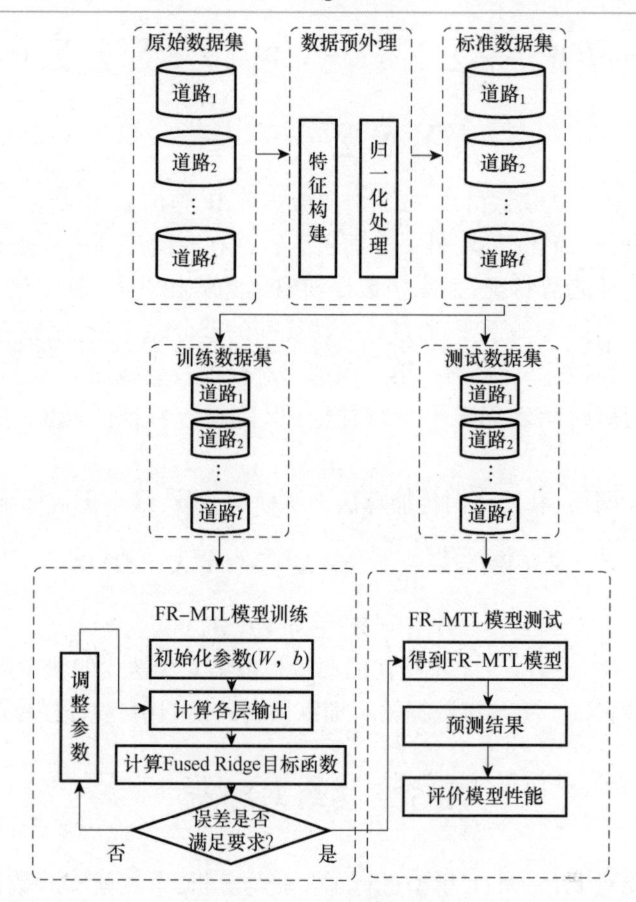

图 6.2　FR - MTL 模型框架

数差分的 L_2 惩罚,目标函数可以表示为

$$\min_{W} J(\boldsymbol{W}) = f(\boldsymbol{W}) + \frac{\lambda_1}{2}\sum_{t=1}^{T}\sum_{i=1}^{N}\sum_{j=1}^{d}(w_j^{ti})^2 + \frac{\lambda_2}{2}\sum_{t=1}^{T}\sum_{i=1}^{N}\sum_{j=1}^{d-1}(w_j^{ti} - w_{j-1}^{ti})^2 \tag{6.47}$$

式中:$\boldsymbol{W}$ 为每个任务的特征权重;w_j^{ti} 为第 t 个任务第 i 个样本中第 j 个特征的权重;λ_1,λ_2 分别为系数和系数差分约束的调和参数,$\lambda_1 \geq 0$,$\lambda_2 \geq 0$;第一项约束 $\frac{\lambda_1}{2}\sum_{t=1}^{T}\sum_{i=1}^{N}\sum_{j=1}^{d}(w_j^{ti})^2$ 是针对系数的 L_2 正则化;第二项约束 $\frac{\lambda_2}{2}\sum_{t=1}^{T}\sum_{i=1}^{N}\sum_{j=1}^{d-1}(w_j^{ti} - w_{j-1}^{ti})^2$ 通过 L_2 正则化最小化差分系数;$f(\boldsymbol{W})$ 为 T 个任务的均方误差,即

$$f(\boldsymbol{W}) = \frac{1}{2}\sum_{t=1}^{T}\sum_{i=1}^{N}(y_i^t - \boldsymbol{X}_i^{t\mathrm{T}}\boldsymbol{W}_i^t)^2 \tag{6.48}$$

则原目标函数可以表达为

$$\min_{W} J(\boldsymbol{W}) = \frac{1}{2}\sum_{t=1}^{T}\sum_{i=1}^{N}(y_i^t - \boldsymbol{X}_i^{tT}\boldsymbol{W}_i^t)^2 + \frac{\lambda_1}{2}\sum_{t=1}^{T}\sum_{i=1}^{N}\sum_{j=1}^{d}(w_j^{ti})^2 + \frac{\lambda_2}{2}\sum_{t=1}^{T}\sum_{i=1}^{N}\sum_{j=1}^{d-1}(w_j^{ti} - w_{j-1}^{ti})^2 \tag{6.49}$$

施加 Fused Ridge 惩罚,一方面对参数矩阵 $\boldsymbol{W}$ 施加 L_2 正则化可以通过最小化模型参数进行,简化模型;另一方面由于特征在时间序列中高度相关,相邻特征之前存在连续趋势特征,而噪声数据与整体趋势相背离,总变化量大,绝对梯度往往很高。根据这一原理,通过减少特征间的差分总变量,使噪声与原始数据更加接近,可以有效降低噪声。第二项惩罚对权重差分施加 L_2 正则化可以强制相邻特征之间对时间表现出平滑特征,在保留趋势特征的同时有效滤除噪声数据。

建立神经网络,利用反向传播算法训练模型参数,最小化目标函数:

$$\nabla J(\boldsymbol{W}) = \frac{\partial J(\boldsymbol{W})}{\partial \boldsymbol{W}} = -\boldsymbol{X}^{\mathrm{T}}\boldsymbol{y} + (\boldsymbol{X}^{\mathrm{T}}\boldsymbol{X} + \boldsymbol{\Omega})\boldsymbol{W} \tag{6.50}$$

$$\boldsymbol{W}_{k+1} = \boldsymbol{W}_k - \eta \nabla J(\boldsymbol{W}_k) \tag{6.51}$$

式中:η 为学习率。第 $k+1$ 次迭代的参数根据第 k 次迭代的状态进行更新。

(4) 模型测试。将测试数据输入训练得到的模型中,验证模型的有效性。

6.5 实验与分析

本节主要对 FR - MTL 模型进行了实验与分析,重点就实验数据集,实验参数设置,模型对比实验结果对模型的有效性进行分析,同时分析在不同噪声数据下模型的预测性能。

6.5.1 数据集

本章实验使用的数据集源自 PeMS。收集了 2017 年 1 月 1 日至 2017 年 6 月 30 日美国加利福尼亚州 US50 - E 快速路由西向东连续 20 个探测器的交通流数据。仍根据 *Highway Capacity Manual* 的建议,将交通流每 15min 汇总一次,其中,前 90% 的数据用作训练集,后 10% 的数据作为测试集。

6.5.2 实验参数设置

本章模型利用 Python 的深度学习库 Keras 和 TensorFlow 来实现。FR - MTL 模型选取含三层隐层的神经网络,每层含 400 个神经元,采用梯度下降法进行训练。隐层激活函数为 ReLU 函数,输出层激活函数为 sigmoid 函数。对于每个单任务，时间序列输入步长为8(2h)，输出步长为1(15min)。对比模型包括Lasso、Ridge、Elastic Net和Fused Lasso四种特征选择方法。对于非负调和参数λ_1和λ_2，先设置$\lambda_1 = 10^{-5}$以最小化特征权重，再将λ_2按照集合$[10^{-5},10^{-4},10^{-3},10^{-2},10^{-1}]$变化，从中选取最优$\lambda_2$使模型误差最小。然后令$\lambda_2 = \lambda_{2-opt}$(最优$\lambda_2$)，将$\lambda_1$按照集合$[10^{-5},10^{-4},10^{-3},10^{-2},10^{-1}]$变化，得到最优的$\lambda_1$。经过反复多次实验，对各个模型参数进行设置。

(1)Lasso参数设置：Lasso对权重参数添加L_1正则化，得到模型的稀疏表示，设定调和参数$\lambda = 10^{-5}$。

(2)Ridge参数设置：Ridge对权重参数添加L_2正则化，调和参数$\lambda = 10^{-4}$。

(3)Elastic Net参数设置：Elastic Net同时对权重参数添加了L_1正则化和L_2正则化，它可以使强相关的特征一起被选择或者舍弃。设置其调和参数$\lambda_1 = 10^{-5}$，$\lambda_2 = 10^{-4}$。

(4)Fused Lasso参数设置：Fused Lasso对权重及权重差分添加L_1正则化，设置$\lambda_1 = 10^{-5}$，$\lambda_2 = 10^{-5}$。

(5)Fused Ridge参数设置：Fused Ridge对权重及权重差分添加L_2正则化，设置$\lambda_1 = 10^{-5}$，$\lambda_2 = 10^{-4}$。

通过三个性能指标度量模型的有效性，分别是平均绝对误差、均方根误差和平均绝对百分比误差。它们分别定义为

$$\text{MAE} = \frac{1}{N}\sum_{i=1}^{N} |x_i - \tilde{x}_i| \tag{6.52}$$

$$\text{RMSE} = \sqrt{\frac{1}{N}\sum_{i=1}^{N} (x_i - \tilde{x}_i)^2} \tag{6.53}$$

$$\text{MAPE} = \frac{1}{N}\sum_{i=1}^{N} \frac{|x_i - \tilde{x}_i|}{X_i} \times 100\% \tag{6.54}$$

式中：x_i和$\tilde{x}_i$分别为实际值和预测值；N为样本数量。这三个指标的值越小表示预测结果越接近实际值。每个模型的迭代次数为100次，采用早停策略监督训练过程。分别重复训练10次，计算三个性能指标的平均值。

6.5.3　实验结果分析

本节首先对FR－MTL模型的有效性进行了评估，然后针对高斯白噪声数据和缺失数据对FR－MTL模型性能进行了验证。

1.模型有效性评估

为了评估 FR - MTL 模型的有效性,本节将该模型与 Lasso、Ridge、Elastic Net 和 Fused Lasso 四种特征选择方法进行了比较,实验结果如表 6.1 所列。

表 6.1　模型对比预测结果

模型	MAE	MAPE/%	RMSE
Lasso	0.0307	10.93	0.0479
Ridge	0.0292	10.36	0.0456
Elastic Net	0.0305	10.80	0.0476
Fused Lasso	0.0315	11.92	0.0483
FR - MTL	0.0287	9.99	0.0448

由表6.1可见,FR - MTL模型在MAE、MAPE和RMSE三个误差指标中均取得了最小的误差值,在预测性能上优于其他四个模型。FR - MTL 模型在三个度量指标中与性能表现最不佳的 Fused Lasso 相比分别降低 8. 89%、16. 19% 和 7.25%,而与表现相对较好的 Ridge 模型相比三个指标分别降低 1. 71%、3. 57% 和 1. 75%。从表6.1 中也可以看出,应用 L_2 惩罚的模型(Ridge、Elastic Net 和 FR - MTL)具有比应用 L_1 惩罚的模型(Lasso 和 Fused Lasso)更低的误差值,其中,具有 L_1 和 L_2 惩罚的 Elastic Net 的性能优于只具有 L_1 惩罚的 Lasso,应用 L_1 正则化惩罚系数和系数差分的 Fused Lasso 表现最不佳。这表明 L_1 惩罚不能通过稀疏解提高交通流预测的性能,也说明其在表达交通流连续时间序列特征时的不适用性。Ridge模型优于 Lasso、Elastic Net 和 Fused Lasso,表明 L_2 惩罚对系数等比例衰减的特征,能够更好地模拟交通流的连续特征,提高模型的预测性能。FR - MTL与Ridge模型相比,增加了对交通流连续特征及趋势特征的考量,利用 L_2 正则化惩罚系数差分,平滑连续特征,保留了交通流的趋势特征,与其他四个模型相比,取得了最优的性能,验证了其在交通流预测任务上的有效性。

2.FR - MTL 模型对含高斯白噪声数据的性能验证

为了更好地验证高斯白噪声数据对 FR - MTL 模型性能的影响,本节考虑人为地将随机噪声添加到原始数据中以评估所提出模型的性能。首先,引入具有固定噪声比例的零均值高斯白噪声。分别按照噪声率 5%、10%、15%、20%、25%、30%、35%、40%、45%、50% 在数据中随机设置添加高斯白噪声。图 6.3 所示为连续 7 天含固定噪声率的交通流数据,上半部分为交通流的原始数据,下半部分为增加了 10% 高斯白噪声之后的交通流数据。从图中可以看出,噪声数据使交通流数据的非线性特征更加突出,增加了预测的难度。

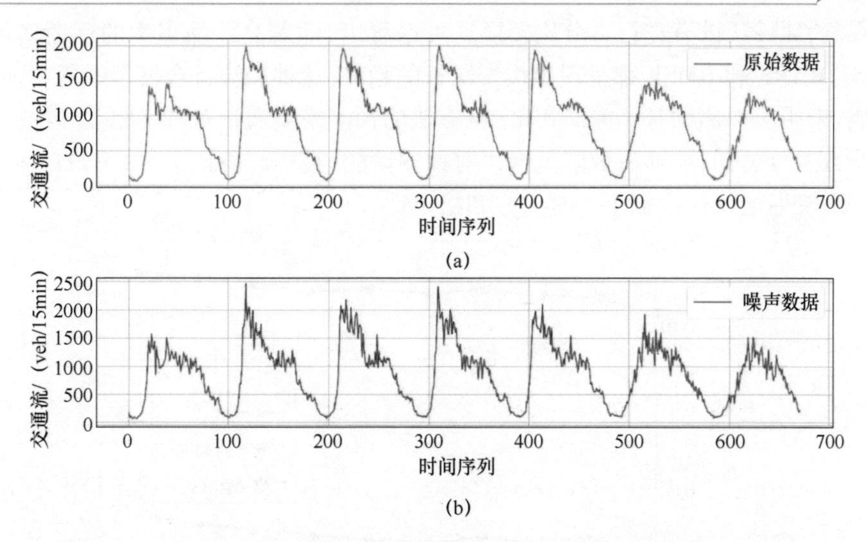

图 6.3　加入高斯噪声的噪声率为 10% 的交通流数据

表 6.2　FR - MTL 模型在包含不同高斯噪声率数据集上的预测结果

噪声率 /%	MAE	MAPE/%	RMSE
5	0.0290	10.21	0.0450
10	0.0292	10.58	0.0452
15	0.0289	10.66	0.0458
20	0.0294	10.79	0.0484
25	0.0296	10.72	0.0465
30	0.0304	10.81	0.0473
35	0.0309	10.75	0.0486
40	0.0324	10.94	0.0501
45	0.0346	11.10	0.0517
50	0.0365	11.24	0.0534

分析比较 FR - MTL 模型在不同高斯噪声率数据集上的性能，预测结果如表 6.2 所列。实验结果表明，随着高斯噪声率的增加，MAE 从 0.0290 增长到 0.0365，每增加 5% 噪声率，MAE 平均增长 2.59%；MAPE 从 10.21% 增长到 11.24%，每增加 5% 噪声率，MPAE 平均增长 1.01%；RMSE 从 0.0450 增长到 0.0534，每增加 5% 噪声率，RMSE 平均增长 1.87%。从增长率来看，随着噪声率的增加，模型的预测精度仍然保持在可接受范围内，误差的增长率相对缓慢，达到了预期目标。

图 6.4 所示为 MAE、MAPE、RMSE 随着噪声率增加的变化趋势，其中为了便

于观测,MAPE 没有进行百分比转换。可以看出,随着高斯噪声率的逐渐增加,MAE、MAPE 和 RMSE 都呈现出缓慢增长的趋势,这种趋势符合模型的预期预测性能,表明所提出的基于 Fused Ridge 方法的预测模型通过对有序相关的特征施加系数差分惩罚,能够有效降低噪声对预测性能的影响,验证了 FR - MTL 模型在处理交通流噪声数据上的有效性和稳定性。

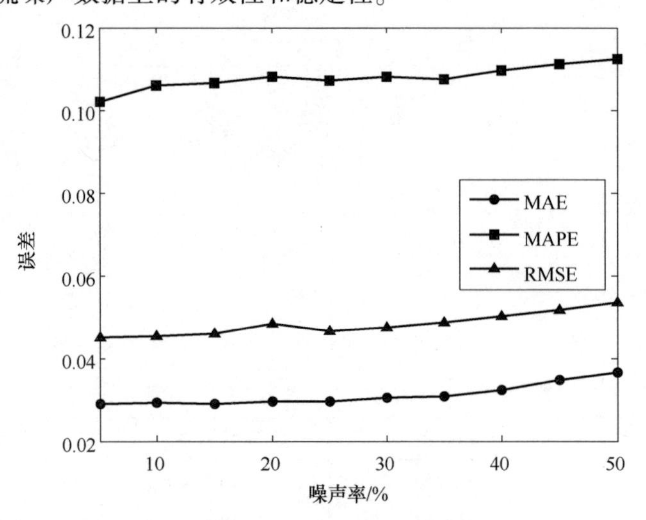

图 6.4　模型误差随噪声率增加的变化趋势

3.模型对缺失数据的性能验证

当数据集中出现数据缺失时同样会降低数据质量,造成预测结果的不准确。通常在大规模连续数据缺失时将采用线性插值法,利用相邻数据的算数差值对数据进行补全或者用前一天同时段的数据进行补全。本节考虑小规模数据丢失问题,在不做数据补全的情况下对交通数据进行预测,验证模型数据补全的性能。本节将数据按照缺失率 1%、2%、3%、4%、5% 随机设置为 0。图 6.5 为连续 7 天含固定缺失率的交通流数据,其中上半部分为原始交通流数据,下半部分为缺失率为 5% 的交通流数据。可以看出缺失数据使得交通流在整体上不具备连续特征,为预测带来极大的难度。

表6.3 显示了 FR - MTL 模型在具有不同缺失率条件下的预测性能。实验结果表明,随着缺失率的增加,所有误差呈现出缓慢增加的趋势。随着缺失率的增加,MAE 从 0.0288 增长到 0.0375,每增加 1% 缺失率,MAE 平均增长 6.04%;MAPE 从 10.05% 增长到 11.59%,每增加 1% 缺失率,MPAE 平均增长 3.06%;RMSE 从 0.0454 增长到 0.0533,每增加 1% 缺失率,RMSE 平均增长 3.48%。从误差增长率上看,相比噪声数据,模型在缺失数据上的表现并没有噪声数据上突出,但仍然减缓了数据不完整使模型性能恶化的趋势。

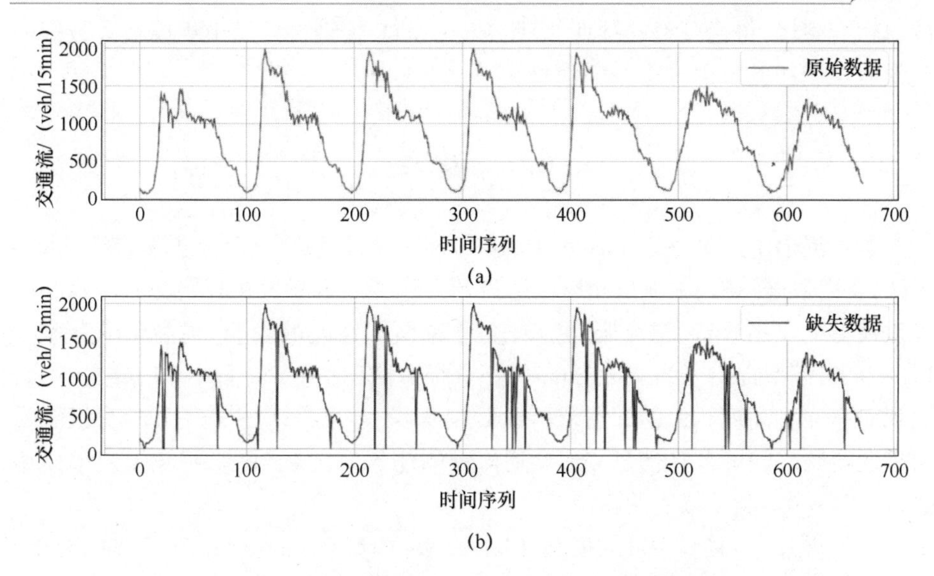

图 6.5　包含缺失数据的缺失率为 5% 的噪声数据

表 6.3　FR - MTL 模型在包含不同缺失率数据集上的预测结果

缺失率 /%	MAE	MAPE/%	RMSE
1	0.0288	10.05	0.0454
2	0.0291	10.14	0.0462
3	0.0298	10.54	0.0459
4	0.0356	11.23	0.0508
5	0.0375	11.59	0.0533

图6.6更为直观地显示了误差随缺失率增加的变化趋势。由图可见，随着缺失率的增加，模型误差 MAE、MPAE 和 RMSE 均呈现上升趋势，但控制在一定范

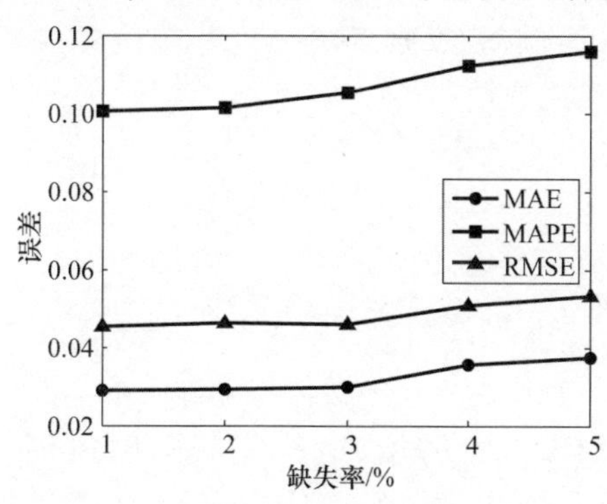

图 6.6　模型误差随缺失率增加的变化趋势

围内较为缓慢,符合模型的预期,表明 FR - MTL 模型在处理小规模缺失数据的交通流预测任务方面具有一定优势。

6.6 小结

本章提出了一种基于 Fused Ridge 和多任务学习的交通流预测模型 FR - MTL,实现数据降噪,并完成短时交通流预测任务。本章旨在利用交通流内在的连续性特征及趋势特征,克服噪声对交通流预测性能的影响,提高预测精度。FR - MTL 模型提出了 Fused Ridge 特征选择方法,对相邻权重进行 L_2 差分惩罚,实现对有序且高度相关的交通流特征数据降噪,并联合考虑多任务学习机制学习交通道路之间的共享信息完成交通流预测任务。在 PeMS 数据集上对该模型进行了验证,实验结果表明:

(1) 与 Lasso 模型 Ridge 模型、Elastic Net 模型和 Fused Lasso 模型相比,FR - MTL 模型在 MAE、MAPE 和 RMSE 三个性能指标中的误差最小,取得了最优的性能。表明 L_2 惩罚对系数及差分系数等比例衰减,能够更好地模拟交通流连续平滑特征,提高模型的预测性能。

(2) FR - MTL 模型在加入固定噪声率的高斯噪声交通流数据上表现出了良好的预测性能与稳定性,随着噪声率的不断增加,误差增长趋势缓慢,模型仍保持较高的精度,表明 FR - MTL 模型能够有效降低噪声对预测性能的影响。

(3) FR - MTL 模型在具有小规模缺失率交通流数据的情况下,随着缺失率增加,能够减缓误差增长趋势,符合模型预期,表明模型在小规模数据缺失的情况下同样有效。

第7章　基于奇异值分解降噪的交通流预测方法研究

7.1　引言

交通流序列中往往具有大量的随机因素造成的呈正态分布的噪声成分，传统模型在预测交通流时未能充分考虑到噪声成分对预测结果造成的影响。此外，基于方法与模型相结合的交通流预测模型是一个提高交通流预测精度的重要研究方向，其主要思想是以某一预测模型为基础，使用适当的方法对模型的输入、训练或者输出的运算过程加以干涉，起到对基础模型预测性能优化的作用。如 Yang 等[120] 针对传统小波神经网络预测模型使用单项梯度下降法进行参数优化，存在收敛速度慢、局部最优等问题，利用改进的遗传算法对神经网络的初始连接权、平移因子和标度因子进行优化，提高了模型的预测精度与非线性拟合能力。李林超等[121] 对交通流历史数据使用多种核函数构建支持向量回归模型，根据该模型在不同时刻的拟合误差，确定预测时刻适合的核函数类别，构建了多种核函数切换的支持向量回归预测模型。以上方法在一定程度上提高了交通流的预测精度，但只在基本模型的训练过程中进行了改进，而往往忽略了交通流在时空上的关联性。

近年来，越来越多的学者将交通流的时空特性考虑在内，提出了基于时空特征融合的交通流预测模型。如田保慧等[122] 通过分析多路段交通流的相似性与相关性，优化了预测因子，并利用云模型改进遗传算法，提出了一种基于时空特征分析的交通流预测模型；李林超等[123] 考虑时空因素影响，构造了时空状态向量，提出一种在时空因素影响下在线短时交通流预测模型。虽然这些算法考虑了交通流的时空特性，进一步提高了模型的预测精度，但使用的大都是基于浅层学习的模型，难于有效提取交通流深层次的特征关系。

针对以上不足，本章根据深度学习在特征提取上的优势，分别构建了基于 CNN 的空间特征提取网络结构、基于 GRU 的时间特征提取网络结构，并针对 GRU 网络提取时间特征过程中忽视了输出层中具有不同时间步长意义的神经元对目标时间序列的影响，对 GRU 网络进行了改进，构建了具有注意力机制的

GRUAT时间特征提取网络结构,增强了网络对交通流时间特征学习的能力。在此基础上,构建了交通流时空特征提取结构CNN - GRUAT。另外,针对高速公路交通流易受多种因素影响,交通流序列含噪声的特点,本章使用奇异谱分析法(SSA)对交通流序列的成分进行分解、降噪与重构,利用重构后的交通流序列进行网络训练,最终提出了一种基于SSA - CNN - GRUAT的交通流预测模型。

本章的组织结构如下:7.1节引言;7.2节介绍了奇异普分析法,并采用此方法完成对交通流数据的分解、降噪与重构;7.3节详细介绍了时空特征提取网络结构设计用于高速公路交通流预测;7.4节阐明了SSA - CNN - GRUAT交通流预测模型总体框架;7.5节通过在真实数据集上实验验证模型预测效果;7.6节对本章内容进行了小结。

7.2 高速公路交通流奇异谱分析

7.2.1 奇异谱分析法

奇异谱分析(singular spectrum analysis,SSA)法是一种适合研究一维非线性时间序列的主成分分析法,主要用于提取时间序列的趋势成分、周期成分、噪声成分,本节使用其对高速公路交通流序列的主成分进行分析,滤除交通流序列的噪声成分,对交通流序列进行重构。

奇异谱分析法包括分解(嵌入、分解)和重构(分组、重构)两个阶段,如图7.1所示。假设有长度为N的一维观测时间序列$\boldsymbol{x}=(x_1,x_2,\cdots,x_N)$,其主要思想为:将时间序列$\boldsymbol{x}$转化为其轨迹矩阵$\boldsymbol{X}$,对$\boldsymbol{XX}^{\mathrm{T}}$进行奇异值分解,得到$L$个特征值$\lambda_1 \geqslant \lambda_2 \geqslant \cdots \lambda_L \geqslant 0$及其相应的特征向量,根据每个特征值代表的信号进行信号分组,用分组的信号重构出新的时间序列。

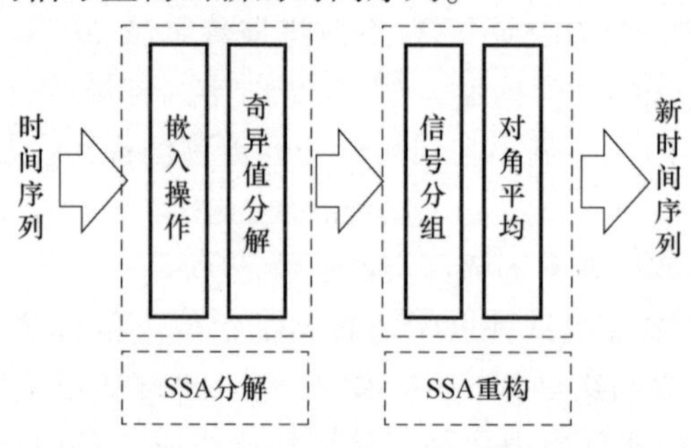

图7.1 奇异谱分析技术流程图

奇异谱分析的具体过程如下。

1) 分解

嵌入操作:将一维时间序列 $\boldsymbol{x} = (x_1, x_2, \cdots, x_N)$ 转化为其轨迹矩阵 $\boldsymbol{X}$:

$$\boldsymbol{X} = (x_{ij})_{i,j=1}^{L,K} = \begin{bmatrix} x_1 & x_2 & x_3 & \cdots & x_K \\ x_2 & x_3 & x_4 & \cdots & x_{K+1} \\ x_3 & x_4 & x_5 & \cdots & x_{K+2} \\ \vdots & \vdots & \vdots & & \vdots \\ x_L & x_{L+1} & x_{L+2} & \cdots & x_N \end{bmatrix} \tag{7.1}$$

式中:L 为嵌入维数,又称窗口长度;$K = N - L + 1$,$(1 < L \leqslant N/2)$。

奇异值分解:记 $\boldsymbol{S} = \boldsymbol{X}\boldsymbol{X}^{\mathrm{T}}$,对 $\boldsymbol{S}$ 进行奇异值分解,得到 L 个特征值 $\lambda_1 \geqslant \lambda_2 \geqslant \cdots \geqslant \lambda_L \geqslant 0$ 及其相应的特征向量 $\boldsymbol{U}_1, \boldsymbol{U}_2, \cdots, \boldsymbol{U}_L$。设 d 为最大特征值的下标,记 $\boldsymbol{V}_i = \boldsymbol{X}^{\mathrm{T}}\boldsymbol{U}_i / \sqrt{\lambda_i}\,(i = 1, 2, \cdots, d)$,则矩阵 $\boldsymbol{X}$ 的奇异值分解可表示为

$$\boldsymbol{X} = \boldsymbol{X}_d + \cdots + \boldsymbol{X}_2 + \boldsymbol{X}_1 \tag{7.2}$$

式中:$\boldsymbol{X}_i = \sqrt{\lambda_i}\boldsymbol{U}_i\boldsymbol{V}_i^{\mathrm{T}}$,$\sqrt{\lambda_i}\,(i = 1, 2, \cdots, d)$ 为矩阵 $\boldsymbol{X}$ 的奇异值;$\boldsymbol{U}_i$,$\boldsymbol{V}_i$ 分别为轨迹矩阵的左右特征向量。$\sqrt{\lambda_d} \geqslant \cdots \geqslant \sqrt{\lambda_2} \geqslant \sqrt{\lambda_1}$ 称为矩阵 $\boldsymbol{X}$ 的奇异谱,每个特征值所代表的信号量对原始信号的贡献可通过特征值在所有特征值中的占比计算,称为信号贡献率,可通过 $\lambda_i / \sum_{i=1}^{d} \lambda_i$ 计算,$\sqrt{\lambda_i}$、$\boldsymbol{U}_i$、$\boldsymbol{V}_i$ 共同形成一个特征环 $(\sqrt{\lambda_i}, \boldsymbol{U}_i, \boldsymbol{V}_i)$。

2) 重构

信号分组:分组的目的是根据奇异值分解结果,按照提取的不同成分,将矩阵 $\boldsymbol{X}_i$ 分成 $r(1 < r \leqslant d)$ 个不同的子集 $\boldsymbol{I}_1, \boldsymbol{I}_2, \cdots, \boldsymbol{I}_r$,由每个子集 $\boldsymbol{I}_j$ 合成的矩阵记为 $\boldsymbol{X}_{Ij}$,则式(7.2)可写为

$$\boldsymbol{X} = \boldsymbol{X}_{I1} + \boldsymbol{X}_{I2} + \cdots + \boldsymbol{X}_{Ir} \tag{7.3}$$

这种选择 $\boldsymbol{I}_1, \boldsymbol{I}_2, \cdots, \boldsymbol{I}_r$ 子集的过程称为特征环分组,每个分组对原始信号的贡献可通过组内对应特征值和在所有特征值中的占比计算,称为信号组贡献率,可通过 $\sum_{i=1}^{m} \lambda_i / \sum_{i=1}^{d} \lambda_i$ 计算,$m(1 \leqslant m \leqslant d)$ 为分组内元素的个数。

对角平均:这一步实现对时间序列的重构,将式(7.3)中的每个成分子组 $\boldsymbol{X}_{Ij}$ 重构为与原始时间序列 $\boldsymbol{x}$ 长度相同的序列 $RC_j(1 \leqslant j \leqslant r)$,进而由 RC_j 得到 x 的最终重构序列 $RC = RC_1 + RC_2 + \cdots + RC_r$。

设 $\boldsymbol{Z}$ 为 $L \times K$ 的矩阵,$L^* = \min(L, K)$,$K^* = \max(L, K)$,$N = L + K - 1$,且当 $L < K$ 时,$z_{ij}^* = z_{ij}$,当 $L \geqslant K$ 时,$z_{ij}^* = z_{ji}$。通过对角平均公式计算 RC_j:

$$RC_j=\begin{cases}\frac{1}{j+1}\sum_{m=1}^{j+1}z^*_{m,j-m+2}(1\leqslant j\leqslant L^*)\\ \frac{1}{L^*}\sum_{m=1}^{L^*}z^*_{m,j-m+2}(L^*\leqslant j\leqslant K^*)\\ \frac{1}{N-j}\sum_{m=j-K^*+2}^{j-K^*+1}z^*_{m,j-m+2}(K^*\leqslant j\leqslant N)\end{cases}\tag{7.4}$$

7.2.2 高速公路交通流 SSA 分析

SSA 算法中存在两个要确定的参数:一个是分解过程中的窗口长度 L;另一个是重构过程中的分组数 r。取值较大的 L 能将原始序列中相对光滑的趋势信号从周期信号与噪声信号中分离出来,但 L 的最大值不能超过 $N/2$。通常,若知道原始序列信号的周期 T,将 L 的值取为 T 的倍数效果会更理想。另外,L 的值越大,SSA 分解越细,得到的子序列越多,会对重构步骤中的分组产生一定的影响,且在计算上速度也会变慢。本节交通流信号的周期为一天的数据点数(96),经过多次实验确定 L 的值为 96 时分解效果最好。分组数 r 将不同的特征向量分成 r 组,形成不同的信号成分,一般周期成分包含 $r-1$ 个序列,噪声成分包含 $L-r-1$ 个序列,根据分解得到的奇异谱中的断点确定分组数 r 以及信号的趋势成分、周期成分、噪声成分。奇异谱中,一般特征值呈现缓慢下降趋势的部分为纯噪声成分。

以吉林省高速公路秦家屯收费站在 2017 年 3 月至 9 月的交通流数据为例,对原始交通流数据进行奇异谱分析,提取出交通流的趋势成分、周期成分和噪声成分。图 7.2 为部分原始交通流序列图,表 7.1 列出了对原始交通流序列进行奇异值分解得到的前20个(共96个)从大到小排列的奇异值,图 7.3 为其对应的奇异谱图(为了方便显示,只给出了前 10 个奇异值序列谱),纵坐标表示每个奇异值的贡献率。

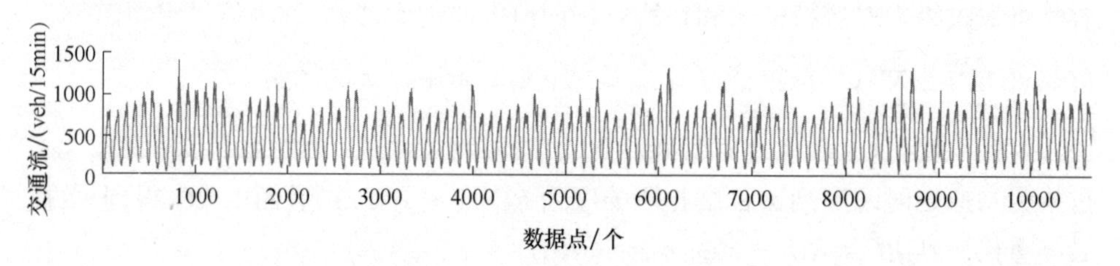

图 7.2　部分原始交通流序列

表 7.1　奇异值贡献率

奇异值序号	贡献率/%	奇异值序号	贡献率/%
1	75.80309	11	0.01705
2	11.55296	12	0.01603
3	11.43982	13	0.01414
4	0.26702	14	0.01159
5	0.16116	15	0.00997
6	0.13294	16	0.00849
7	0.11801	17	0.00792
8	0.05580	18	0.00761
9	0.04662	19	0.00719
10	0.02749	20	0.00690

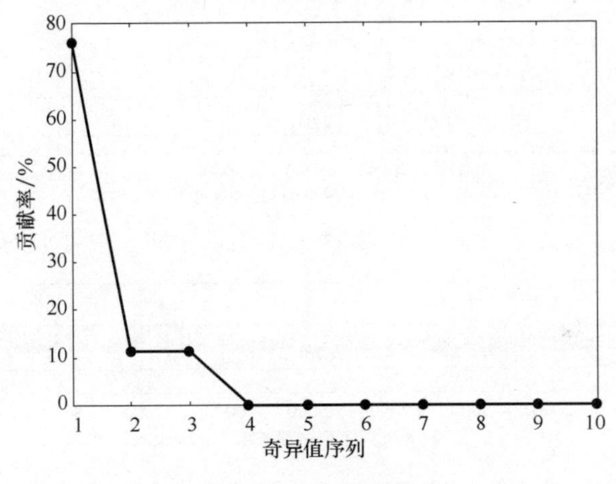

图 7.3　奇异谱图

由表 7.1 和图 7.3 可知，最大的奇异值对应的贡献率最大，达到了 75.80309%，对应着交通流序列的趋势成分。根据 SSA 原理，若原始时间序列中存在周期成分，那么 SSA 可以获得一对奇异值相等的分量，但是在实际应用中很难得到一对相等的奇异值分量，一般都是用近似相等的奇异值对来判别时间序列的周期成分。从以上分解的结果来看，第 2 个奇异值与第 3 个奇异值对应的贡献率非常相近，分别为 11.55296%、11.43982%，说明这两个奇异值近似相等，因此(2,3) 代表的奇异值对对应着交通流序列的周期成分。由图 7.3 中可以看出，从第 4 个奇异值开始，奇异值的变化缓慢，且第 4 ~ 第 96 个奇异值的累计贡献率非常小，仅为 1.20413%，所以第 4 ~ 第 96 个奇异值对应着交通流序列的噪声成分。

对分解后的子序列进行重构，图7.4所示为前3个奇异值及第4～第96个奇异值对应的重构序列。可以看出，不同的子序列包含不同的成分，序列1变化缓慢，表现了交通流的变化趋势，序列2～3呈周期性变化，说明交通流的周期性，序列4～96具有较高的频率，对应着交通流的噪声成分。

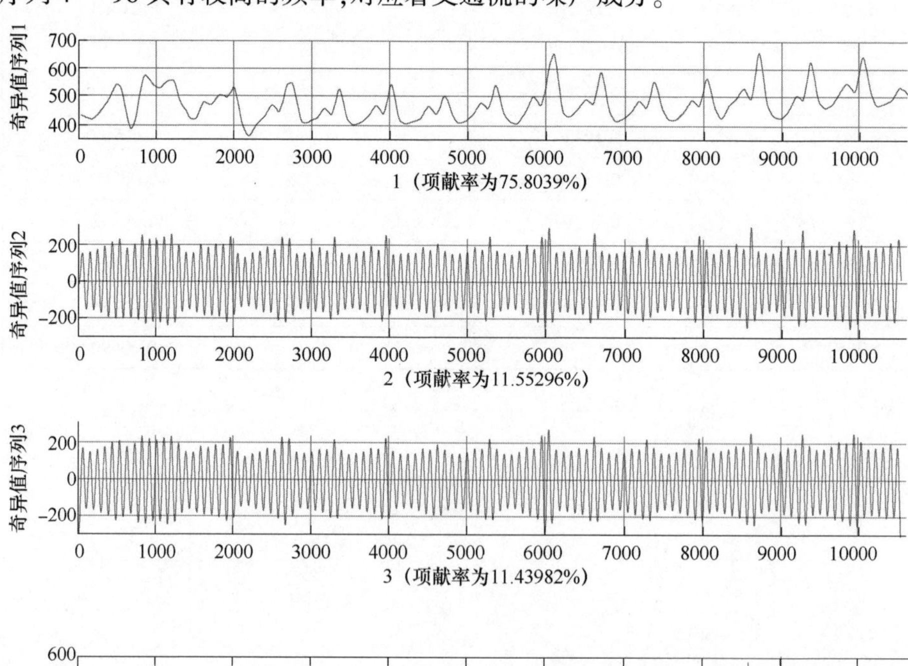

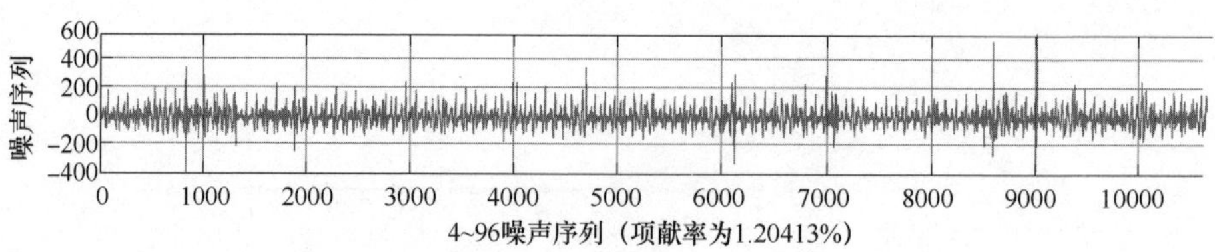

图7.4　前3个奇异值及第4～第96个奇异值对应的重构序列

将交通流的趋势成分与周期成分，即第1～第3个奇异值对应的序列进行重构，得到交通流去除噪声成分后的重构序列，如图7.5所示，黄色部分为重构的交通流序列，蓝色部分为原始交通流序列。

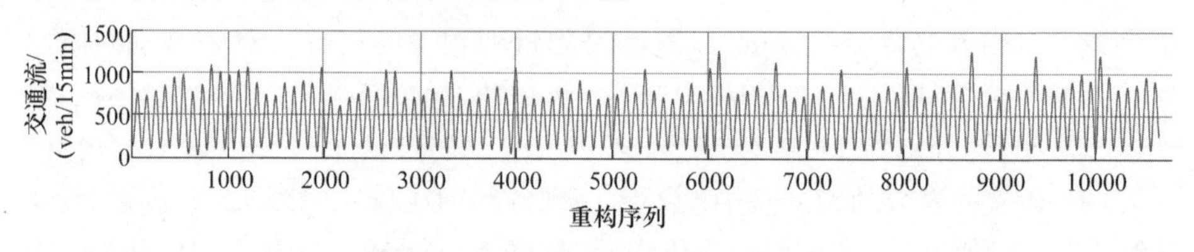

图7.5　（见彩图）交通流重构序列

7.3　高速公路交通流时空特征提取网络结构设计

7.2节利用SSA法对交通流数据进行了初步降噪处理,然而高速公路交通流的主要特性表现在时间序列性、周期相似性、空间的关联性上。针对当前基于时空特性交通流预测模型存在的不足之处,本章使用深度学习的方法设计交通流的时空特征提取结构。

7.3.1　基于CNN的空间特征提取网络结构

卷积神经网络(convolutional neural networks, CNN)作为深度学习的代表算法之一,广泛应用于图像处理、目标识别等领域。近年来,有学者开始将CNN用于研究基于时间序列的问题中,用于表示信号的局部相关性。如文献[124]将CNN用于多通道时间序列的人类行为识别中,利用CNN进行特征自动学习,避免了启发式手工特征设计。文献[125]把时空数据与深度学习相结合,通过时空深度残差网络对城市人流进行预测,文献中用某一时间点的数据生成了一张二维平面图,利用多次CNN操作模拟人流量的空间特性。

考虑到高速公路交通流与人流量具有相似的属性,时间上都具有周期性和趋势性,空间上都具有区域关联性,受文献[125-126]启发,本章采用CNN操作用于交通流空间序列的学习以提取交通流的空间特征。

对于某站点来说,其在同一时刻的交通流只与其相邻的几个站点的交通流有关,因此,在交通流的空间序列问题中,输入的空间序列长度一般不会太长,且本章构建的空间序列只依赖历史数据,是一维的,所以构建的CNN的深度不会过深,对应的卷积核需要使用一维的。鉴于不含池化层的CNN网络对小图像特征提取具有更高的性能,而短时交通流预测任务中交通流数据的空间维数一般都是有限的,因此本章设计的CNN网络结构卷积层后不包含池化层。图7.6为构建的基于CNN的空间特征提取网络结构。

从图7.6中可以看出,本节构建的基于CNN的网络空间特征提取结构由输入层、卷积层、全连接层组成。网络的输入层输入的数据成分是由多个站点在相同历史时刻交通流组成的空间序列数据向量。基于时空特征的交通流预测模型在描述交通流的时空关联性时,通常以时空矩阵的方式进行描述,如对某站点时刻t的交通流进行预测时,由包含该站点在内的P个相邻站点的历史交通流数据构成如下交通流数据矩阵:

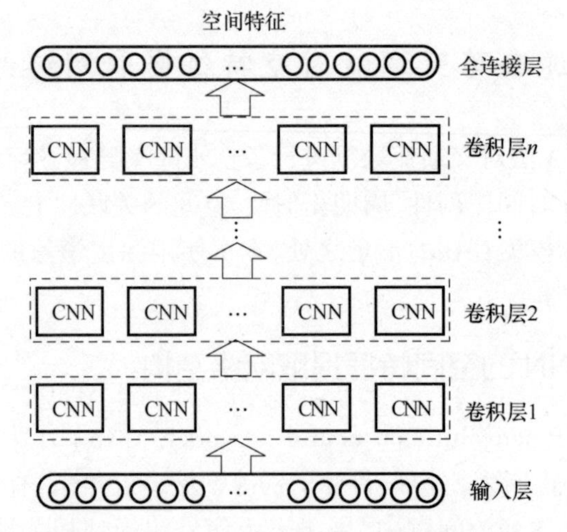

图 7.6　基于 CNN 的空间特征提取网络结构

$$S_{P\times N}=\begin{bmatrix}S_1\\S_2\\\vdots\\S_P\end{bmatrix}=\begin{bmatrix}s_1(t-1) & s_1(t-2) & \cdots & s_1(t-N)\\s_2(t-1) & s_2(t-2) & \cdots & s_2(t-N)\\\vdots & \vdots & & \vdots\\s_P(t-1) & s_P(t-2) & \cdots & s_P(t-N)\end{bmatrix}\tag{7.5}$$

式中:N 为历史时间序列长度。

本节主要使用 CNN 提取交通流序列的空间特征,而不考虑交通流在时间上的依赖关系,所以需要考虑在时间维度上执行一维卷积操作,为此将矩阵 $\boldsymbol{S}_{P\times N}$ 转化为按时间先后顺序排列的 N 个列向量,表达式如下:

$$\boldsymbol{S}_{P\times N}=\begin{bmatrix}\boldsymbol{S}_1\\\boldsymbol{S}_2\\\vdots\\\boldsymbol{S}_P\end{bmatrix}=[\boldsymbol{T}_q^{(1)},\boldsymbol{T}_q^{(i)},\cdots,\boldsymbol{T}_q^{(N)}]\tag{7.6}$$

$$\boldsymbol{T}_q^{(i)}=[s_1(t-N+q)s_2(t-N+q)\cdots s_P(t-N+q)]^{\mathrm{T}}(0\leqslant q\leqslant N-1)\tag{7.7}$$

式中:$\boldsymbol{T}_q^{(i)}$ 为 P 个相邻站点在第 i 时刻($i=t-N+q$)的空间维度交通流组成的列向量。

对于网络的卷积层,考虑到使用不同大小的卷积核进行卷积操作,会增加模型的复杂程度,因此,为简化模型训练,每次使用相同大小的卷积核进行卷积。在时刻 i,第 k 个卷积核的计算公式如下:

$$C_q^k=o_c(\boldsymbol{w}_q^k*\boldsymbol{T}_q^k+\boldsymbol{b}_q^k)\tag{7.8}$$

式中：w_M^k，b_M^k，o_c 分别为权重向量、偏置项、非线性激活函数；$*$ 表示卷积操作。

CNN网络的全连接层由 N 个神经元组成，作为网络的输出层得到的 $1\times N$ 维的空间特征向量。

7.3.2　基于GRU的时间特征提取网络结构

传统的交通流预测模型在处理交通流时间特性上主要存在两个缺点。

（1）如果交通流具有较长的时效性，此时式(7.5)中的时间窗口 N 将会很大，传统的预测方法尤其是RNN将会很难训练；

（2）现有的 N 值确定的方法大都是结合经验数据人为确定的，受主观影响较大，很难找到最优的 N 值。

门控循环单元（gated recurrent unit，GRU）神经网络是近年来比较流行的循环神经网络之一。GRU网络引入了长短时记忆机制，非常适于处理时间序列数据。根据高速公路交通流具有明显的长时周期性与短时序列性，本节将具有长短时记忆机制的循环神经网络用于高速公路交通流的预测问题中，以反映高速公路交通流的长短时依赖特性。

GRU是对LSTM的一种改进，相比LSTM结构，GRU将三个门控制单元精简为两个门：更新门 z_t 与重置门 r_t，使网络的训练时间比LSTM快了许多，图7.7为GRU单个神经元的结构。z_t 与 r_t 的计算公式如下：

$$z_t=\sigma(\boldsymbol{W}_z\boldsymbol{x}_t+\boldsymbol{U}_z\boldsymbol{h}_{t-1}) \tag{7.9}$$

$$\boldsymbol{r}_t=\sigma(\boldsymbol{W}_r\boldsymbol{x}_t+\boldsymbol{U}_r\boldsymbol{h}_{t-1}) \tag{7.10}$$

$$\widetilde{\boldsymbol{h}}_t=\tanh(\boldsymbol{W}\boldsymbol{x}_t+\boldsymbol{r}\cdot\boldsymbol{U}\boldsymbol{h}_{t-1}) \tag{7.11}$$

$$\boldsymbol{h}_t=z_t\cdot\boldsymbol{h}_{t-1}+(1-z_t)\cdot\widetilde{\boldsymbol{h}}_t \tag{7.12}$$

式中：$\sigma(\cdot)$ 为激活函数sigmoid；$\tanh(\cdot)$ 为激活函数tanh；$\boldsymbol{W}_z$，$\boldsymbol{U}_z$ 为更新门权重；$\boldsymbol{W}_r$，$\boldsymbol{U}_r$ 为重置门权重；$\boldsymbol{W}$，$\boldsymbol{U}$ 为形成当前记忆状态时的网络权重；“$\cdot$”为向量的内积运算符。

通常，网络中包含的隐藏层数越多、模型越深，模型的学习能力越强。但在有限的训练集中，过深的网络模型容易出现过拟合的情况。根据数据集大小及实验情况，选用结构简单、训练时间短的GRU网络作为交通流预测基础模型，用于提取交通流的时间特征，将提取的时间特征作为顶层预测模型的输入对交通流进行预测。构建的GRU神经网络交通流时间特征提取框架如图7.8所示。

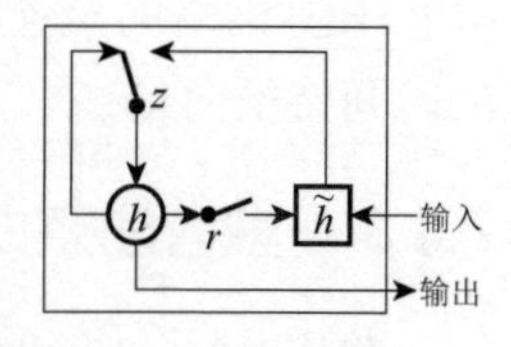

图7.7　GRU单个神经元的结构

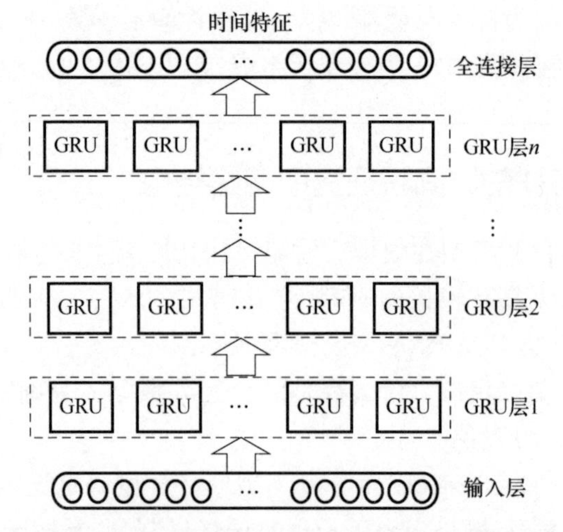

图 7.8　GRU 神经网络交通流时间特征提取网络结构

从图 7.8 中可以看出,GRU 网络结构由输入层、GRU 层、全连接层组成。网络的输入层输入的数据成分是由待测站点在不同历史时刻交通流组成的时间序列数据向量。对某站点时刻 t 的交通流进行预测时,由其前 N 个时刻历史交通流数据构成的交通流时间序列数据输入向量为

$$\boldsymbol{T}_t = [s(t-1)s(t-2)\cdots s(t-N)]^{\mathrm{T}} \tag{7.13}$$

N 的值将通过网络的训练确定。

网络的 GRU 层用来保存时间序列内部历史信息,记 GRU 隐含层得到的特征向量为 $\boldsymbol{h} = (h_1, h_2, \cdots, h_N)$,则 GRU 层中记忆单元的计算公式如下:

$$z_t = \sigma(\boldsymbol{W}_z \boldsymbol{T}_t + \boldsymbol{U}_z \boldsymbol{h}_{t-1}) \tag{7.14}$$

$$r_t = \sigma(\boldsymbol{W}_r \boldsymbol{T}_t + \boldsymbol{U}_r \boldsymbol{h}_{t-1}) \tag{7.15}$$

$$\tilde{\boldsymbol{h}}_t = \tanh(\boldsymbol{W}\boldsymbol{T}_t + \boldsymbol{r} \cdot \boldsymbol{U}\boldsymbol{h}_{t-1}) \tag{7.16}$$

$$\boldsymbol{h}_t = z_t \cdot \boldsymbol{h}_{t-1} + (1 - z_t) \cdot \tilde{\boldsymbol{h}}_t \tag{7.17}$$

GRU 网络的全连接层由 N 个神经元组成,作为网络的输出层得到的 $1 \times N$ 维的时间特征向量。

7.3.3　融合注意力机制的交通流时间特征提取

利用 GRU 网络提取时间特征时,GRU 网络输出层没有考虑到特征级时间步长的差异,忽视了 GRU 网络最后一层具有不同时间步长意义的神经元对目标时间序列的影响。因此,本章将注意力机制引入 GRU 网络结构中对其进行改进,利用注意力机制为不同时间步长的特征赋予不同的权重,使改进后的网络能够

重点关注对目标时间序列影响较大的特征项,从而增强了网络对时间特征的学习能力。

注意力(attention, AT) 机制是近年来神经网络领域的一个研究热点。自 2014 年 Google mind 团队[126] 发表了一篇用基于注意力机制的循环神经网络模型对图像进行分类的论文以来,有关注意力机制的研究引起了学者的广泛关注。注意力机制的主要思想是为对输出结果影响较大的输入序列项赋予较多的注意力,为影响较小的输入序列项赋予较少的注意力,避免用固定长度的编码表示输入序列的内部特征;通过保持输入序列在神经网络中每步的中间输出结果,使模型有选择性地关注输入序列,并将模型的输出序列中的项与输入序列关联起来。

将注意力机制引入 GRU 结构中,使用简单的神经网络计算时间步的权重,具体方法为:在 GRU 输出层与全连接层之间加入一层 Attention 层,并引入目标状态向量 $\boldsymbol{z}_h$ 用于感知重要的时间特征项。加入注意力机制后的 GRU 网络结构(GRUAT) 如图 7.9 所示。

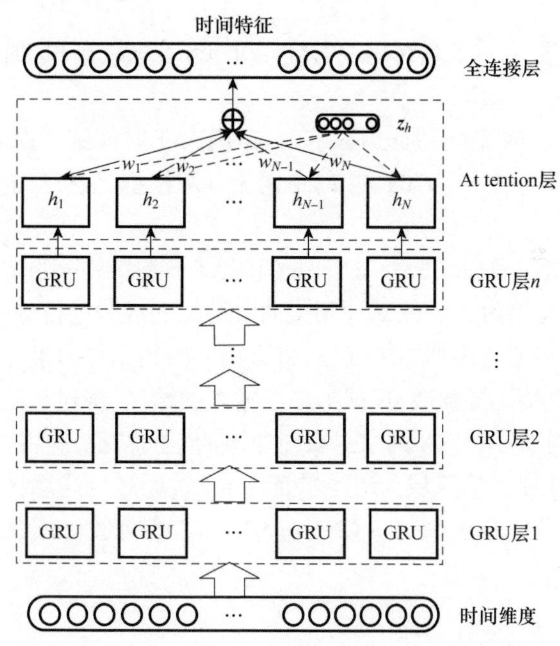

图 7.9　GRUAT 时间特征提取网络结构

注意力机制对 GRU 隐层输出的特征向量 $\boldsymbol{h} = (h_1, h_2, \cdots, h_N)$ 进行权重计算,使与目标输出 $\boldsymbol{z}_h$ 相似性越高的 h_i 分量权重越大。权重的计算方法如下:

$$\boldsymbol{e}_i = \tanh(\boldsymbol{W}_h \boldsymbol{h}_i + \boldsymbol{b}_h) \tag{7.18}$$

$$w_i = \frac{\exp(e_i z_{hi})}{\sum_{i=1}^{N} \exp(e_i z_{hi})} \tag{7.19}$$

式中：$\boldsymbol{e}_i$ 为注意力层中的隐向量；$\boldsymbol{h}_i$ 为 GRU 层第 i 项节点的隐状态信息向量；$\boldsymbol{W}_h$ 为系数矩阵；$\boldsymbol{b}_h$ 为偏置向量；w_i 为 GRU 层中第 i 项节点的注意力权重，通过 softmax 函数将 e_i 规整为[0,1]之间的数而得，它代表了特征序列中哪些项与当前的输出关系比较大；z_{hi} 为目标输出向量第 i 个分量；N 为隐节点的个数，即输入序列的长度。

根据注意力权重向量 $\boldsymbol{w}$，对 GRU 层的隐向量进行重要度加权，得到加权后的特征 $\boldsymbol{T}$：

$$\boldsymbol{T} = \sum_{i=1}^{N} \boldsymbol{w}_i \boldsymbol{h}_i \tag{7.20}$$

以加权后的特征 $\boldsymbol{T}$ 为全连接层的输入得到具有权重意义的 $1 \times N$ 维的时间特征向量。

7.4 基于 SSA - CNN - GRUAT 的交通流预测模型构建

结合 SSA 法、CNN 空间特征提取结构与 GRUAT 时间特征提取结构，本节提出了一种基于 SSA - CNN - GRUAT 的交通流预测模型，该模型的结构如图 7.10 所示。

从图 7.10 中可以看出，SSA - CNN - GRUAT 模型结构分为三层。第一层为 SSA 层，主要功能是使用 SSA 法对原始交通流数据的成分进行分解，滤除序列中的噪声成分，重构交通流序列的主成分，将重构后的数据作为第二层的输入。第二层为交通流时空特征提取层，根据第二层输入的数据，构建交通流空间维度序列与时间维度序列，利用 CNN 网络提取交通流的空间特征，利用 GRUAT 网络提取交通流的时间特征。第三层为时空特征融合层，通过全连层将时空特征进行融合，完成预测任务。基于 SSA - CNN - GRUAT 的交通流预测流程如图 7.11 所示。

详细步骤设计如下。

步骤 1：数据准备。

确定待测站点、待测站点历史交通流数据、预测日期及以 15min 为时间间隔的时间序列长度 N。

步骤 2：SSA 交通流降噪、重构。

对获得的原始交通流数据利用 SSA 原理分解，根据奇异谱提取出交通流的

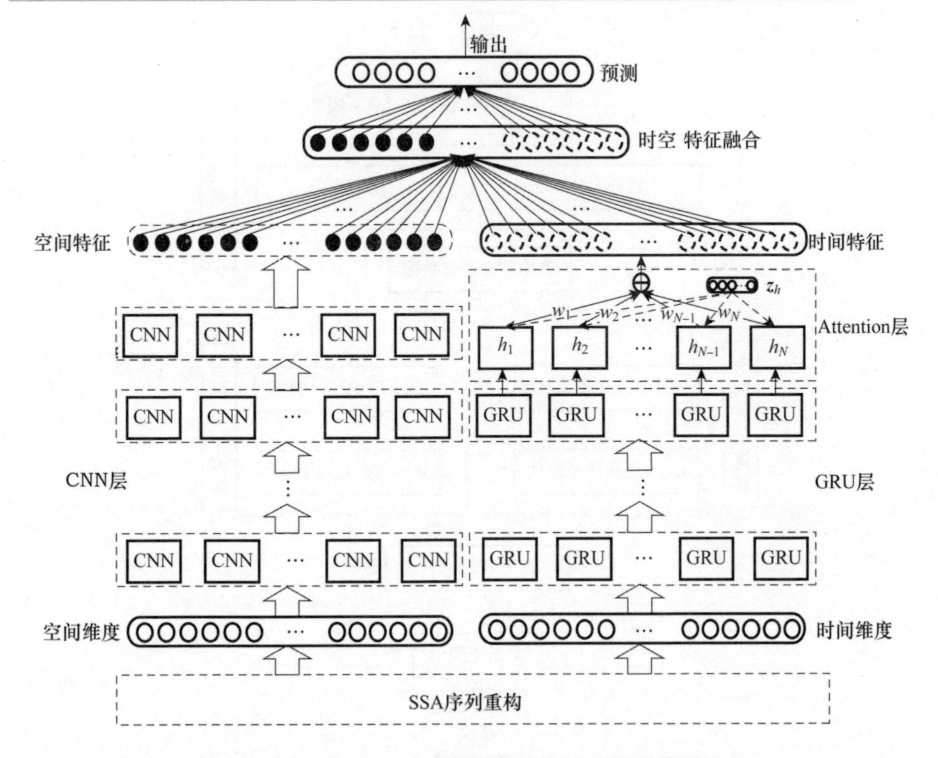

图 7.10　SSA - CNN - GRUAT 的交通流预测模型结构

趋势成分、周期成分与噪声成分，对趋势成分与周期成分进行重构，得到降噪后重构的交通流数据。

步骤 3：交通流空间特征提取。

根据步骤 2 中得到的交通流数据，选取与待测站点上下游相邻的 P 个站点的交通流数据，构造交通流空间序列矩阵 $\boldsymbol{S}_{P\times N}$，使用 CNN 网络结构提取交通流的空间特征，记为 $\boldsymbol{S}$。

步骤 4：交通流时间特征提取。

根据步骤 2 中得到的交通流数据，选取待测站点目标时刻 t 之前 N 个时间间隔的交通流数据，构造交通流时间序列矩阵 $\boldsymbol{T}_P$，使用融合注意力机制的 GRUAT 提取交通流的时间特征，记为 $\boldsymbol{T}$。

步骤 5：时空特征融合及交通流预测。

将步骤 3 中提取的空间特征 $\boldsymbol{S}$ 与步骤 4 中提取的时间特征 $\boldsymbol{T}$ 相结合，形成时空特征 $\boldsymbol{TS}$，经过全连接层完成交通流预测任务。

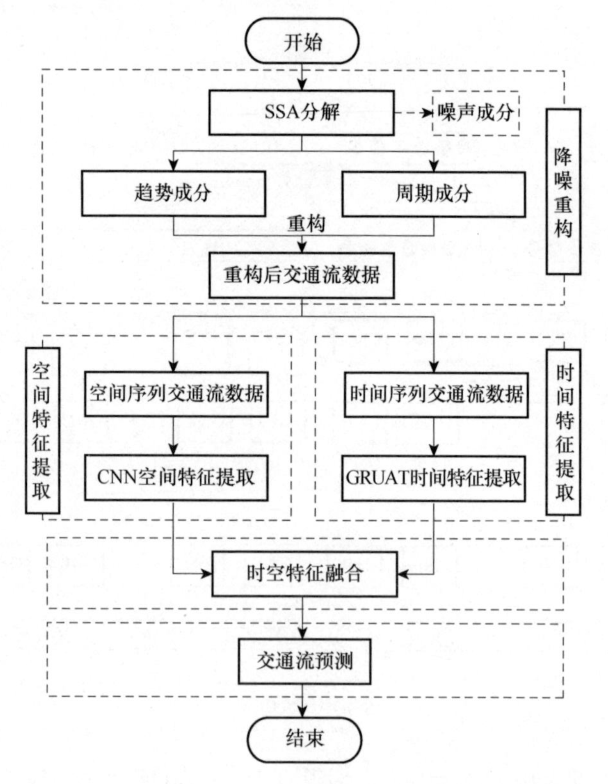

图 7.11　基于 SSA - CNN - GRUAT 的交通流预测流程

7.5　实验与分析

7.5.1　数据集

本章的数据来源于吉林省高速公路管理局提供的长深高速吉林省段部分收费站的收费数据,包括桑树台收费站、八屋收费站、秦家屯收费站、怀德收费站、大岭收费站,桑树台收费站与八屋收费站在秦家屯收费站上游,怀德收费站与大岭收费站在秦家屯收费站下游,各站点的空间位置关系如图 7.12 所示。各站点的交通流数据根据收费数据统计而得。以秦家屯收费站为待测站点对其交通流进行预测分析,考虑到东北冬季雪天对交通流的影响,本章选取的数据时间段为 2017 年 3 月 1 号至 9 月 24 号,统计时间间隔为 15min。

7.5.2　实验参数设置

本章所提模型的训练采用基于 numpy 和 scipy 的机器学习库 Sklearn 和基于

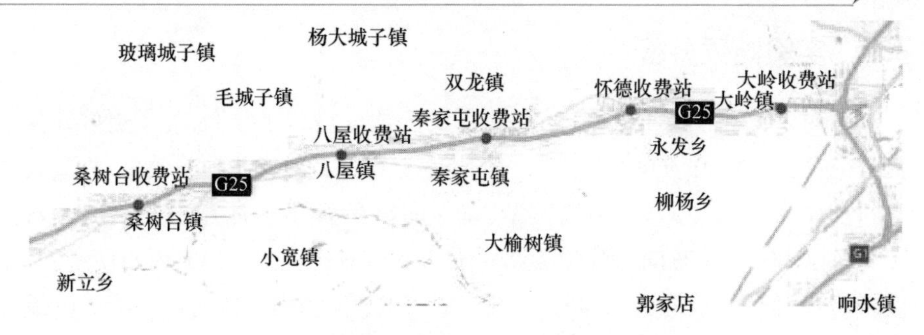

图 7.12　收费站空间位置关系

Python 的深度学习库 Keras 实现。

（1）CNN 参数设置：卷积核的长度为 3，步长为 1，填充大小为 1，卷积层的个数为 2，第一层卷积核个数为 64，第二层卷积核个数为 128，Flatten 层神经元个数为 12288，全连接层神经元个数为 96。

（2）GRU 参数设置：GRU 层数为 2，第一层神经元个数为 50，return_sequences 的值为 True，权值初始化函数为 orthogonal，第二层神经元个数为 200，return_sequences 的值为 False，权值初始化函数为 uniform。模型在训练过程中每次更新参数时按 0.2 的概率随机抛弃一些神经元。激活函数为 tanh 函数。Batch size 的值为 512，epoch 的值为 20。

（3）时空特征融合层：两层全连接层，每层的神经元个数为 400。

7.5.3　模型预测性能评价指标

为定量分析模型的有效性，采用了三种误差指标来对比模型间的预测效果。

（1）平均绝对误差（MAE）：

$$\mathrm{MAE} = \frac{1}{N}\sum_{i=1}^{N} |x_i - \widetilde{x}_i| \tag{7.21}$$

（2）均方误差（MSE）：

$$\mathrm{MSE} = \frac{1}{N}\sum_{t=1}^{n} (x_i - \widetilde{x}_i)^2 \tag{7.22}$$

（3）平均绝对百分比误差（MAPE）：

$$\mathrm{MAPE} = \frac{1}{N}\sum_{i=1}^{N} \frac{|x_i - \widetilde{x}_i|}{X_i} \times 100\% \tag{7.23}$$

式中：x_t 为 t 时刻的交通流；$\widetilde{x}_i$ 为 t 时刻交通流的预测值；N 为样本数量。

7.5.4 实验结果分析

本节对2017年9月18日至24日一周的交通流进行了预测,为了更好地分析融合时空特征与注意力机制的SSA－CNN－GRUAT模型的预测效果,将其与基于空间特征的SSA－CNN预测模型、基于时间特征不含注意力机制的SSA－GRU预测模型、基于时间特征带有注意力机制的SSA－GRUAT预测模型、基于时空融合不具有注意力机制的SSA－CNN－GRU预测模型作对比。图7.13展示了各模型对2017年9月24日的预测结果。

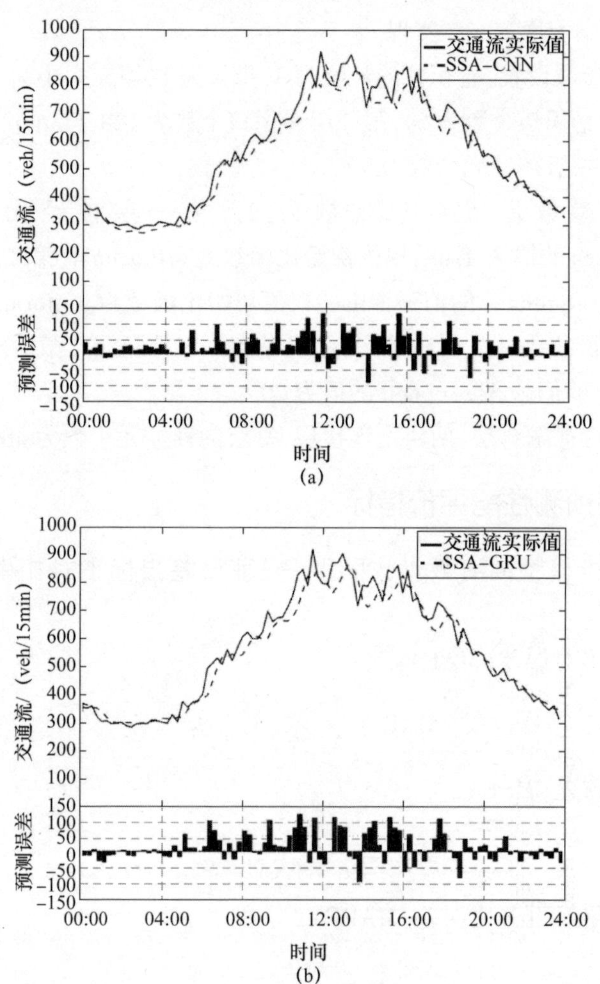

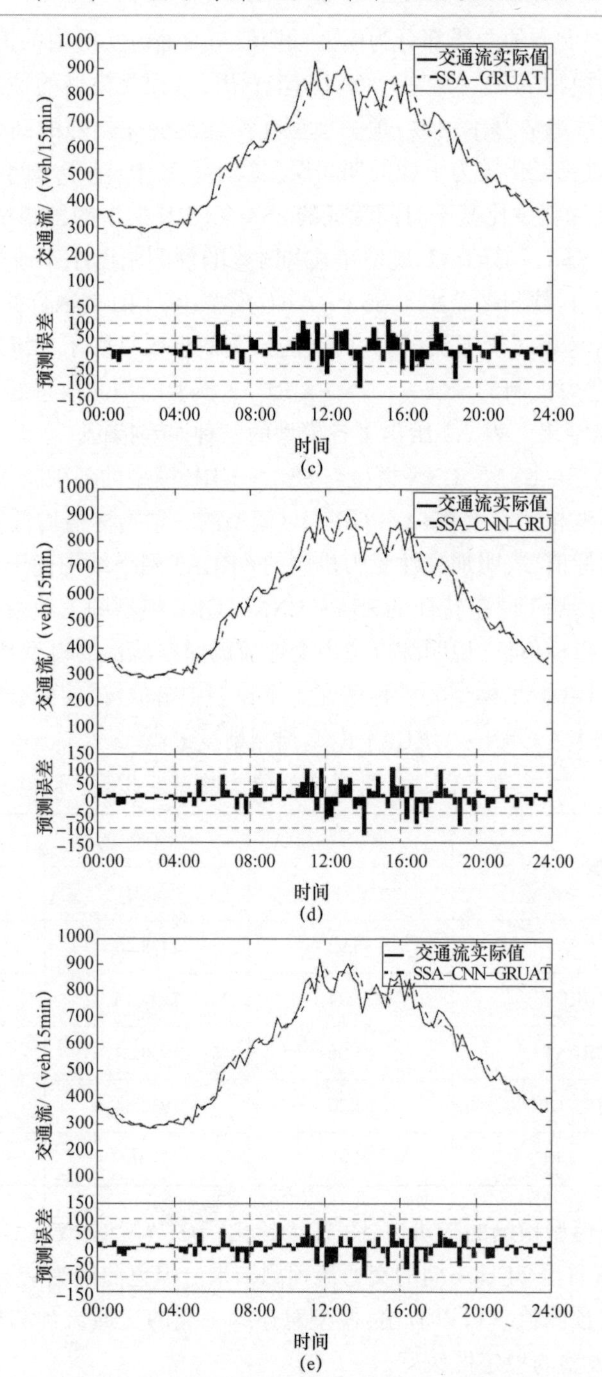

图7.13　各模型对2017年9月24日的预测结果

(a)SSA - CNN预测结果;(b)SSA - GRU预测结果;(c)SSA - GRUAT预测结果;
(d)SSA - CNN - GRU预测结果;(e)SSA - CNN - GRUAT预测结果。

图 7.13 中上方的曲线部分为模型预测值与交通流实际值的拟合曲线图,下方的柱状图为模型的预测误差。可以初步看出,各预测模型的预测值曲线与交通流实际值曲线趋势基本一致,预测模型在交通流变化剧烈的高峰期间误差较大,在其他交通流变化较为平稳的期间误差较小。其中,基于空间特征的 SSA - CNN 模型的预测精度比基于时间特征的 SSA - GRU 模型的预测精度要小;融入注意力机制的 SSA - GRUAT 模型在某些时刻的预测精度小于改进之前的预测精度,但整体上其预测误差小于 SSA - GRU 模型;基于时空融合的 SSA - CNN - GRU 模型综合考虑了交通流的时空特性,预测效果明显好于单维度的时空预测结果;具有注意力机制的 SSA - CNN - GRUAT 模型的预测效果好于 SSA - CNN - GRU 的预测结果。表 7.2 给出了各模型的三种误差指标。

从表 7.2 可知,SSA - CNN 模型与 SSA - GRU 模型的各项指标值比较接近,模型的预测精度相差不大;SSA - GRUAT 模型的三项指标值均低于 SSA - GRU 模型对应的指标值,表明加入注意力机制的 GRUAT 网络结构优于不含注意力机制的 GRU 结构;基于时空特征的 SSA - CNN - GRU 模型的三项指标值均比两种单特征模型的指标值低,说明综合考虑交通流的时空特性的模型预测精度较高;SSA - CNN - GRUAT 模型的指标值在五个模型中最低,说明融合时空特征与注意力机制的 SSA - CNN - GRUAT 模型预测精度最高。

表 7.2 各预测模型的三种误差指标

模型	评价		
	MAE	MSE	MAPE/%
SSA - CNN	36.92	2433.46	6.67
SSA - GRU	35.74	2225.16	6.64
SSA - GRUAT	33.36	1958.24	6.30
SSA - CNN - GRU	33.20	1932.54	6.07
SSA - CNN - GRUAT	30.47	1736	5.71

为了避免模型预测的随机性,图 7.14 给出了 SSA - CNN - GRUAT 模型对 2017 年 9 月 18 日至 24 日一周的交通流预测结果。黑色曲线为交通流实际值,红色曲线为模型预测值。可以看出,模型对连续一周的交通流预测均有很好的拟合效果,说明模型的稳定性较好。

综上所述,融合了注意力机制与时空特征信息的 SSA - CNN - GRUAT 交通流预测模型具有更高的预测精度,且具有较好的稳定性。

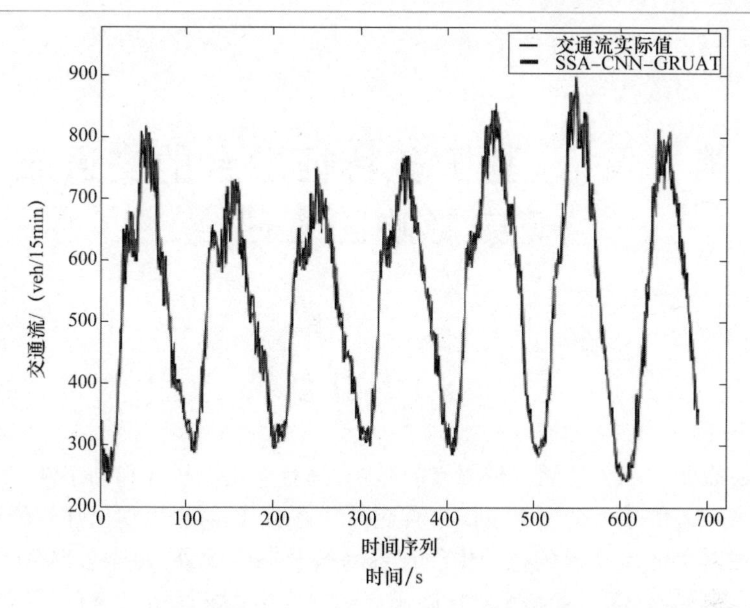

图 7.14　(见彩图)SSA - CNN - GRUAT 模型一周交通流预测结果

7.6　小结

本章从降噪方法与预测模型相结合的角度,提出了一种基于 SSA - CNN - GRUAT 的交通流预测模型。首先对 SSA 信号分解法的主要步骤进行了简要介绍;然后利用 SSA 分解原理对高速公路交通流进行了分解,得到交通流的趋势成分、周期成分与噪声成分,并对趋势成分与周期成分进行重构,滤除噪声成分;其次构建了高速公路交通流基于 CNN 的空间特征提取网络结构、基于 GRU 的时间特征提取网络结构,并在 GRU 网络结构基础上对其进行了改进,通过引入注意力机制,使网络能够重点关注 GRU 输出层对目标时刻交通流影响较大的特征项,增强了网络对时间特征的学习能力;最后在此基础上,构建了基于 SSA - CNN - GRUAT 的交通流预测模型,该模型综合考虑了交通流的时空特征,通过与多种模型的对比,结果表明,基于 SSA - CNN - GRUAT 的交通流预测模型预测精度最高,且具有较好的稳定性。

第8章　基于多特征融合的交通流复杂影响因素研究

8.1　引言

交通流变化趋势受到多种因素的影响,具有一定随机性和动态性,为交通流预测带来极大挑战。交通流不仅具有连续性特点,同时也表现出强烈的周期性,而后者在对交通流建模的过程中往往容易被忽略。此外,由于公路环境的开放性,交通流易受外部因素影响。在降雨、降雪、大雾等恶劣天气条件下,路面的能见度和附着系数大幅降低,限制了道路通行能力,对交通流造成影响。另外,在节假日,公众出行量极大增加,交通流也表现出了异于往常的变化。这些因素对交通流预测模型的鲁棒性产生直接影响,亟待进一步研究与分析。

深度学习是目前人工智能领域一个重要的研究方向,其以较少的先验知识学习更为复杂的层次化的抽象特征,在数据量巨大的情况下,依然可以取得良好的学习性能,在语音识别、图像识别及自然语言处理等领域已取得广泛的应用成果。近年来,随着深度神经网络的应用与发展,相关学者将更多的注意力放在了利用深度神经网络建立交通流预测模型上,如堆栈自编码网络(stacked autoencoders, SAE)、循环神经网络(recurrent neural networks,RNN),长短时记忆网络(long short - term memory, LSTM)等,并取得了良好的预测效果。然而,绝大多数深度学习模型适用于对一维特征进行分析,难以单独对二维特征甚至三维特征进行有效的分析。CNN的出现填补了这一空缺。

CNN是深度神经网络中一个重要的分支,受人类视觉皮层的启发,通过局部共享参数来提取有效特征表示,识别特征规律,目前已经在图像分类、目标跟踪、语义分割等多个领域,取得巨大成功。在智能交通领域,CNN以强大的空间邻域特征提取能力被应用于交通数据时空特征的提取。Ma等[42]将连续道路交通速度通过时空矩阵表示,利用CNN提取高维时空特征完成交通速度的预测。Zhang等[127]提出一种基于CNN和时空特征选择的交通流预测模型。Yu等[45]采用时空循环卷积网络来预测城市道路的交通速度,利用CNN提取交通网络中的空间特征,利用LSTM来学习时间特征。Hosseini等[128]针对交通流建立了时空图,将其直接作为 CNN 的输入提取其中时空特征并完成预测任务。以上研究表明,CNN 在学习交通数据方面具有出色的性能。然而以上研究多围绕交通流连续性时空特征展开,忽略了周期特征和外部影响因素,使模型在面对复杂影响因素时易出现预测偏差。

针对上述问题,本章提出了基于卷积神经网络和多特征融合的交通流预测模型(convolutional neural networks with multi - feature fusion,MF - CNN)。该模型融合多个时空特征和外部因素实现网络规模交通流预测,旨在解决交通流复杂影响因素整合问题,提高预测模型的鲁棒性和预测精度。首先,将交通流时间特征分为连续性、日周期性和周周期性,其中连续性代表交通流短时特征,日周期性和周周期性代表长时特征,将这 3 个时间特征分别与空间特征相结合构建交通流二维时空矩阵。其次,利用 CNN 从具有不同时间维度的时空矩阵中学习交通流高维时空特征。再次,增加逻辑回归层实现高维时空特征和外部因素的融合,完成交通流预测任务。最后,通过对比实验验证模型性能。

本章的组织结构如下:8.1 节引言;8.2 节介绍了现有对交通流特征的研究工作和卷积神经网络的理论基础;8.3 节详细介绍了 MF - CNN 模型及其各个组成部分;8.4 节通过实验对 MF - CNN 模型的性能进行分析,分析了多特征在交通流预测中的影响;8.5 节对本章内容进行了小结。

8.2　相关工作

8.2.1　交通流特征分析

在过去的几十年中,为了满足智能交通系统日益增长的需求,相关学者已经对交通流预测进行了大量的研究,其中也包含了大量对交通特征分析的研究。除了显著的时间连续性特征,交通流也表现出强烈的周期性特征,是城市生活中居民鲜明的通勤规律导致的。Williams 等[15] 首次将周期特性引入交通流预测中,提出了 SARIMA 模型,其结果表明考虑交通流的周期性特征可以提高预测精度。随着对交通流特征的不断研究,Jiang 等[129] 提出了一种用于分析交通流时间序列的 wavelet - packet - ACF 模型,并指出交通流呈现周期为 24h(1 天)的短周期,和周期为 168h(1 周)的长周期,在更长的时间段没有表现出明显周期性。Zhang 等[130] 通过频谱分析技术研究交通流数据,表明交通流呈现出强烈的日周期模式,并指出其有助于提高模型预测性能。这些研究从理论上验证了交通流周期性的存在。此外,恶劣天气、假期、周末等外部影响因素都会造成交通流的不确定性,从而极大地影响交通流变化模式。通常恶劣天气,如降雨、降雪、大雾等,会造成行车速度的减慢和交通流的积累,严重的情况下,甚至会引起交通事故。Koesdwiady 等[131] 和 Jia 等[132] 指出融合天气因素的预测模型可以提高交通预测的鲁棒性。同时,Bao 等[133] 研究了公共休息日交通拥堵问题及高速公路免收费政策对交通带来的影响。由于传统的公众出行习惯,节假日和普通工作日往往表现出不同的交通模式。

本章将综合考虑交通流的内部影响因素的连续性和周期特性,以及外部因素天气条件和节假日因素,建立鲁棒的、能够适应复杂交通变化因素的交通流预测模型。

8.2.2 交通流时空特征表示

通常可以将表示交通数据时空特征的方法分为三类:① 向量表示(vector)。一维时间向量、空间向量及其组合常用于单路段交通预测任务中[134-135]。② 矩阵表示(Matrice)。二维 OD 矩阵和时空矩阵是两种典型的代表。前者通常用于反映交通变量从一个地方到另一个地方的转移,而后者则是时间和空间变量的直观表示,它们都被广泛应用于表示交通网络中显著的时空特征[42,136]。③ 张量表示(Tensor)。三维张量是对交通数据更复杂的表示方式,并且张量中的每个维度根据需要有不同的定义[137-138]。本章将通过二维时空矩阵表示交通流时空特征,以作为模型下一步分析预测的基础。

8.2.3 卷积神经网络

CNN 模型是一种前馈神经网络,通过局部感知技术提取数据中有效特征表示。1989—1998 年,LeCun 等[139] 针对手写体识别提出 LeNet - 5 是最早的 CNN 模型,奠定了此后 CNN 模型的框架结构。CNN 模型与传统模型的不同点在于其可以直接将二维或三维表征数据输入模型中,而不需要其他复杂的预处理。CNN 模型包含一维 CNN 模型、二维 CNN 模型和三维 CNN 模型,其中,一维 CNN 模型适用于一维特征向量分析,如语音序列、文本序列、时间序列等序列问题分析;二维 CNN 模型适用于二维特征矩阵分析,广泛应用于图像处理领域;三维 CNN 模型适用于三维张量特征分析,如医学影像分析。

CNN模型在交通预测任务中具有以下三个方面的优势。①强大的局部特征提取能力。CNN 可以通过局部感知隐式地学习交通流的潜在高维空间特征,避免显式的时空特征提取。② 权重共享机制。交通流的时空相关性不仅表现在单一路段上,而且反映在整个交通路网中,这些道路具有相似的特性。权重共享意味着可以使交通网络中的每条单独路段重复用从整个路网中学习到的特征。此外,权重共享减少了权重数量,使网络易优化,降低了过拟合的风险。③ 高度可扩展性。CNN 模型可以使用反向传播算法来学习网络参数，这有助于 CNN 模型和传统神经网络相结合以用于学习更加复杂的特征表示。

CNN 模型的基本结构如图 8.1 所示，由输入层和输出层以及多个隐层组成。隐层通常由卷积层、池化层和全连接层组成。卷积层利用卷积核通过滑动窗口从输入数据中提取局部特征，实现特征映射和共享权重，减少训练参数。卷积操作按如下方式计算得到特征图：

$$\boldsymbol{h}_{i,j,k} = f(\boldsymbol{W}_k^{\mathrm{T}}\boldsymbol{x}_{i,j} + \boldsymbol{b}_k) \tag{8.1}$$

式中：i, j 为特征图中的像素索引；k 为索引特征图的通道；f 为激活函数；$\boldsymbol{x}_{i,j}$ 为以 (i, j) 位置为中心的输入模块；$\boldsymbol{h}_{i,j,k}$ 为在第 k 个通道的特征图中位置 (i, j) 上的输出；$\boldsymbol{W}_k$ 和 $\boldsymbol{b}_k$ 分别为权重和偏置。

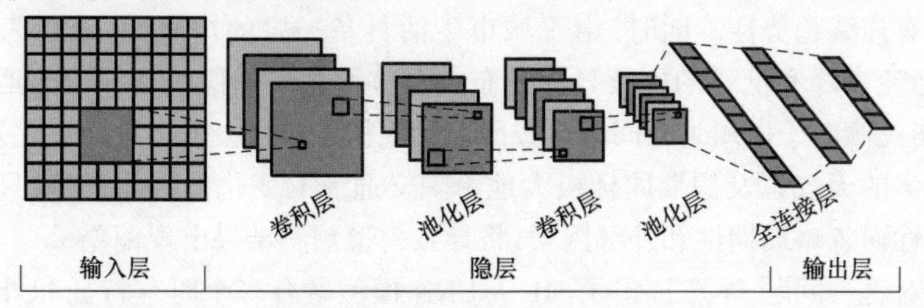

图 8.1　CNN 模型的基本结构

池化层压缩从卷积层传递的特征映射，起到降维的作用，进一步简化计算复杂性。常用的方法是选取局部区域的平均值或最大值。令 down 代表池化操作，特征图可以进一步表示为

$$\boldsymbol{S}_k = \mathrm{down}(\boldsymbol{H}_k) \tag{8.2}$$

式中：$\boldsymbol{H}_k$ 为卷积运算中第 k 个通道的特征映射；$\boldsymbol{S}_k$ 为池化结果。

原始数据在经过卷积和池化的连续操作之后，得到高维特征张量 $\boldsymbol{S}$。将学得的特征张量通过展平（flatten）和合并（merge）操作转换为特征向量。全连接层用于连接向量中的所有高维特征，并通过反向传播算法优化模型参数完成预测任务，过程如下：

$$\boldsymbol{o} = g(\boldsymbol{w} * \mathrm{merge}(\mathrm{flatten}(\boldsymbol{S})) + \boldsymbol{b}) \tag{8.3}$$

式中：$\boldsymbol{o}$ 为输出；g 为激活函数。

本质上，CNN 模型通过训练学习输入和输出之间的映射关系，而不需要任何先验知识。对于本章工作，CNN 是所提出的 MF－CNN 模型的基础，本章将结合交通流的多特征来完成预测任务。

8.3 基于卷积神经网络和多特征融合的交通流预测模型

本节提出了 MF - CNN 模型以捕获交通流中的多个时空特征,并融合外部因素完成交通流预测任务。首先,阐述了 MF - CNN 模型框架;其次,详细介绍了基于多特征融合的交通流数据表示方法;最后,对交通流的特征提取和预测方法进行了说明。

8.3.1 MF - CNN 模型框架

交通流时空特征为预测模型提供了重要信息。经观测发现,交通流表现出了明显的时间连续性、日周期性和周周期性。在一段时间内连续观测的交通流数据具有连续趋势性。同时,由于城市生活具备一定的规律性,以日为时间单位,交通流高峰和低谷的连续日均分布在总体上表现平稳。这种情况延续到每一周,居民倾向于以周为时间单位按照通勤规律参与社会工作活动。此外,适宜的或恶劣的天气以及假期同样极大地影响交通流的变化。因此,如果只考虑时间连续性而忽略周期性和外部因素,将导致模型预测结果出现偏差。

针对这一问题,本章提出了 MF - CNN 模型融合多个时空特征和外部因素预测交通网络多路段交通流。图 8.2 所示为 MF - CNN 模型框架。首先,为了表示不同的时空特征,连续道路中的交通流被转换为三个时空二维矩阵,分别表示

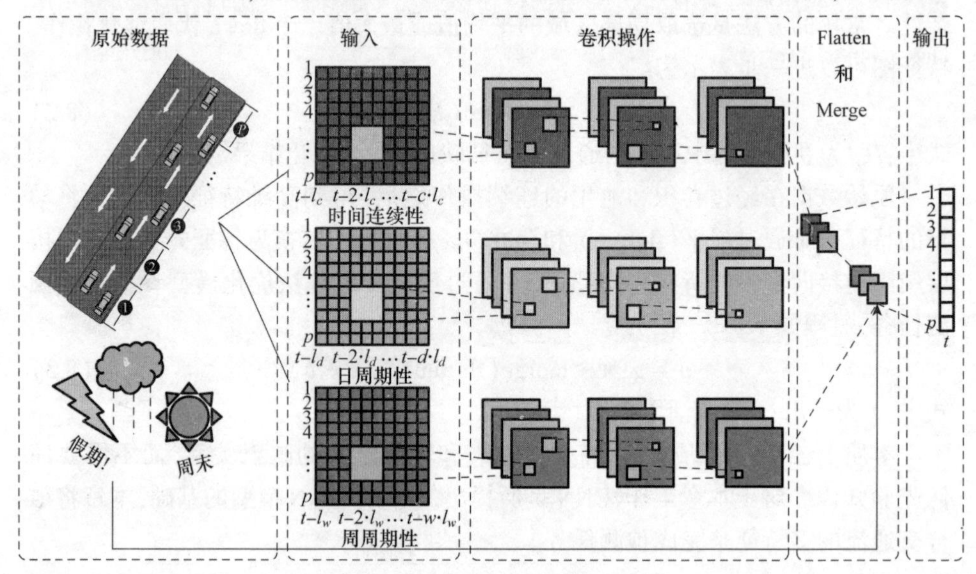

图 8.2 MF - CNN 模型框架

连续性时空特征、日周期性时空特征和周周期性时空特征，它们共享相同的空间维度和不同的时间维度作为 MF - CNN 模型的输入。其次，应用具有不同结构的三个 CNN 从三个时空矩阵中提取潜在的高维时空特征。最后，增加逻辑回归层连接 CNN 提取的高维时空特征以及外部特征，完成交通流预测，得到输出结果。逻辑回归结构可以自适应学习特征融合参数，避免了多个特征融合过程中复杂的权重选择工作。

8.3.2　交通数据表示

在本节研究中，所要预测目标为连续交通路网 p 个路段在时间点 t 的交通流，在图 8.3(a) 中，表示为 $(y_t^1, y_t^2, \cdots, y_t^p)^{\mathrm{T}}$。具体来说，模型的输入为 p 个连续路段在 n 个历史时间步长的交通流量，模型的输出为 p 个路段在时间点 t 的交通流量。统计 n 个步长的历史数据，得到二维时空矩阵 $\boldsymbol{X}$：

$$\boldsymbol{X} = \begin{pmatrix} y_{(t-n)}^1 & y_{(t-n+1)}^1 & \cdots & y_{(t-1)}^1 \\ y_{(t-n)}^2 & y_{(t-n+1)}^2 & \cdots & y_{(t-1)}^2 \\ \vdots & \vdots & & \vdots \\ y_{(t-n)}^p & y_{(t-n+1)}^p & \cdots & y_{(t-1)}^p \end{pmatrix} \tag{8.4}$$

图 8.3(b) 所示为交通流矩阵。其中，x 轴表示时间，每行代表特定空间位置上的连续历史时间序列。y 轴表示空间，每列表示特定时间点的邻近道路的历史空间序列。路段 p 在时刻 t 的元素代表与此特定时间点和空间位置相关的交通流量值。例如，位置 $(t-1, p)$ 的值 108 表示在时间点 $t-1$ 的固定时间间隔内(如 5min、15min) 共有 108 辆车经过道路 p。

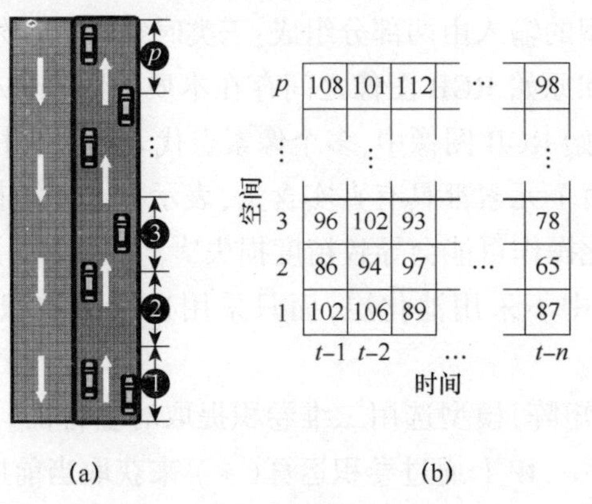

图 8.3　交通流数据表示

(a) 路段；(b) 交通流矩阵。

将上述表示扩展到三个由时间和空间构成的二维时空矩阵，分别模拟交通流连续性时空特征、日周期性时空特征和周周期性时空特征，作为模型的输入。如图 8.4 所示，其中，t 表示预测时间点，p 表示连续预测路段，c 表示连续时间序列数，d 和 w 表示周期性模拟的连续天数和周数。l_c 是连续时间间隔，l_d 和 l_w 分别表示日时间间隔和周时间间隔。交通流的时间相关性和空间相关性可以相应地反映在这三类时空矩阵中，使模型可以同时学习远近的时间特征和空间特征，提高模型预测精度。

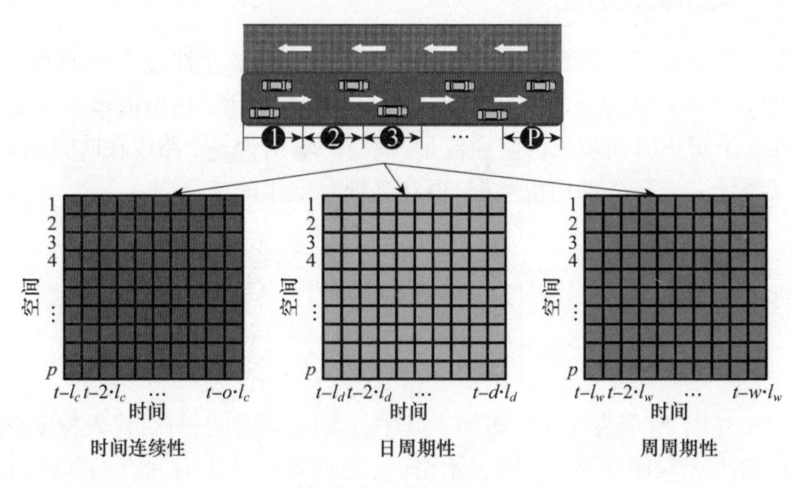

图 8.4　时空特征输入

8.3.3　交通流预测

MF - CNN 模型的输入由两部分组成：三类时空特征和外部因素。值得注意的是，交通流矩阵和原始 RGB 图像之间存在本质的区别，交通流矩阵具有较小的数据冗余。在原始 RGB 图像中，多个像素点代表相似或相同的特征信息。而在交通流矩阵中，每个元素都具有真实含义，表示在 t 时刻道路 p 的交通流量。一些研究表明，池化操作可能会导致精度损失[125,140]。为了避免这种情况发生，在 MF - CNN 模型中不采用池化层，而只采用连续的卷积层来提取每类时空特征。

针对二维特征矩阵，模型选用二维卷积提取时空特征。每层输入由 n 个二维卷积核$\{\boldsymbol{W}_1, \boldsymbol{W}_2, \cdots, \boldsymbol{W}_n\}$通过卷积运算（$*$）来获取当前层的特征映射：

$$F = \{f_1, f_2, \cdots, f_n\} = O(\boldsymbol{X} * \{\boldsymbol{W}_1, \boldsymbol{W}_2, \cdots, \boldsymbol{W}_n\}) \tag{8.5}$$

式中：O 为非线性激活函数，通常选用 ReLU 函数，其定义为 $O(x) = \max(0, x)$，它是在 CNN 模型中使用最广泛的激活函数。应用 padding 模式在原矩阵维度基础上填充零元素，以使输入和输出在卷积操作中具有相同的大小，从而保留更多特征信息。

通过三个卷积神经网络的卷积运算，模型将获得三类高维时空特征，如图 8.5 所示。每类提取的特征将被平展为固定维度的特征向量。包括天气条件、温度、风力、假期和周末在内的外部因素同样被转换为固定维度的外部因素特征向量。逻辑回归层用于将三个时空特征向量与外部因素向量通过训练的方式融合在一起，得到最终预测结果，从而避免多个特征融合的权重分配问题。

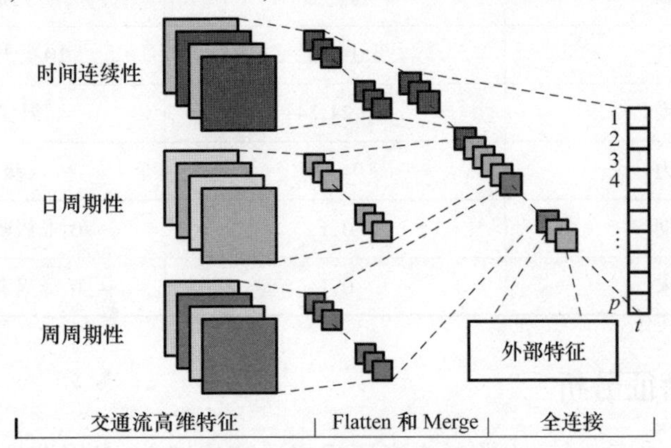

图 8.5　特征融合与输出层结构

在 MF - CNN 模型的训练过程中，通过最小化目标函数训练模型权重参数，目标函数通常是预测值和真实值之间的均方误差（mean squared error，MSE）：

$$\min_{\theta}\frac{1}{N}\sum_{i=1}^{N}\|X_i-\hat{X}_i\|_2^2 \tag{8.6}$$

式中：N 为样本数量；X_i 为实际值；$\hat{X}_i$ 为预测值；$\theta=\{\boldsymbol{W},\boldsymbol{b}\}$，$\boldsymbol{W}$ 为连接相邻隐层之间的特征权重；$\boldsymbol{b}$ 为每层的偏置。

8.4　实验与分析

本节主要对 MF - CNN 模型进行了实验与分析，首先介绍了模型所用的两个真实数据集。其次，分析了不同特征影响下交通流模式。再次，给出了实验参数设置。最后对模型准确率、执行效率及多特征影响进行了对比实验分析。

8.4.1　数据集

本章采用2017年1月1日到7月31日珲乌高速吉林段共18个连续的高速公

路收费站出口流量数据，以及2018年1月1日到8月5日美国加利福尼亚州SR4 - W高速路上从西向东的连续20个道路探测器采集的交通流量数据作为研究对象。将交通流按照每15min汇总一次。对于每个数据集，90%的数据作为训练数据，剩余的10%选择作为测试数据。表8.1描述了研究中所用的外部特征。

表8.1 外部特征描述

特征	特征值	描述
天气	0 ~ 9	10类天气情况
温度	[-24,34]	温度区间
风力	0 ~ 3	4级风力
假期	0,1	0:非假期;1:假期
周末	0,1	0:非周末;1:周末

8.4.2 多特征分析

根据实际交通数据，小节对本章所提交通流连续性、日周期性、周周期性以及天气和节假日因素进行分析。

图8.6(a)所示为JPEA数据集上在2017年7月1日12:00—16:00每隔15minK486路段交通流变化趋势。可以看出，短期时间序列中的交通流呈现出连续交通状态，在相同外因环境下，具有稳定的趋势。

图8.6(b)描绘了2017年5月15日到5月21日连续7天在所有时间间隔内的交通流变化趋势。该图中显示，交通流的峰值和谷值在同一路段的不同日期内，通常在相似的时段出现并保持基本稳定。连续7天交通流变化表现出相似趋势，表明交通流的日周期性。

图8.6(c)显示了2017年3月至7月每周三上午11:45至中午12:00的交通流变化趋势。可见，交通流在连续周的同一天的相同时段也显示出一定的连续变化趋势，具有一定的相似特征，表明交通流的周周期性。然而，周周期性的趋势并不总是稳定的。在图8.6(c)中，五一劳动节期间，5月的交通流量达到了局部峰值。此外，6月和7月，随着气候逐渐升温，公众出行量增加，交通流呈现波动的趋势。总体而言，整体趋势呈上升态势。

时间特征在整个交通网络的每条道路中表现出相似的趋势，均表现出连续性、日周期性和周周期性。它们为交通流预测提供了重要特征信息。

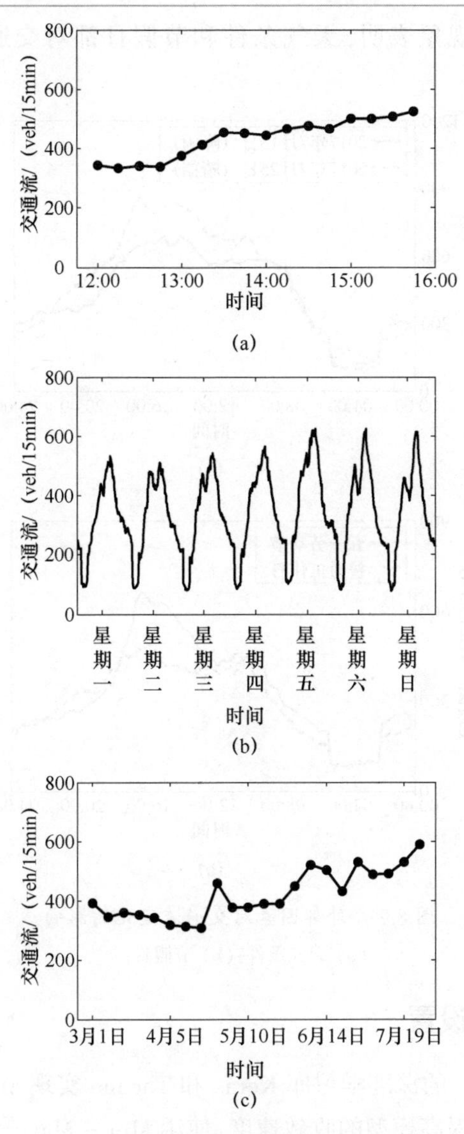

图8.6　交通流时间特征分析

(a)时间连续性；(b)日周期性；(c)周周期性。

图8.7(a)描绘了天气因素对交通流变化造成的影响，其为7月13日降雨天气条件和7月25日晴朗天气条件下交通流在一天全部时段的变化差异。可以看出，降雨对交通流的变化造成极大的影响，相比晴朗天气条件，峰值显著下降。

图8.7(b)描绘了5月1日劳动节当天和5月15日普通工作日全部时段的交通流变化趋势。与普通工作日相比，节假日公众出行量增加，交通流在峰值变化

上更加突出。这些现象表明,天气条件和节假日都对交通流的变化有很大影响。

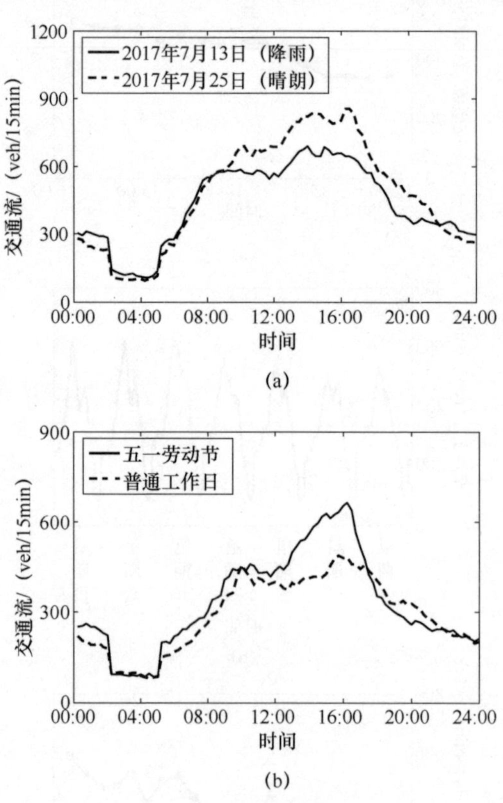

图 8.7 外部因素对交通流变化的影响
(a) 天气条件;(b) 节假日。

8.4.3 实验参数设置

本节利用 Python 的深度学习库 Keras 和 Theano 实现 MF - CNN 模型的构建。对于输入,为了提高模型的收敛速度,使用 Min - Max 归一化方法将数据归一化到[0,1] 区间。sigmoid 激活函数应用于输出层。对于时间连续性、日周期性和周周期性组成的三个时空特征,分别采用包含 3 个卷积层的卷积神经网络学习高维特征。在这种情况下,时间连续性和日周期性的卷积神经网络各层分别使用64 个、32 个和 16 个大小为 3 × 3 的卷积核;周周期性网络各层分别使用 64 个、32 个和 16 个大小为 2 × 2 的卷积核。对于每个卷积层,激活函数是 ReLU。Batch size 为 512。应用早停机制监督模型的训练过程。损失函数是 MSE。对于外部因素,通过 one - hot 编码将天气条件、风力、假期和周末转换为二进制向量,并使用 Min - Max 归一化方法将温度归一化到[0,1] 区间。模型迭代次数设置为 100 次。

对于 MF - CNN 模型中的超参数,时间间隔 l_c 设置为 15min,日周期和周周期的长度 l_d 和 l_w 分别为 96(一天) 和 672(一周)。对于时间连续性,日周期性和连周周期性的特征矩阵的时间维度,从 4、8、12、16、20、24、28、32 中选择 c,5、6、7 中选择 d 和 1、2、3 中选择 w。在单独执行每个集合的超参数之后,获得最佳结构,其中 c 设置为 8(8 个相邻时间间隔),d 设置为 7(连续 7 天),w 设置为 2(连续 2 周)。

为了验证所提模型的有效性,本章将传统神经网络 ANN 模型和 4 个深度学习神经网络 SAE[49] 模型、CNN[42] 模型、LSTM[141] 模型和 CLSTM[45] 模型作为参照模型:

(1) ANN 参数设置:提取 8 个时间间隔和 4 个相邻道路的交通流作为模型时空特征的输入。神经网络结构包含 3 个隐层,每层 400 个神经元,通过梯度下降法进行训练。

(2)SAE 参数设置:与 ANN 的输入一样,由 3 个自编码网络组成,每层有 400 个神经元。

(3)CNN 参数设置:网络结构包含 3 个卷积层,分别使用 64 个、32 个和 16 个大小为 3 × 3 的卷积核,这里仅考虑时间连续性时空特征作为输入。

(4)LSTM 参数设置:LSTM 是对循环神经网络(RNN) 的改进,适用于处理和预测时间序列相关问题。LSTM 的结构设置为一个隐层,含 500 个神经元。

(5)CLSTM 参数设置,CLSTM 是 CNN 和 LSTM 的组合。CNN 的结构设置为三个卷积层,其中每层使用 64 个大小为 3 × 3 卷积核,LSTM 设置为一个隐层,其中包含 100 个神经元。

通过三个性能指标度量模型的有效性,分别是平均绝对误差(MAE)、均方根误差(RMSE) 和平均绝对百分比误差(MAPE)。它们分别被定义为

$$\mathrm{MAE} = \frac{1}{N}\sum_{i=1}^{N} | x_i - \tilde{x}_i | \tag{8.7}$$

$$\mathrm{RMSE} = \sqrt{\frac{1}{N}\sum_{i=1}^{N} (x_i - \tilde{x}_i)^2} \tag{8.8}$$

$$\mathrm{MAPE} = \frac{1}{N}\sum_{i=1}^{N} \frac{| x_i - \tilde{x}_i |}{X_i} \times 100\% \tag{8.9}$$

式中:x_i 和 $\tilde{x}_i$ 分别为实际值和预测值;N 为样本数量。三个指标的值越小表示预

测结果越接近实际值。每个模型重复10次，计算各自的平均性能指标。

8.4.4 实验结果分析

本节主要将MF－CNN模型、ANN模型、SAE模型、CNN模型、LSTM模型以及CLSTM模型应用到JPEA和PeMS两个数据集上进行有效性和效率的对比实验。同时对模型在不同特征组合的条件下，在这两个数据集上对其性能进行实验与分析。

1.模型有效性分析

MF－CNN模型及对比模型在JPEA数据集和PeMS数据集上的交通流预测结果如表8.2所列。

表8.2 不同模型在交通流预测中的性能比较

数据集	JPEA			PeMS		
模型	MAE	MAPE/%	RMSE	MAE	MAPE/%	RMSE
ANN	0.0118	15.03	0.0130	0.0323	8.98	0.0447
SAE	0.0111	14.34	0.0155	0.0292	8.65	0.0411
CNN	0.0107	14.11	0.0159	0.0280	8.61	0.0417
LSTM	0.0121	14.67	0.0165	0.0374	11.64	0.0524
CLSTM	0.0101	13.31	0.0148	**0.0249**	**8.15**	**0.0389**
MF－CNN	**0.0096**	**13.27**	**0.0145**	0.0254	8.23	0.0392

可以观察到，在JPEA数据集上，MF－CNN模型在三个指标上取得最小的误差值，在预测性能上优于其他五个基准模型。MF－CNN模型在MAE、MAPE和RMSE三个性能指标上最高分别减少了20.66%、11.71%和12.12%，最低分别减少了4.95%、0.30%和2.03%。在PeMS数据集上，CLSTM的表现更为突出。MF－CNN模型的误差值高于CLSTM模型，排名第二。CLSTM在三个性能指标上与MF－CNN模型相比分别降低了1.97%、0.97%和0.77%。在这两个数据集上，考虑路网时空特征的MF－CNN模型的训练结果优于单路段预测模型ANN、SAE和LSTM，验证了考虑路网全局特征在交通流预测中能够共享更多的时空信息，从而提高预测性能。与考虑路网时空特征的交通预测模型CNN和CLSTM相比，MF－CNN优于考虑单一时空特征的CNN模型，在JPEA数据集上MAE、MAPE和RMSE分别减少了10.28%、5.95%和8.81%，在PeMS数据集上分别减

少了9.29%、4.41% 和 6.00%。这一结果验证了多特征融合预测模型的优势，它能够有效地降低模型预测误差，提高模型预测精度。在与 CLSTM 模型的比较中，MF－CNN 并没有取得绝对上的优势，但优于其他四个基准模型。总体结果表明，所提出的模型考虑多种潜在时空特征和交通流外部因素有利于提高模型预测性能。

图 8.8 描绘了 JPEA 数据集在 2018 年 8 月 4 日 K486 路段和 PeMS 数据集在 2017 年 7 月 31 日 401568 观测点的实际值与预测值对比结果。该图上方表示交通流实际值与预测值曲线；下方表示预测误差，即真实值和预测值之差。误差越接近中线，表明预测值与实际值越接近，模型预测性能越好。可以看出，各个模型的预测曲线与实际值变化趋势大体一致，在相对平稳趋势下误差值较小，而在趋势变化较大的波峰处误差较大。其中 MF－CNN 模型的预测误差相较于 ANN 模型、SAE 模型、CNN 模型、LSTM 模型要更小，而和 CLSTM 模型在误差和预测曲线趋势上比较接近。二者在两个数据集上的预测值与真实值更加接近，误差更小，在数据变化趋势较大时仍能够得到令人满意的预测效果，优于其他四个基准模型。

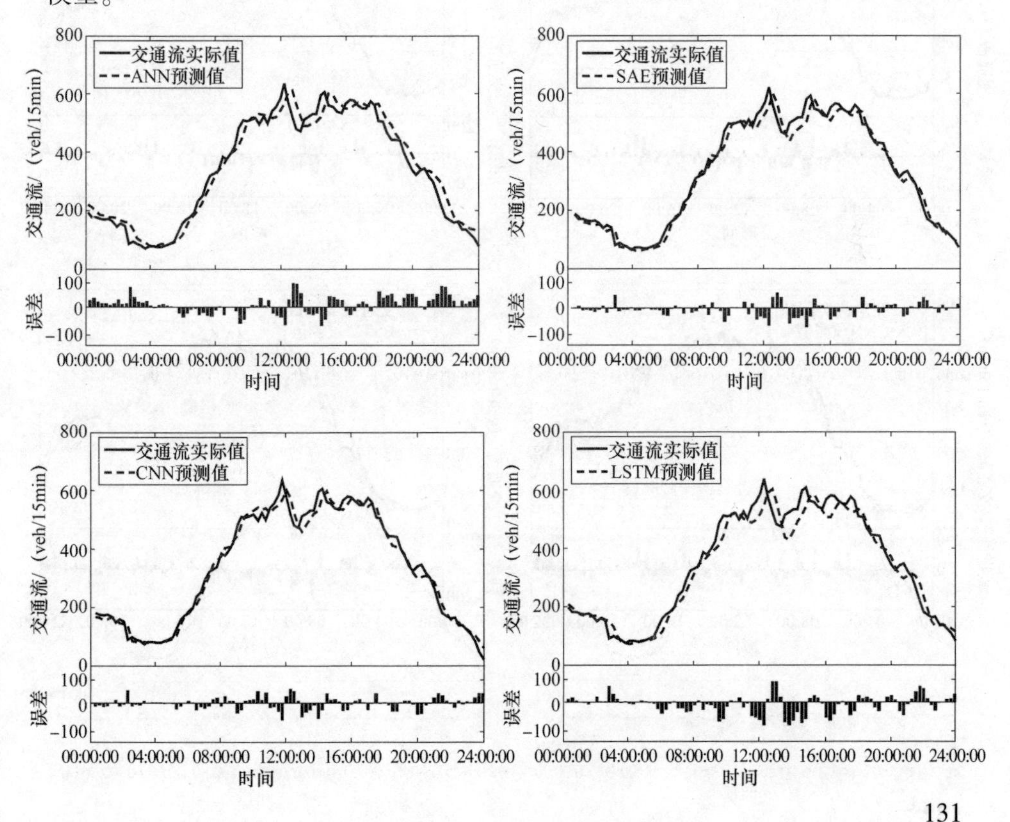

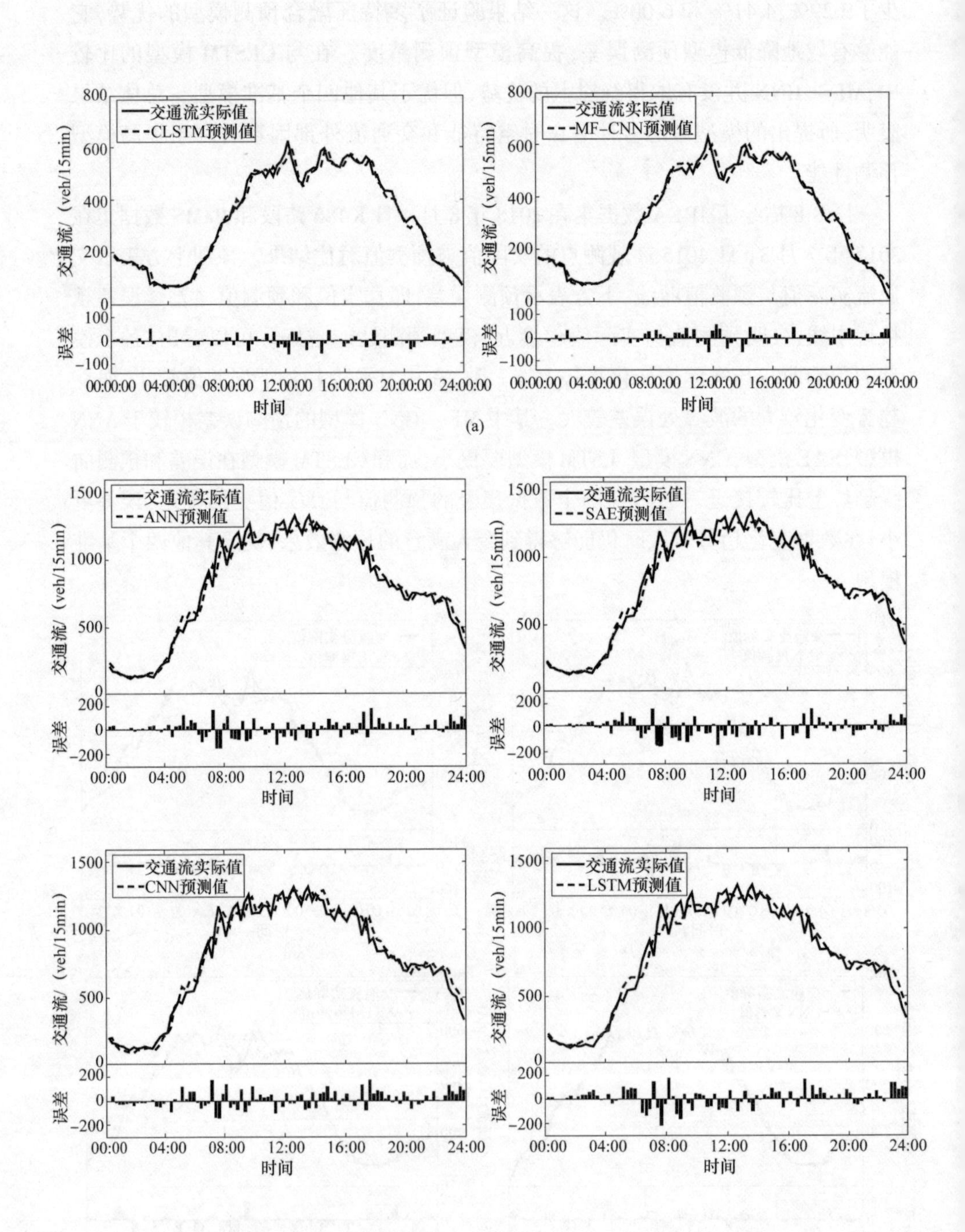
交通流实际值
CLSTM预测值
MF-CNN预测值
ANN预测值
SAE预测值
CNN预测值
LSTM预测值
交通流/（veh/15min）
误差
时间
(a)

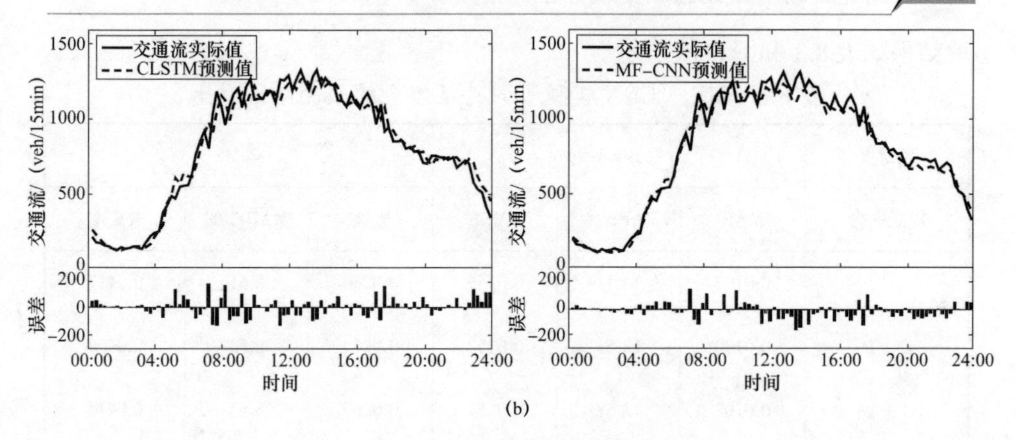

图 8.8　不同模型的预测结果

(a) JPEA 数据集;(b) PeMS 数据集。

2.模型执行效率对比

通过运行时间来衡量预测模型的效率,结果如图 8.9 所示。由于计算复杂性,MF - CNN 模型没有获得明显的优势,但其运行时间仍处于可接受的范围内。MF - CNN 模型训练花费的时间在 JPEA 数据集和 PeMS 数据集上均小于 CLSTM 模型。这是因为,MF - CNN 模型仅依赖 CNN 的特征提取能力,而 CLSTM 模型结合 LSTM 和 CNN 增加了模型的计算复杂度,并且随着深度的增加,训练变得更加困难。这表明 MF - CNN 模型可以在预测精度和效率之间达到平衡。

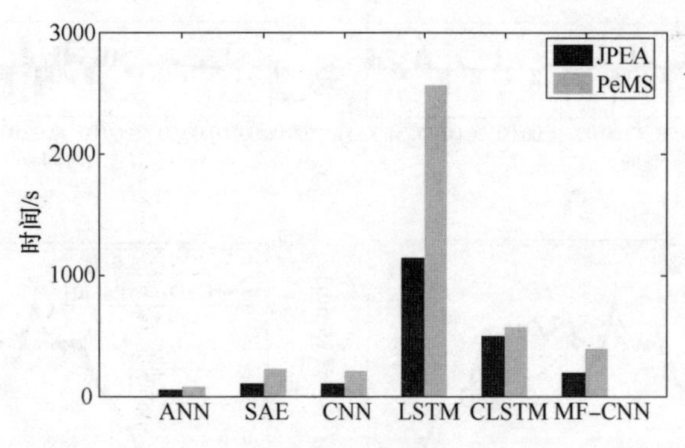

图 8.9　预测模型的效率对比

3.多特征的影响分析

为了分析不同特征对交通流预测的影响,将时间连续性(continuity,C)、日周期性(daily periodicity,D)、周周期性(weekly periodicity,W)和外部因素(external factors,E)进行组合应用到具有相同网络结构的 MF - CNN 模型中,实验结果如表 8.3 和图 8.10 所示。

表 8.3 MF - CNN 模型不同特征组合的预测结果对比

数据集	JPEA			PeMS		
特征融合	MAE	MAPE/%	RMSE	MAE	MAPE/%	RMSE
C	0.0107	14.11	0.0159	0.0280	8.61	0.0417
C + D	0.0100	13.51	0.0152	0.0264	8.52	0.0409
C + W	0.0102	13.58	0.0157	0.0267	8.63	0.0415
C + D + W	0.0098	13.42	0.0149	0.0257	8.28	0.0401
C + D + W + E	**0.0096**	**13.27**	**0.0145**	**0.0254**	**8.23**	**0.0392**

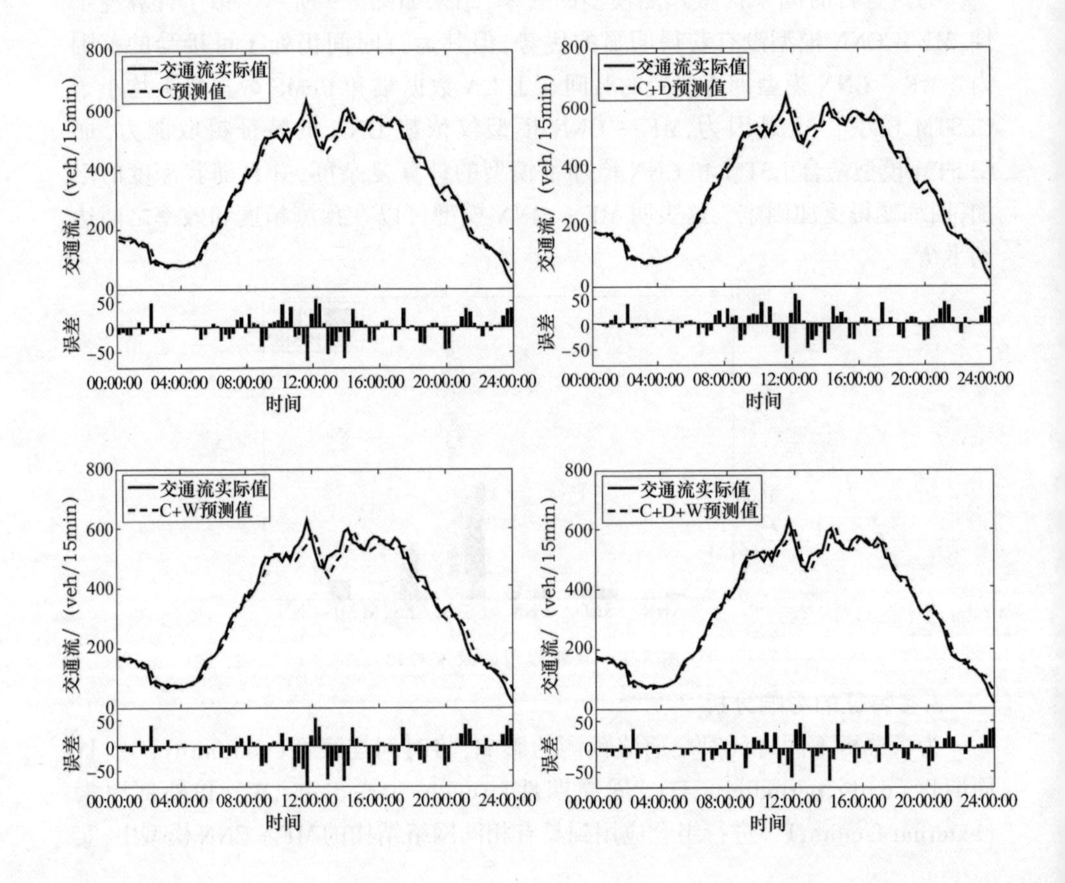

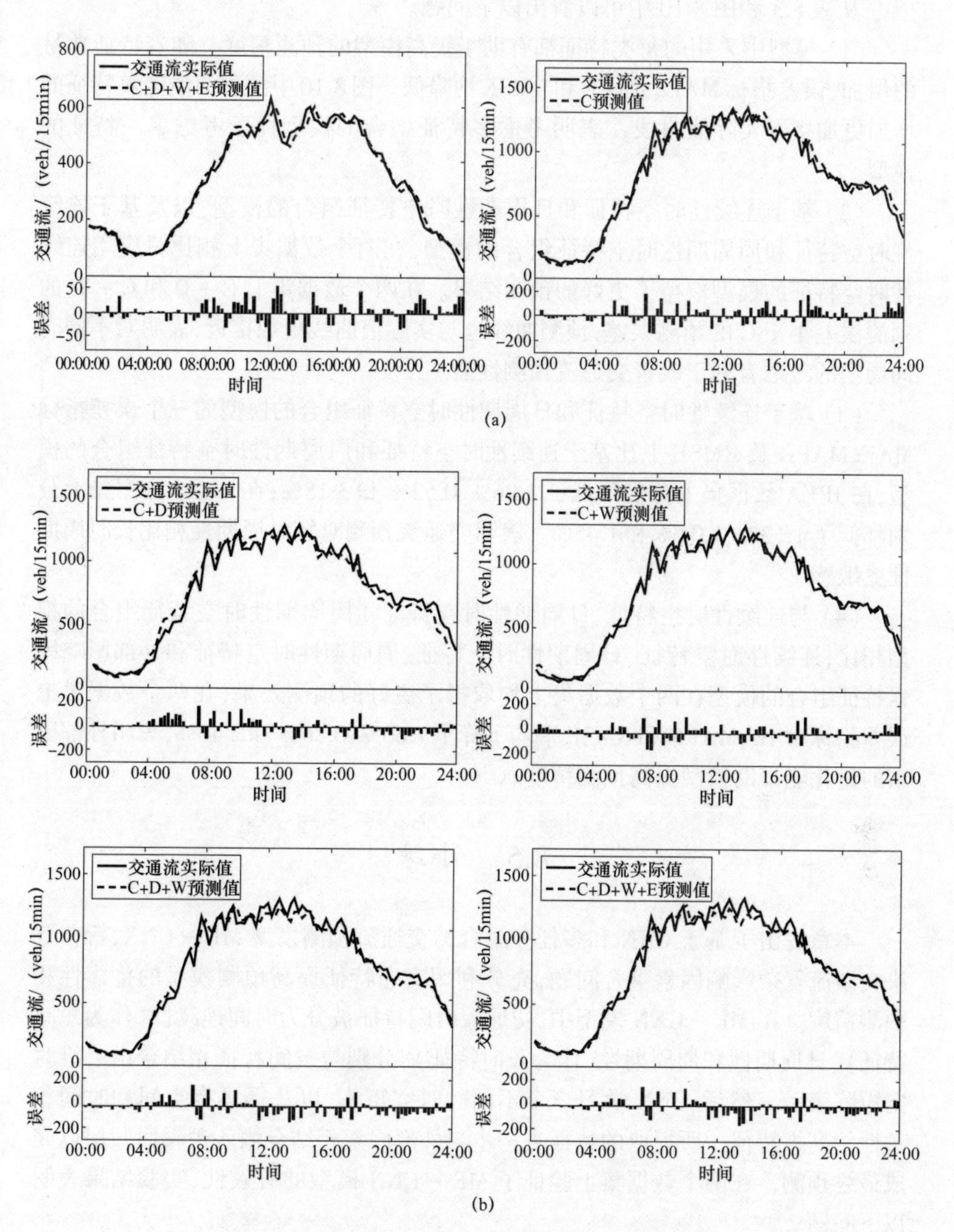

图 8.10　MF－CNN 模型不同特征组合的预测结果
(a) JPEA 数据集;(b) PeMS 数据集。

从表 8.3 和图 8.10 中可以看出以下问题。

(1) 模型中采用的每类特征都有助于提高模型的预测精度。随着特征数量的增加,误差指标 MAE、MAPE 和 RMSE 均降低。图 8.10 中预测曲线随着特征的增加更加接近实际值曲线。表明考虑多特征融合的模型优于考虑单一特征的模型。

(2) 基于连续性时空特征和日周期性时空特征组合的模型,以及基于连续性时空特征和周周期性时空特征组合的模型,在两个数据集上相比只应用连续性时空特征的模型取得了更好的预测结果。在两个数据集上 C + D 和 C + W 的预测误差小于 C 的预测误差,预测曲线也与实际值曲线更加接近,表明对不同时间周期的考虑有利于改善交通流预测性能。

(3) 基于连续性时空特征和日周期性时空特征组合的模型的三个误差指标 MAE、MAPE 及 RMSE 上比基于连续性时空特征和周周期性时空特征组合的模型,在 JPEA 数据集上分别降低了 1.96%、0.52% 和 3.18%;在 PeMS 数据集上分别降低了 1.12%、1.04% 和 1.45%。表明交通流预测对短时周期性相比长时周期性更敏感。

(4) 与连续性时空特征、日周期性时空特征和周周期性时空特征组合的模型相比,连续性时空特征、日周期性时空特征、周周期性时空特征和外部影响因素特征组合的模型在两个数据集上均取得了更好的预测效果,在两个数据集上误差指标 MAE、MAPE 和 RMSE 平均下降了 1.60%、0.86% 和 2.46%,表明外部因素的量化能帮助模型提高预测精度。

8.5 小结

本章提出了基于 CNN 和多任务融合的交通流预测模型 MF - CNN,旨在解决交通流复杂影响因素整合问题,充分利用交通特征提高预测模型的鲁棒性和预测精度。在 MF - CNN 模型中,交通流时间特征被分为时间连续性(作为短时特征)、日周期性和周周期性(作为长时特征),分别与空间特征相结合由二维时空矩阵表示。然后,CNN 学习三个不同的时空矩阵,以获得具有空间和时间相关性的高维特征。所提取的特征进一步与外部因素相结合输入逻辑回归层以完成最终预测。在两个数据集上验证了 MF - CNN 模型的有效性,实验结果表明以下问题。

(1) MF - CNN 模型在 JPEA 数据集上的表现优于 ANN 模型、SAE 模型、CNN 模型、LSTM 模型和 CLSTM 模型,在三个误差指标 MAE、MAPE 和 RMSE 上的最大降幅分别为 20.66%、11.71% 和 12.12%,而最小降幅分别为 4.95%、0.30%

和2.03%；在PeMS数据集上，CLSTM模型的表现更为突出，MF－CNN模型略逊于CLSTM模型，在MAE、MAPE和RMSE上分别相差1.97%、0.97%和0.77%。MF－CNN模型在两个数据集上的性能仍处于可接受的范围内，优于其他四种基线模型，表明了MF－CNN模型在交通流预测任务上的有效性和良好的泛化能力。

（2）根据运行时间评估模型效率，实验表明MF－CNN模型的执行效率在可接受的范围内。虽然MF－CNN模型的运行时间在5个基准模型中并不是用时最少的，但优于LSTM模型和CLSTM模型。因此，MF－CNN模型可以达到预测精度和效率之间的平衡。

（3）输入特征的选择和组合对预测性能有很大影响。研究结果表明，时间连续性时空特征对于模型精准预测贡献最大，日周期性对预测精度的影响大于周周期性，考虑外部因素的模型能够产生比仅具有时空相关性的模型更准确的预测结果。这些发现扩展并补充了交通流特征的研究。

第 9 章 基于动态特征选择的交通流预测方法研究

9.1 引言

在实际交通运行中,由于不同车型对天气条件、道路状况和交通环境等的适应能力不同,交通流变化程度各不相同。目前,高速公路交通流预测方面的研究集中在模型的改进与优化方面,交通流预测输入特征变量的选取大多数仍然停留在历史人为经验,忽视了对交通流预测模型输入特征变量筛选方面的研究。

最小二乘支持向量机(least squares support vector machine,LSSVM),是在标准的支持向量机基础上进行改进提出的一种人工智能方法[142]。通过引入二次损失函数将原来支持向量机的不等式约束转换成等式约束,将原来的不等式问题转换成线性方程组的等式求解问题。与标准的支持向量机相比,计算复杂度较低、运算速度较快;与神经网络预测模型相比更适用于小样本数据的预测。但在预测过程中,LSSVM 存在两个主要问题:一是核函数的选取;二是参数设置。Shang Qiang 等[143] 引入粒子群优化算法来优化组合核函数的 LSSVM 参数,并结合混沌理论对高速公路短时交通流进行预测;周建友等[144] 利用 RBF 核函数和多项式核函数构建混合核函数,并利用布谷鸟优化算法对混合核函数的 LSSVM 参数进行优化,构建预测模型;CongY 等[145] 选用果蝇优化算法对 LSSVM 预测模型参数进行优化,提出一种 FOA - LSSVM 交通流预测模型。

针对上述问题,构建高速公路交通流预测初始特征变量集,基于随机森林算法建立动态特征变量选择模型,分别筛选出对高速公路客货车交通流预测更加敏感的关键变量,构建高峰时段和平峰时段客货车交通流样本数据集,进而选取最小二乘支持向量机作为基础预测模型,选取 ploy 核函数、sigmoid 核函数和 RBF 核函数构建多核核函数。利用结合自适应加权因子、最优位置选取及差分进化思想改进的人工蜂群算法,对多核最小二乘支持向量机预测模型参数进行调优,提出基于 RF - IABC - MKLSSVM 高速公路短时交通流预测模型,分别对吉林省高速公路高峰时段和平峰时段客货车交通流进行预测,最后对客货车交通流预测值相加得出总的交通流预测值。

本章组织结构如下:9.1 节引言;9.2 节介绍了基于随机森林模型的动态特征变量选择;9.3 节构建了 RF - IABC - MKLSSVM 交通流预测模型;9.4 节通过对比实验在真实数据集上验证了 RF - IABC - MKLSSVM 模型的预测性能;9.5 节对本章内容进行了小结。

9.2　基于随机森林模型的动态特征变量选择

在高速公路交通流预测中,输入变量代表着不同信息对交通流的影响,变量的选取是构建交通流预测模型的基础,是进行精确、有效预测的基本依据。理论上说,变量选取得越多,涵盖交通流影响的信息越多,越能反映交通流的变化特征,但是实验结果表明并非如此。如果引入对交通流影响较小的变量因子,会造成信息的冗余,增加交通流预测的时间复杂度和模型复杂度,很多学者通过先前知识、统计分析和实验验证等手段进行反复的实验、总结筛选变量特征,带来了大量人力与物力的资源消耗。本章以第 3 章交通流数据特性分析为基础,构建初始特征变量集,选取随机森林算法建立交通流预测动态特征选择模型。

9.2.1　初始特征变量集构建

经济条件、政府政策以及人文地域对高速公路交通管理具有一定的制约作用,影响着高速公路交通流的变化;随着时间的先后顺序高速公路交通流连续排列,历史时段与当前时段时间距离越远交通流之间的相关性越弱;同一地点相同时刻不同星期, 高速公路交通流呈现相似的变化规律;高速公路路段之间相互影响、相互制约,上游路段交通状态的变化会直接影响当前路段交通状态进而影响交通流的变化,随着距离的增加路段之间的交通流相关性逐渐减弱;当前路段处于施工状态时,司机会选择绕行; 在恶劣天气条件下,人们会放弃外出或者放弃在高速公路上行驶,而在选择相对安全的交通方式,进而影响高速公路交通流的变化。为充分考虑高速公路交通流相关影响因素, 选取18个变量构建交通流预测的初始特征变量集,如表 9.1 所列。

表 9.1　高速公路交通流预测的初始特征变量集

序号	特征变量	特征变量描述	变量值
1	雨雪天气	晴天、小雨雪、中雨雪、大(阵) 雨、大雪	0、1、2、3、4
2	风力	≤3 级、3 ~ 4 级、4 ~ 5 级、5 ~ 6 级、≥6 级	0、1、2、3、4
3	道路路况	干燥、湿滑、冰雪覆盖	0、1、2
4	是否施工	是、否	0、1

续表

序号	特征变量	特征变量描述	变量值
5	$t-3$ 时刻交通流	前三个时刻交通流	实际交通流
6	$t-2$ 时刻交通流	前二个时刻交通流	实际交通流
7	$t-1$ 时刻交通流	前一个时刻交通流	实际交通流
8	$l-3$ 路段交通流	第三相邻上游路段交通流	实际交通流
9	$l-2$ 路段交通流	第二相邻上游路段交通流	实际交通流
10	$l-1$ 路段交通流	相邻上游路段交通流	实际交通流
11	$T-1$	以星期为单位前一个星期同一时刻交通流	实际交通流
12	$T-2$	以星期为单位前两个星期同一时刻交通流	实际交通流
13	$T-3$	以星期为单位前三个星期同一时刻交通流	实际交通流
14	$T'-1$	以天为单位前一天同一时刻交通流	实际交通流
15	$T'-2$	以天为单位前两天同一时刻交通流	实际交通流
16	$T'-3$	以天为单位前三天同一时刻交通流	实际交通流
17	工作日	是、否	1、0
18	季度	第1季度、第2季度、第3季度、第4季度	1、2、3、4

9.2.2 初始特征变量集定义

根据表9.1,对初始特征变量集向量进行定义如下：

$$\mathbf{Input} = \begin{bmatrix} X_{\text{weather}}, X_{\text{wind}}, X_{\text{con}}, X_{\text{work}}, X_{t-3}, X_{t-2}, X_{t-1}, \\ X_{l-3}, X_{l-2}, X_{l-1}, X_{T-1}, X_{T-2,} X_{T-3}, X_{T'-1}, \\ X_{T'-2}, X_{T'-3}, X_{\text{week}}, X_{\text{quarter}} \end{bmatrix}^{\mathrm{T}} \tag{9.1}$$

式中：X_{weather} 为天气因素；X_{wind} 为风力；X_{con} 为路况；X_{work} 为是否施工；X_{t-3} 为前三个时刻交通流；X_{t-2} 为前两个时刻交通流；X_{t-1} 为前一个时刻交通流；X_{l-3} 为上游第三相邻路段交通流；X_{l-2} 为上游第个二相邻路段交通流；X_{l-1} 为上游最近相邻路段交通流；X_{T-1} 为以星期为单位前一个星期同一时刻交通流；X_{T-2} 为以星期为单位前两星期同一时刻交通流；X_{T-3} 为以星期为单位前一星期同一时刻交通流；$X_{T'-1}$ 为以天为单位前一天同一时刻交通流；$X_{T'-2}$ 为以天为单位前两天同一时刻交通流；$X_{T'-3}$ 为以天为单位前三天同一时刻交通流；X_{week} 为工作日，X_{quarter} 为季度。

9.2.3 动态特征选择模型的构建

针对高速公路客货车交通流变化对各个特征变量敏感程度不同的问题，本章将随机森林特征变量选择的思想[146]引入高速公路交通流预测中。通过对袋外数据中各个特征变量增加噪声干扰,计算该变量产生的误差值,误差变化越大说明该变量对问题的处理越重要,因此对其特征变量重要性进行排序,进而筛选出对客货车高速公路交通流预测重要的输入特征变量,提出如图 9.1 所示基于随机森林的动态特征选择模型,详细步骤如下。

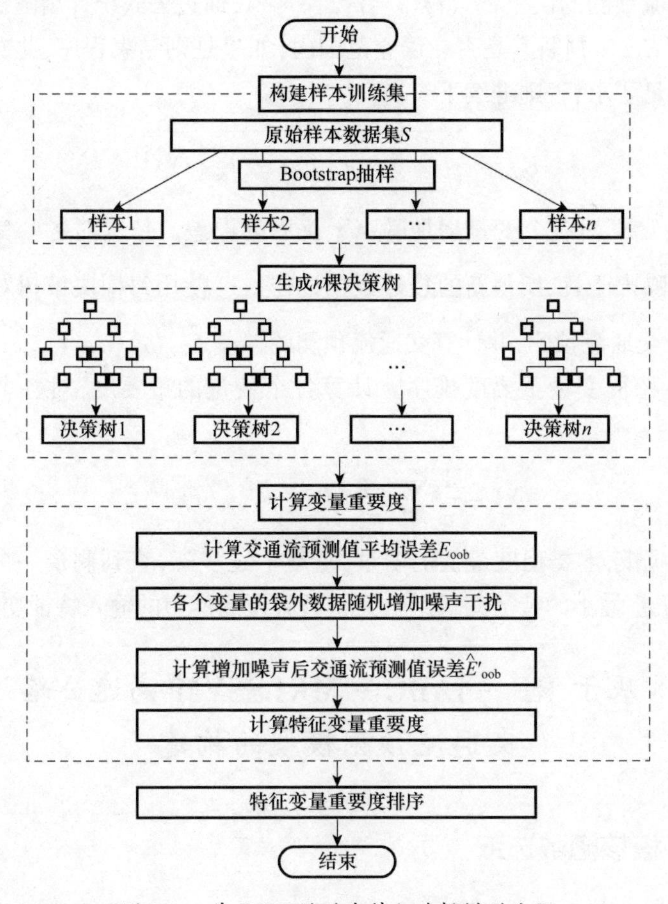

图 9.1　基于 RF 的动态特征选择模型流程

步骤 1:构建样本训练集。根据高速公路交通流预测初始特征变量集,构建初始样本训练集 X_{input},采用 Bootstrap 抽样技术分别从初始样本训练集 X_{input} 中随机地、有放回地抽取 n 个样本构成样本训练集X'_{input}。其中,原始训练集中没有被选中的大约 37% 样本数据,构成袋外数据集 X_{oob}。

步骤 2:随机抽取特征变量。在每棵树的每个节点处,从交通流预测初始变

量集中随机抽取 $k(k<19)$ 个变量，从 k 个变量中选择一个最优的变量进行节点分裂，每棵树都最大限度地自然生长，不剪枝。

步骤3：生成 n 棵决策树。根据步骤1所抽取的 n 个样本训练集，重复上述步骤 n 次，生成 n 棵决策树，组成随机森林 $f=\{T_1,T_2,T_3,\cdots,T_n\}$。

步骤4：计算平均误差。使用袋外数据 X_{oob} 分别计算随机森林模型中每棵决策树的交通流预测的误差 $E_{\text{oob}}(i)(i=1,2,\cdots,n)$，通过公式统计出随机森林的总体误差率为 E_{oob}。判断其是否在误差范围内，如果是则结束程序，此次输入特征变量组合满足要求；否则继续下一步：

$$E_{\text{oob}}=\sqrt{\frac{1}{n}\sum_{i=1}^{n}(u_{\text{real}}(i)-u_{\text{pre}}(i))^2} \tag{9.2}$$

步骤5：计算对各个变量增加噪声干扰后的误差。依次对各个变量袋外数据随机增加噪声干扰，所得新的袋外数据记作 $\hat{X}_{\text{oob}}$，使用每棵决策树对袋外数据 $\hat{X}_{\text{oob}}(i)$ 进行交通流预测，并计算交通流预测的误差 $\hat{E}_{\text{oob}}(i)(i=1,2,\cdots,n)$。

步骤6：特征变量重要度排序。计算各个变量的重要度，对各个变量进行排序：

$$\text{VI}=\frac{1}{n}\sum_{i=1}^{n}\left|\hat{E}_{\text{oob}}(i)-E_{\text{oob}}(i)\right| \tag{9.3}$$

步骤7：删除重要程度最低的变量，重复上述步骤，直到剩余一个输入特征变量，选取误差最小的特征变量组合为交通流预测模型的输入特征变量。

9.3 基于 RF－IABC－MKLSSVM 高速公路短时交通流预测模型的构建

9.3.1 多核核函数选取

筛选出对客货车较为敏感的特征变量之后，对交通流预测模型进行构建。在 LSSVM 预测模型中，为了提高非线性预测性能，引入核函数将输入的原始数据映射到高维空间中，解决了高维空间中内积运算带来的复杂度，把高维向量的内积转变成求低维内积的问题。LSSVM 中核函数主要包括局部核函数和全局核函数，局部核函数学习能力强，泛化能力弱；而全局核函数泛化能力强，学习能力弱。故选取泛化能力较强的 ploy 核函数、对未知样本具有较强泛化能力的 sigmoid 核函数及学习能力较强的 RBF 核函数，构建多核核函数：

$$K = \beta_{11} K_{\text{poly1}} + \beta_{12} K_{\text{poly2}} + \cdots + \beta_{1M_1} K_{\text{poly}M_1} + \beta_{21} K_{\text{sigmoid1}} + \beta_{22} K_{\text{sigmoid2}} + \cdots + \beta_{2M_2} K_{\text{sigmoid}M_2} + \beta_{31} K_{\text{RBF1}} + \beta_{32} K_{\text{RBF2}} + \cdots + \beta_{3M_3} K_{\text{RBF}M_3} \tag{9.4}$$

式中：$\beta_{11} + \beta_{12} + \cdots + \beta_{1M_1} + \beta_{21} + \beta_{22} + \cdots + \beta_{2M_2} + \beta_{31} + \beta_{32} + \cdots + \beta_{3M_3} = 1$；$K_{\text{poly}}$为多项式核函数；$K_{\text{sigmoid}}$ 为 sigmoid 函数；K_{RBF} 为径向基核函数；β_1,β_2,β_3 为单核核函数权重；M 为核函数的个数。

假设训练集样本为$\{(\boldsymbol{x}_i, y_i) \mid i = 1,2,\cdots,n\}$，$\boldsymbol{x}_i$ 表示输入特征变量组成的向量，y_i 表示目标交通流预测值。在单核核函数的LSSVM模型中，从输入$\boldsymbol{x}$到输出y的映射函数可以被参数化为

$$f(x) = \boldsymbol{w}^{\mathrm{T}} \varphi(\boldsymbol{x}) + \boldsymbol{b} \tag{9.5}$$

式中：$\boldsymbol{w}$，$\boldsymbol{b}$ 分别为权重向量和阈值；$\varphi(\boldsymbol{x})$ 为将输入空间映射到高维特征空间的非线性映射核函数，通过此函数的映射将复杂的非线性问题转换成简单的线性关系。

引入风险最小化原则求 $\boldsymbol{w}$ 和 $\boldsymbol{b}$，需要解决目标函数：

$$\begin{cases} \min J(\boldsymbol{w}, \boldsymbol{e}) = \dfrac{1}{2} \|\boldsymbol{w}\|^2 + \dfrac{1}{2}\gamma \sum\limits_{i=1}^{n} e_i^2 \\ \text{s.t.}\, y_i = \boldsymbol{w}^{\mathrm{T}} \varphi(\boldsymbol{x}_i) + \boldsymbol{b} + e_i \end{cases} \tag{9.6}$$

式中：e_i 为预测值与输出值之间的误差；γ 为惩罚参数，用来平衡模型复杂度和预测误差。为了解决全部的优化问题，引进了拉格朗日函数：

$$L(\boldsymbol{w}, \boldsymbol{b}, e_i, \alpha_i) = \frac{1}{2} w^2 + \frac{1}{2}\gamma \sum_{i=1}^{n} e_i^2 - \sum_{i=1}^{n} \alpha_i (\boldsymbol{w}^{\mathrm{T}} \varphi(\boldsymbol{x}_i) + \boldsymbol{b} - y_i + e_i) \tag{9.7}$$

式中：α_i 为拉格朗日乘子。分别对式中 $\boldsymbol{w}$、$\boldsymbol{b}$、e_i、α_i 求导可得：

$$\begin{cases} \dfrac{\partial L}{\partial \boldsymbol{w}} = \boldsymbol{w} - \sum\limits_{i=1}^{n} \alpha_i \varphi(\boldsymbol{x}_i) = 0 \\ \dfrac{\partial L}{\partial \boldsymbol{b}} = - \sum\limits_{i=1}^{n} \alpha_i = 0 \\ \dfrac{\partial L}{\partial e_i} = \gamma e_i - \alpha_i = 0 \\ \dfrac{\partial L}{\partial \alpha_i} = -(\boldsymbol{w}^{\mathrm{T}} \varphi(\boldsymbol{x}_i) + \boldsymbol{b} - y_i + e_i) = 0 \end{cases} \tag{9.8}$$

化解上述方程组，消去 $\boldsymbol{w}$ 和 e_i 解得

$$\begin{bmatrix} \boldsymbol{K} + \dfrac{L}{\gamma} & \boldsymbol{I} \\ \boldsymbol{I}^{\mathrm{T}} & 0 \end{bmatrix} \begin{pmatrix} \alpha \\ \boldsymbol{b} \end{pmatrix} = \begin{pmatrix} y \\ 0 \end{pmatrix} \tag{9.9}$$

式中：$\boldsymbol{K}$ 为元素为 $K_{ij}=K(\boldsymbol{x}_i,\boldsymbol{x}_j)=\boldsymbol{\varphi}(\boldsymbol{x}_i)^{\mathrm{T}}\boldsymbol{\varphi}(\boldsymbol{x}_j)$ 的 $n\times n$ 核矩阵；$\boldsymbol{I}$ 为单位矩阵。求式(9.9) 得最终预测函数：

$$f(x)=\sum_{i=1}^{n}\alpha_i K(\boldsymbol{x},\boldsymbol{x}_i)+\boldsymbol{b} \tag{9.10}$$

式中：$K(x,\boldsymbol{x}_i)$ 为核函数。根据上述推导过程，可知核函数权重、惩罚参数 γ 和核函数参数的确定对预测模型性能的提高起了决定作用，本章选取参数较少的人工蜂群算法对其参数组合进行优化。

9.3.2 改进的人工蜂群优化算法

人工蜂群算法(artificial bee colony, ABC) 是一种智能群体优化算法，通过模拟蜂群寻找蜜源的方法求问题最优解。在 D 维空间中，蜜源、雇佣蜂、跟随蜂各占种群规模 SN 的一半。首先对每个蜜源进行初始化，然后通过雇佣蜂、跟随蜂搜索策略来更新蜜源，当某个蜜源连续“limit” 代没有被更新时启动侦查蜂，寻求问题最优解[147]。但雇佣蜂和跟随蜂在搜索过程中，主要围绕领域蜜源进行搜索，随着进化的进行搜索区域逐渐减小，聚集在其中一部分区域，导致算法易陷入局部最优、收敛速度较慢的局面。对于标准的 ABC 算法，雇佣蜂和跟随蜂阶段采用领域搜索更新蜜源：

$$v_{ij}=x_{ij}+\varphi_{ij}(x_{ij}-x_{kj}) \tag{9.11}$$

式中：$i,k=1,2,\cdots,\mathrm{SN}$，且 $k\neq i$；$j=1,2,\cdots,D$；φ_{ij} 为随机数，$\varphi_{ij}\in[-1,1]$；x_{kj} 为领域蜜源。

本章利用粒子群最优位置选取的思想，引入蜜源全局最优解和局部最优解，加快算法的收敛速度；利用差分进化算法中交叉变异的思想，在更新蜜源之前，将蜜源分成劣质蜜源 P 和优质蜜源 Q，对优质蜜源使用劣质蜜源进行交叉变异更新，劣质蜜源使用优质蜜源进行交叉变异更新，降低局部最优；同时引入自适应调整因子，记忆未更新之前的蜜源信息自适应调整更新蜜源，提出改进的人工蜂群优化算法(improved artificial bee colony, IABC)。雇佣蜂和跟随蜂构建蜜源搜索更新公式：

$$v'_{ij}=wx_{ij}+\gamma_1(x_{tj}-x_{kj})+\gamma_2(x_{\mathrm{bestj}}-x_{ij}) \tag{9.12}$$

式中：x_{ij} 为当前蜜源；w 为记忆因子，用来控制全局寻优能力；在雇佣蜂阶段 $w,\gamma_2\in[0.5,1.5]$，在跟随蜂阶段 $w,\gamma_2\in[0,1]$；$\gamma_1\in[0,1]$ 的随机数；x_{tj} 为局部最优解，通过计算欧氏距离来寻找邻域；x_{bestj} 为全局最优解；若 x_{ij} 为优质蜜源，则 x_{kj} 为 P 类蜜源中随机选取的一个；若 x_{ij} 为劣质蜜源，则 x_{kj} 为 Q 类蜜源中随机选取的一个。

改进的人工蜂群优化算法如下。

算法 9.1:IABC 优化算法		
输入:	种群规模 SN、终止迭代次数 maxIter、蜜源被抛弃的最大次数 limit	
输出:	参数组合最优解	
1	初始化蜜源 $x_{ij} = x^{j}_{\min} + \mathrm{rand}[0,1](x^{j}_{\max} - x^{j}_{\min}), i \in (1,2,\cdots,\mathrm{SN}), j \in (1,2,\cdots,D)$	
2	for $n = 1$ to maxIter	
	$\mathrm{fit}(X_i) = \dfrac{1}{(1 + abs(f(X_i)))}$	// 计算适应度值
4	将蜜源种群进行分类	
5	update $x'_{ij} = wx_{ij} + \gamma_1(x_{ij} - x_{kj}) + \gamma_2(x_{\mathrm{bestj}} - x_{ij})w, \gamma_2 \in [0.5,1.5]$	// 雇佣蜂
6	计算各个蜜源的适应度值 $\mathrm{fit}'(X_i)$	
7	if $\mathrm{fit}'(X_i) > \mathrm{fit}(X_i)$	
8	$x_{ij} = x'_{ij}$;	
9	count(ij) = 0;	
10	else count(ij) ++;	
11	将蜜源种群进行分类	
12	update $x''_{ij} = wx_{ij} + \gamma_1(x_{ij} - x_{kj}) + \gamma_2(x_{\mathrm{bestj}} - x_{ij})w, \gamma_2 \in [0,1]$	// 跟随蜂
13	计算各个蜜源的适应度值	
14	if $\mathrm{fit}''(X_i) > \mathrm{fit}'(X_i)$	
15	$x_{ij} = x''_{ij}$;	
16	count(ij) = 0;	
17	else count(ij) ++;	
18	if count(ij) > = limit	// 侦查蜂
19	repeat 步骤 2 to 步骤 19	
20	end for	

9.3.3 交通流预测模型构建

综上所述,首先利用随机森林动态特征变量选择模型筛选出对客货车交通流预测较为重要的变量,构建输入样本数据集。然后选取 ploy 核函数、sigmoid 核函数及 RBF 核函数建立多核核函数,利用改进的人工蜂群算法对多核 LSSVM 交通流预测模型组合参数进行优化,构建、IABC - MKLSSVM 客车交通流预测模型、IABC - MKLSSVM 货车交通流预测模型,求出待预测路段目标时段的客车交通流预测值和货车交通流预测值。最后将客车交通流预测值和货车交通流预测值进行叠加,得出最终的交通流预测值。因此,构建如图 9.2 所示的 RF - IABC - MKLSSVM 高速公路短时交通流预测模型。

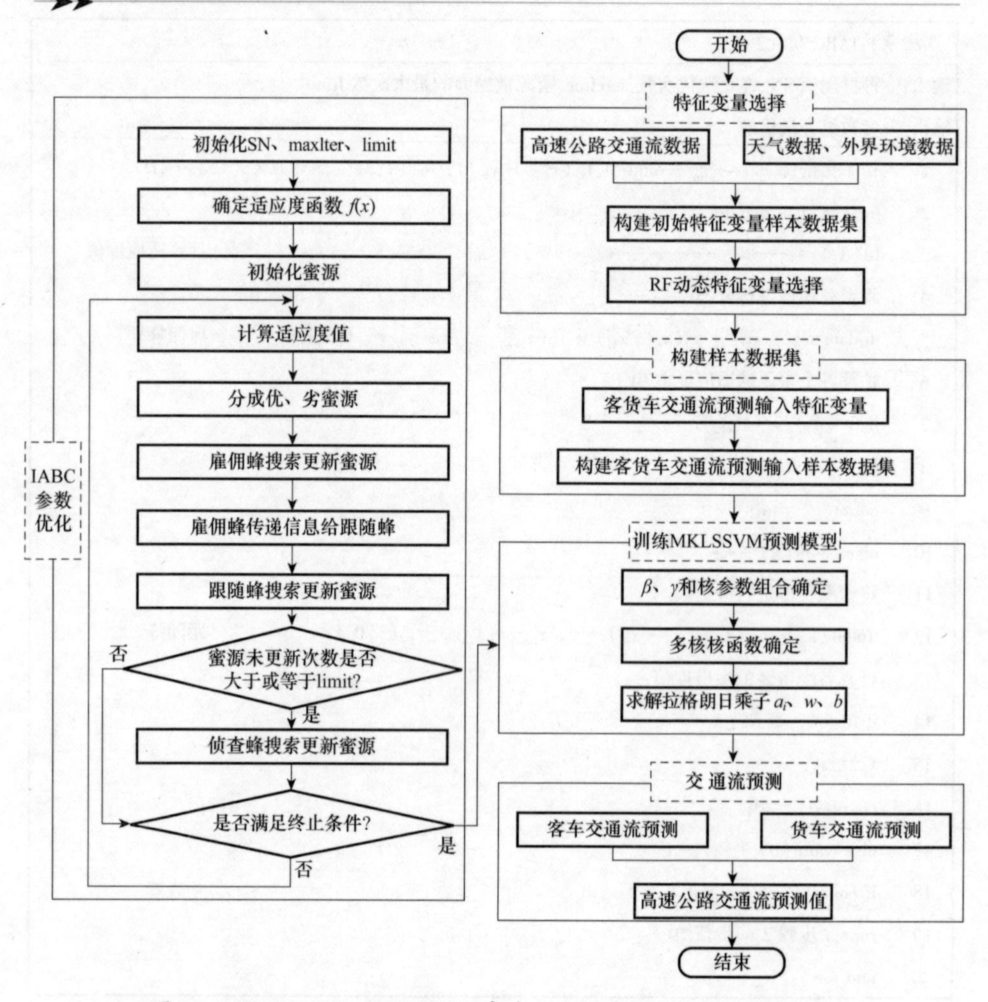

图 9.2　RF - IABC - MKLSSVM 高速公路短时交通流预测模型流程

该模型详细步骤如下。

(1) 确定待预测目标路段、目标日期和时段。

(2) 客货车交通流预测特征变量选择。根据初始特征变量输入向量式(9.1)构建初始样本数据集,利用 9.2.3 节构建的随机森林动态特征变量选择模型,分别筛选出对高速公路客货车交通流预测较为敏感的特征变量。

(3) 构建交通流预测样本数据集。利用步骤(2)中筛选出的特征变量,构建客车交通流预测模型样本数据集和货车交通流预测模型样本数据集,2/3 数据集用于训练预测模型,1/3 数据集用于测试预测效果。

(4) 利用 IABC 算法优化 MKLSSVM 组合参数。

步骤 1:参数初始化。对最小二乘支持向量机和改进的人工蜂群算法的参数进行设置,包括种群规模 SN、最大迭代次数 maxIter、蜜源最大不更新次数 limit 等。

步骤 2:确定 IABC 适应度函数。根据 MKLSSVM 高速公路交通流预测模型,设定适应度函数为交通流预测误差平均值。计算各个蜜源的适应度值,计算公式为

$$\mathrm{fit}(X_i)=\frac{1}{(1+\mathrm{abs}(f(X_i)))} \tag{9.13}$$

式中:$f(X_i)$ 为交通流预测误差平均值,$f(X_i)$ 的值越小,蜜源的适应度就越大。

步骤 3:根据交通流预测值和实际值之间的误差计算适应度值,将蜜源分为优质种群 Q 和劣质种群 P。

步骤 4:雇佣蜂利用式(9.12) 和贪婪原则对蜜源进行搜索更新,利用式(9.13) 重新计算各个蜜源的适应度值,根据适应度值将蜜源进行分类。

步骤 5:雇佣蜂通过跳舞的形式将蜜源的信息传递给跟随蜂,跟随蜂利用式(9.12) 和贪婪原则对蜜源进行搜索更新,利用式(9.13) 重新计算各个蜜源的适应度值,根据适应度值将蜜源进行分类。

步骤 6:比较各个蜜源未被更新的次数,如果大于或等于 limit,则该蜜源对应的跟随蜂转变为侦查蜂,抛弃该蜜源重新生成新的蜜源。

步骤 7:判断是否达到最大迭代次数或最小误差,是则输出 MKLSSVM 最优参数组合,反之重复步骤 3 到步骤 7。

(5) 利用上述步骤所得的最优参数组合,分别构建 IABC - MKLSSVM 高速公路客车交通流预测模型和 IABC - MKLSSVM 高速公路货车交通流预测模型。

(6) 将客车交通流预测值和货车交通流预测值进行叠加,获得最终高速公路交通流预测值。

9.4　实验与分析

9.4.1　数据集

本章实验均采用 Python 语言编程,选取 2014 年 12 月 8 日到 2015 年 8 月 9 日去除节假日 228 天的客货车交通流数据利用 9.2 节构建的基于随机森林动态特征变量选择模型,对客货车交通流预测特征变量重要性进行计算。经过实验验证,客车交通流预测动态特征变量选择模型中决策树数量为 220 棵、样本特征变量个数为 6、节点最小样本数为 5;货车交通流预测动态特征变量选择模型中决策树数量为 210 棵、样本特征变量个数为 5、节点最小样本数为 3。高速公路客货

车交通流预测中各个初始特征变量的重要性如图9.3所示,上半部分为客车交通流各特征变量重要性,下半部分为货车交通流各特征变量重要性。本章选取$t-1$时刻交通流、$t-2$时刻交通流、$l-1$路段交通流、雨雪天气、$T-1$交通流、是否为工作日这6个变量作为高速公路客车交通流预测输入特征变量;选取$t-1$时刻交通流、$t-2$时刻交通流、$l-1$路段交通流、是否施工、$t-3$时刻交通流这5个变量作为高速公路货车交通流预测输入特征变量。

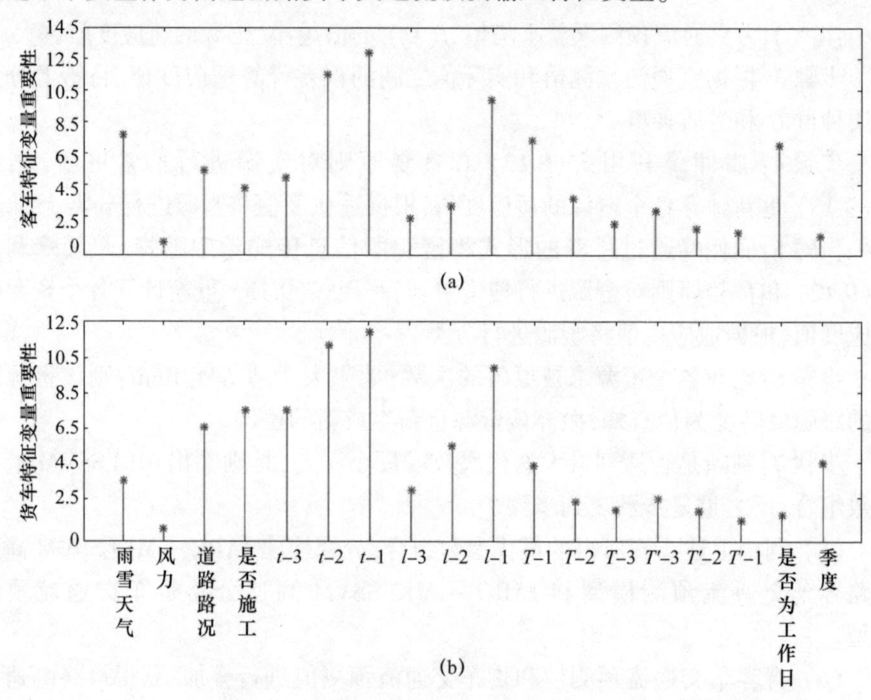

图9.3　交通流预测中初始特征变量重要性

9.4.2　实验参数设置

在交通流预测实验中,高峰时段客车交通流预测ploy函数、sigmoid函数、RBF函数个数分别为2、2、1,货车交通流预测ploy函数、sigmoid函数、RBF函数个数分别为2、2、1;平峰时段客车交通流预测ploy函数、sigmoid函数、RBF函数个数分别为1、2、1,货车交通流预测ploy函数、sigmoid函数、RBF函数个数分别为2、2、1。由于目前仍然没有确定的方法对人工蜂群算法参数进行确定,故以相关文献实验验证中参数及优化范围为依据,对IABC-MKLSSVM高速公路短时交通流预测模型进行反复实验可得,改进的人工蜂群算法中将种群规模设置为20、维度设置为100、最大迭代次数设置为500、最大记录次数设置为100。

9.4.3　实验结果分析

1.模型预测效果分析

由于 10:15—12:30 时段交通流变化趋势与高峰时段变通流变化趋势相似,故本章在进行交通流预测时将该时段交通流预测和高峰时段交通流预测等同处理。15:30—7:15 为平峰时段,7:30—15:15 为高峰时段,分别对其交通流预测进行研究。图 9.4 所示为利用本章提出的 RF - IABC - MKLSSVM 高速公路交通流预测模型,对前一天 15:30 到当天 7:15 平峰时段客车、货车及总的交通流进行预测所得结果,可以看出,本章提出的模型预测值曲线与实际值曲线走势基本相同。图 9.5 所示为利用本章提出的 RF - IABC - MKLSSVM 高速公路短时交通流预测模型,对 7:30—15:15 高峰时段客车、货车及总的交通流进行预测所得预测结果,预测值曲线与实际值曲线走势基本相同,误差较大的位置出现在突然升高或突然下降时段,但是预测误差在允许的范围内。

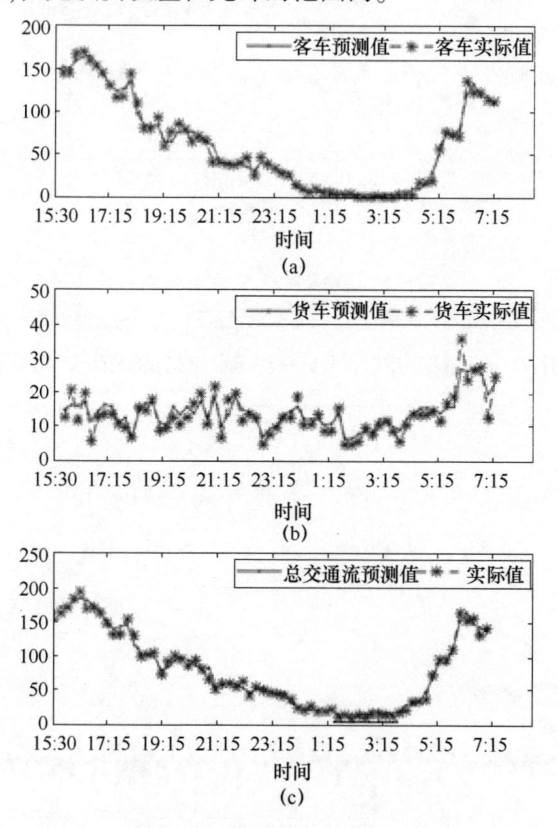

图 9.4　平峰时段交通流预测值

(a) 客车交通流预测;(b) 货车交通流预测;(c) 总交通流预测。

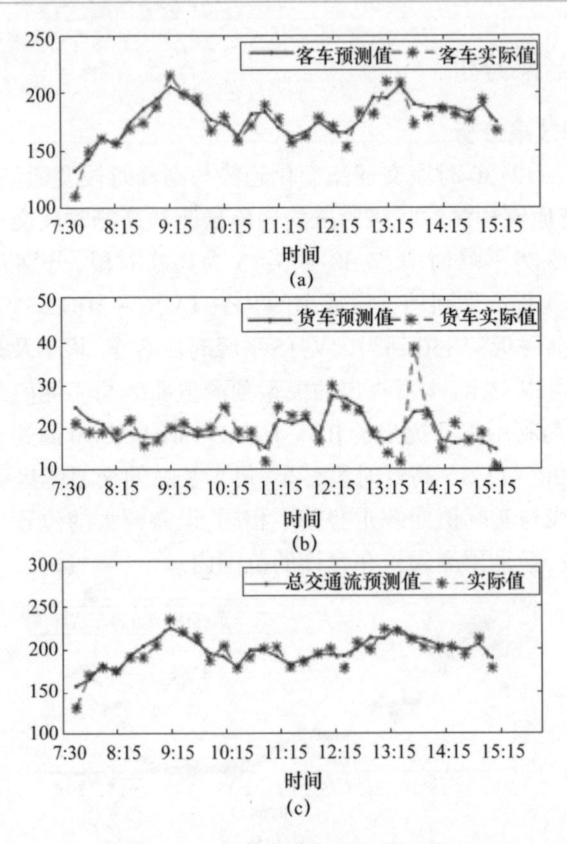

图 9.5　高峰时段交通流预测值

(a) 客车交通流预测；(b) 货车交通流预测；(c) 总交通流预测。

图9.6为利用本章提出的基于RF－IABC－MKLSSVM高速公路交通流预测

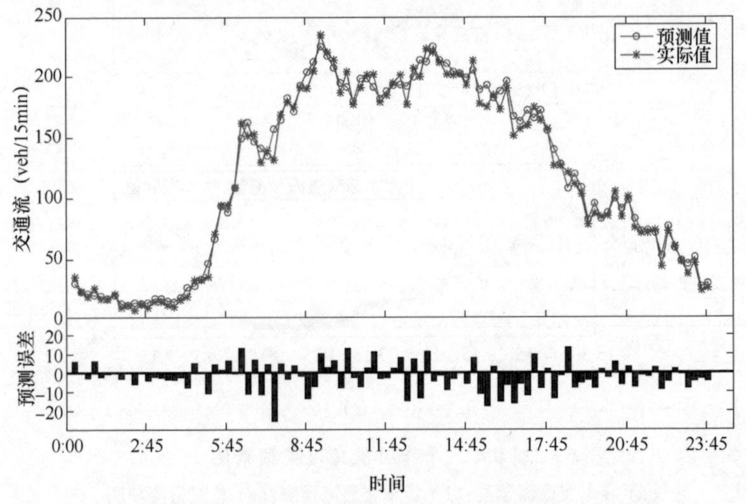

图 9.6　RF－IABC－MKLLSSVM 高速公路交通流预测值

模型进行预测所得结果,选取 2015 年 8 月 5 日 24h 的高速公路交通流预测结果进行分析。该图上半部分曲线图表示交通流预测值与实际值对比,交通流预测值变化曲线走势与交通流实际值变化曲线基本相似,下半部分柱形图表示交通流预测值与实际值之间的误差,误差控制在[- 30,20] 区间。

2. 多核核函数与单核核函数对比

为进一步验证构建多核 LSSVM 高速公路交通流预测模型的优势,使用单核 LSSVM 交通流预测模型与多核 LSSVM 高速公路交通流预测模型对 2015 年 8 月 5 日交通流预测误差百分比进行比较,结果如图 9.7 所示。多核 LSSVM 预测误差百分比在 [- 0.41005,0.465731] 范围内,ploy 核函数预测误差百分比在 [- 0.8381,1.296156] 范围内,RBF 核函数预测误差百分比在 [- 0. 38077,0. 902893] 范围内,sigmoid 核函数误差百分比在[- 0.63875,0.978806] 范围内。由此可知,多核核函数 LSSVM 涵盖了单核核函数的优点,弥补单核核函数彼此间的缺点,预测误差较小且比较平稳,具有良好的预测性能。

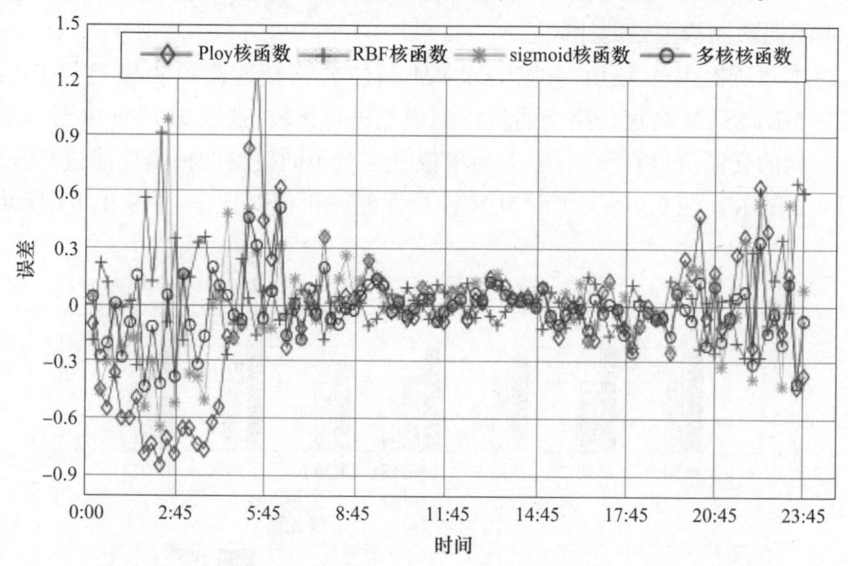

图 9.7 (见彩图) 单核核函数与多核核函数预测误差百分比对比图

3. IABC 与标准 ABC 性能比较

对改进后和标准的人工蜂群算法性能进行比较,结果如图 9.8 所示。其中,纵坐标为适应度值,横坐标为迭代次数。标准的人工蜂群算法迭代 149 次之后趋于稳定,改进后的人工蜂群算法迭代次数明显减少,83 次以后基本趋于稳定,且改进后的人工蜂群算法适应度值较高,交通流预测误差绝对值的平均值较小,可知本章改进后的算法性能较优,具有较快的收敛速度。

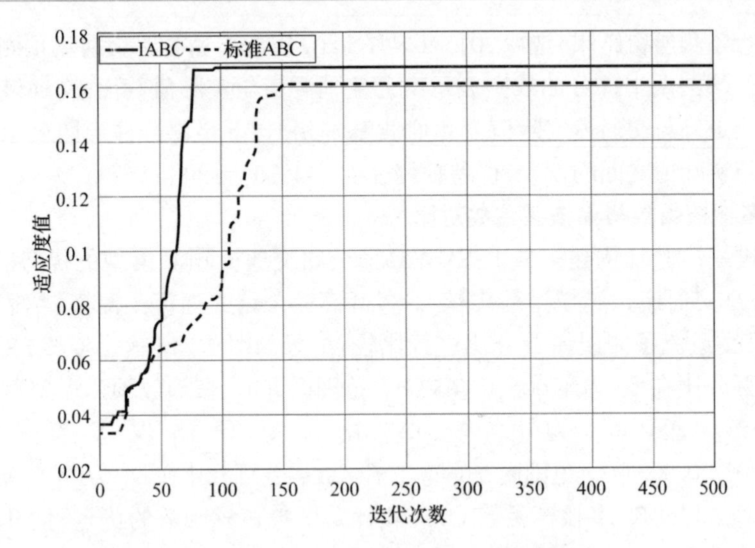

图 9.8 IABC 与标准 ABC 性能对比图

4.不同预测模型性能比较

将本章所提出的 IABC - MKLSSVM 高速公路交通流预测模型与 BPNN、ABC - MKLSSVM 高速公路交通流预测模型进行比较,选取 2015 年 8 月 3 日到 9 日一周的交通流进行预测,以天为单位分别对不同模型的预测性能进行比较,如图 9.9 所示。图 9.9(a) 所示为 MAPE 性能评价值对比图,图 9.9(b) 所示为

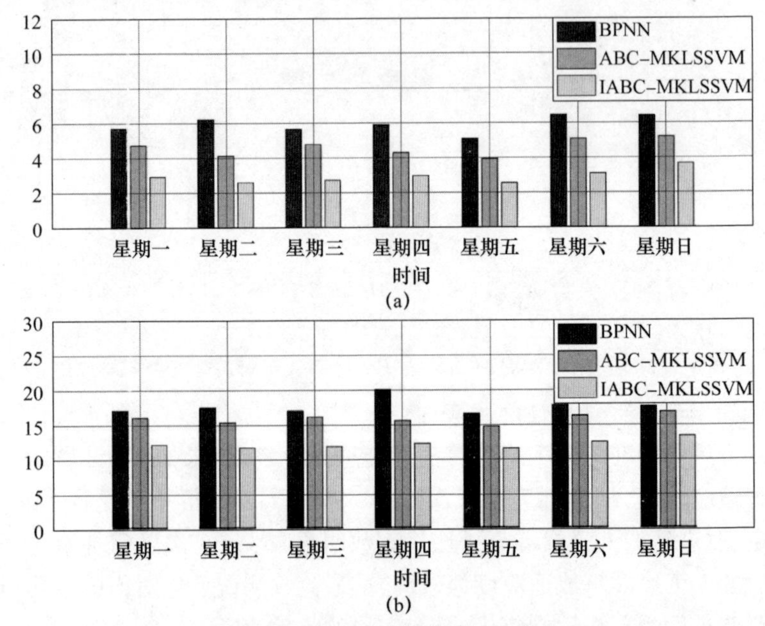

图 9.9 不同预测模型的性能比较

(a)MAPE 性能评价值对比;(b)RMSE 性能评价值对比。

RMSE 性能评价值对比图。工作日以星期一为例进行比较，IABC - MKLSSVM 预测模型的 MAPE 值为 2.89%、RMSE 值为 11.946，均低于其他模型的值。休息日以星期六为例进行对比，IABC - MKLSSVM 预测模型的 MAPE 值为 3.08%、RMSE 值为 2.278，同样低于其他预测模型。综上所述，本章所提出的交通流预测模型性能更优，更具实用价值。

9.5　小结

本章首先构建了高速公路交通流预测初始特征变量集，基于随机森林算法建立动态特征变量选择模型，分别筛选出对高速公路客车、货车交通流预测更加敏感的关键变量，构建高峰时段和平峰时段客货车交通流样本数据集，进而选取最小二乘支持向量机作为基础预测模型，选取 ploy 核函数、sigmoid 核函数和 RBF 核函数构建多核核函数。其次利用结合自适应加权因子、最优位置选取及差分进化思想改进的人工蜂群算法，对多核最小二乘支持向量机预测模型参数组合进行优化，提出基于 RF - IABC - MKLSSVM 的高速公路短时交通流预测模型。最后利用吉林省高速公路收费数据对所提出的模型进行验证，分别对高峰时段和平峰时段交通流进行预测。另外，本章将多核 LSSVM 预测模型与单核 LSSVM 预测模型进行比较，将 IABC 算法与标准的 ABC 算法性能进行比较，将本章所提出的预测模型与 BPNN、ABC - MKLSSVM 预测模型性能进行比较，实验结果表明本章提出的模型预测性能更优，更具实用价值。

第10章　多步交通流预测方法研究

10.1　引言

目前,针对交通流预测的研究大多集中于短时单步预测,时间间隔往往不超过15min。短时单步预测相对于道路规划时间较短,适用于对当前道路状态的判断,难以为长时道路决策提供有效的信息支撑。因此对多步交通流预测的需求日益增加。虽然单步交通流预测已经取得了丰硕的成果,然而当多步交通流预测采用与单步交通流预测相同的方法时,随着步数的增加,预测误差会逐渐累积,模型的预测性能往往会迅速恶化。如何建立准确的和鲁棒的多步交通流模型亟待进一步探讨和研究。

单步交通流预测通过学习 n 步历史交通流序列 $\{t-n+1, t-n, \cdots, t\}$ 完成预测 $t+1$ 时刻交通流预测任务;而多步交通流预测,通过给定相同的历史交通流序列,预测 $\{t+1, t+2, \cdots, t+m\}$ 时刻的交通流。目前多步预测的策略主要分为两种:① 迭代策略。如图10.1(a)所示,模型每迭代一次输出 $t+1$ 时刻的预测目标,然后将输出目标作为模型下一次迭代的输入,以此类推直到完成全部目标预测。这一策略考虑了数据的动态特征,但由于每次迭代误差的累积,使输入的分布产生偏移,因此模型的预测性能随着步数的增加而下降,逐渐偏离实际观测值。② 多输出策略。如图10.1(b)所示,它实现了多步预测目标通过一次模型训练过程得到全部输出结果。这一策略可以避免误差的累积,但忽略了数据的动态特征,将时序问题作为了静态问题处理,也会造成预测性能的减退。这两种策略都有相应的优缺点,目前相关学者从经验和理论两个方面对这两种策略进行了细致研究,但是仍无法确定哪种策略更适合完成多步预测任务。

目前,针对多步交通流预测模型的研究逐渐增多。Zhang[148] 等提出了一种基于SVM的多步交通流预测模型,比较了不同输入数据对预测结果的影响,取得较好的预测效果。Ojeda等[149] 提出了自适应卡尔曼滤波法应用于多步交通流预测。董宏辉等[82] 提出了多模态差分自回归移动平均模型的多步交通流预测模型。Kumar等[150] 提出利用人工神经网络对交通流进行建模分析,并验证了交通流从5min间隔到15min间隔的预测性能,取得不错的结果。用传统的统

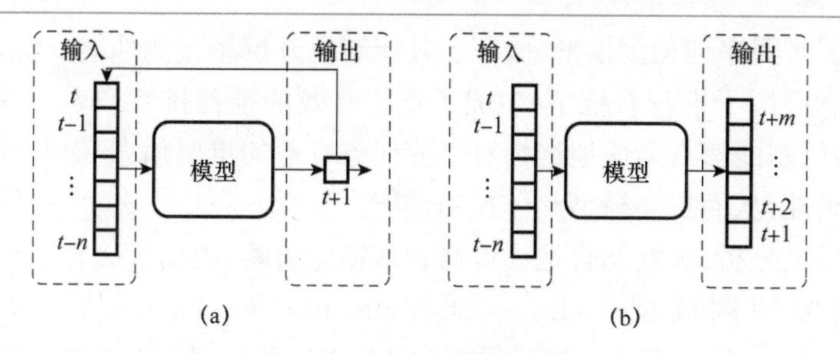

图10.1　多步预测策略
(a) 迭代策略;(b) 多输出策略。

计学习方法针对多步预测任务具有速度快、效率高的特点,然而,该类方法主要适用于样本数量小以及结构简单的数据,难以处理大规模非线性数据。近几年,基于更为复杂的网络结构的深度学习方法,如CNN[151]、SAE[152]、DBN[153]等,在交通流预测领域受到越来越多的关注。该类方法需要较少的先验知识,能够有效地从大规模数据中学习数据特征,具有良好的泛化能力。目前,大多数深度学习模型的网络结构为前馈神经网络。前馈神经网络属静态神经网络,模型的每次输入是相互独立的,且信息在网络中正向传播,网络的输出只依赖当前输入。其结构减少了人工干预和后续处理工作,根据数据自动学习特征,提高了模型的泛化能力。然而其无法完成对数据动态特征的模拟,往往应用于单步预测中。例如,自然语言和时间序列学习中的许多问题,特征之间存在先后顺序关系,因此数据的动态特征对模型性能的影响格外重要。循环神经网络(recurrent neural network,RNN)作为反馈神经网络中的一种,可以在时间序列中建立长期的依赖关系,能够通过循环反馈机制更好地模拟数据中的动态特征。RNN与交通流多步预测在机制上有很大的相似之处,因此适用于交通流的多步预测任务。文献[44]和文献[46]基于长短时记忆网络(long short - term memory,LSTM)建立交通流预测模型,指出循环神经网络相较于传统统计模型及前馈神经网络在时间序列预测上的优势,然而,上述方法忽略了历史时间序列中不同时间步长产生的特征对结果造成的影响。较近距离的历史时间步长相较于远距离的历史时间步长对当前交通流的预测有较大的影响,因此需要对预测目标中的每个时间步长对于历史时间序列中每个步长的关注程度进行权衡。

注意力机制[154](attention mechanism,AM)通过与神经网络相结合,在近年来自然语言处理、图像处理、语音识别等领域取得巨大的成功。Wang等[155]提出了基于混合注意力机制的神经机器翻译模型,取得较好的翻译效果。Chen等[156]提出了一种基于视频的行人重识别的时空注意力感知学习方法。Wu等[157]提出了基于记忆和注意力机制的车辆跟驰模型。Shih等[158]应用注意力机制建立了时间序列预测模型，验证了其能够提升模型预测性能。Cui 等[159] 将注意力机制应用于推荐系统中，生成了更为有效的推荐排名列表。以上研究表明，注意力机制能够自适应地选择对当前任务有益的重要信息，提升特征学习的效率和准确性，从而提高模型整体预测性能。

基于以上分析，本章结合迭代策略和多输出策略，提出了一种多步注意力循环神经网络预测模型（multi - step attention mechanism recurrent neural network，ARNN）用于多步交通流预测。MARNN 模型利用循环神经网络作为动态神经网络，按照迭代策略重建动态交通流的轨迹，并结合多输出策略，减少步数增加时的累积误差。此外，为了提高预测精度，MARNN 模型引入注意力机制，自适应地寻找对当前任务相对重要的信息。采用自适应学习率梯度下降算法对模型进行训练，完成预测任务。

本章组织结构如下：10.1 引言；10.2 节介绍了循环神经网络的原理；10.3 节对注意力机制进行了阐述说明；10.4 节提出了 MARNN 模型，并对模型的训练过程进行了详细的介绍。10.5 节通过对比实验在不同数据集上验证了 MARNN 模型的预测性能；10.6 节对本章内容进行了小结。

10.2 循环神经网络

循环神经网络是一类用于处理序列数据的反馈神经网络，具有短期记忆能力。在 RNN 中，神经元不仅可以接收来自其他神经元的信息，还可以接收自己的信息，形成一个具有回路的网络结构。它的主要特征包括：① 融合内部状态处理输入序列；② 展示时间序列的时间动态行为；③ 能够处理连续的和相关的任务。循环神经网络结构如图 10.2 所示。

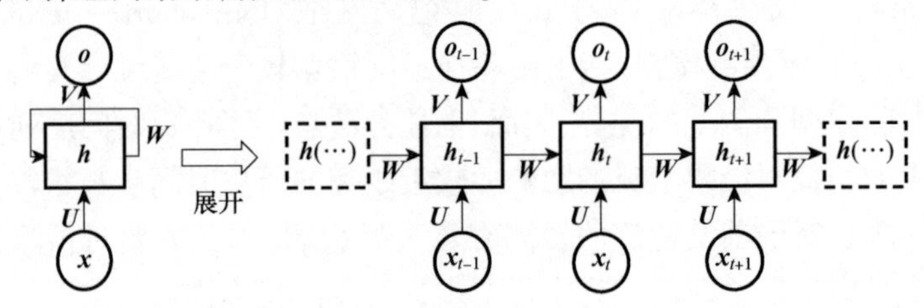

图 10.2 循环神经网络结构

在这个结构中，RNN 在每个时刻都有一个输入项。$\boldsymbol{x}_t$ 表示 t 时刻的输入；$\boldsymbol{h}_t$ 表示 t 时刻的“记忆”，也就是隐藏状态，用以捕捉前一时间点上的信息；$\boldsymbol{o}_t$ 表示 t 时刻的输出，由当前时刻以及前一时刻所有的“记忆”共同计算得到。网络读取输入 $\boldsymbol{x}_t$ 和隐藏状态 $\boldsymbol{h}_{t-1}$ 后，会产生新的隐藏状态 $\boldsymbol{h}_t$，并产生本时刻的输出 $\boldsymbol{o}_t$。其更新方式如下：

$$\begin{cases} \boldsymbol{a}_t = \boldsymbol{W}\boldsymbol{h}_{t-1} + \boldsymbol{U}\boldsymbol{x}_t + \boldsymbol{b} \\ \boldsymbol{h}_t = \sigma(\boldsymbol{a}_t) \\ \boldsymbol{s}_t = \boldsymbol{c} + \boldsymbol{V}\boldsymbol{h}_t \\ \boldsymbol{o}_t = \sigma(\boldsymbol{s}_t) \end{cases} \tag{10.1}$$

式中：$\boldsymbol{b}$，$\boldsymbol{c}$ 为偏置向量；$\boldsymbol{U}$、$\boldsymbol{V}$ 和 $\boldsymbol{W}$ 为关于输入层到隐层连接、隐层到输出层连接和隐层到隐层连接的权重矩阵；σ 为 sigmoid 激活函数。通过这种方式，RNN 可以学习有序特征中的相关信息。然而，随着序列长度的增加，容易产生梯度弥散或者梯度爆炸的问题。此外，当预测位置和相关信息之间的距离增大时，RNN 可能会丧失学习远距离信息的能力，从而导致精度损失。LSTM 是 RNN 的变体之一，旨在解决上述问题。

LSTM 引入可控的循环单元，以产生允许梯度长时间可持续流动的路径，并解决记忆时间序列中的长期依赖问题。LSTM 单元的结构如图 10.3 所示。

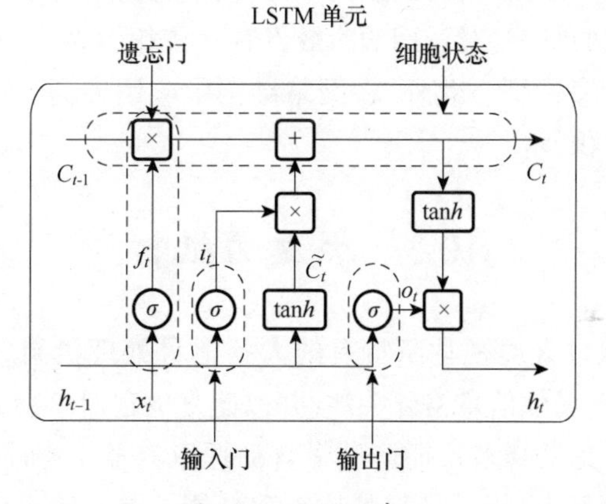

图 10.3　LSTM 单元

LSTM 模型在 RNN 模型结构之外增加了一个细胞状态（cell state）单元，该结构负责将记忆信息从序列的初始位置传递到序列的末端。同时，增加了“门”的内部机制来调整信息流。LSTM 模型有三种类型的“门”：遗忘门（forget gate）、输入门（input gate）和输出门（output gate）。在网络中的每一层通过这些门的打开或者关闭，判断模型网络的记忆状态在该层输出的结果是否达到阈值从而加入当前层的计算中。首先，遗忘门获得的当前输入和前一时刻隐层的输出决定从当前细胞状态中丢弃哪些信息；其次，输入门通过当前的输入和前一时刻的输出决定更新哪些新的信息到细胞状态中；最后，输出门通过更新的细胞状态和当前输入得到新的隐层输出。其状态更新方式如下：

$$\begin{cases}\text{遗忘门}: \boldsymbol{f}_t = \sigma(\boldsymbol{W}_f \boldsymbol{x}_t + \boldsymbol{U}_f \boldsymbol{h}_{t-1} + \boldsymbol{b}_f) \\ \text{输入门}: \boldsymbol{i}_t = \sigma(\boldsymbol{W}_i \boldsymbol{x}_t + \boldsymbol{U}_i \boldsymbol{h}_{t-1} + \boldsymbol{b}_i) \\ \text{输出门}: \boldsymbol{o}_t = \sigma(\boldsymbol{W}_o \boldsymbol{x}_t + \boldsymbol{U}_o \boldsymbol{h}_{t-1} + \boldsymbol{b}_o) \\ \text{记忆输入}: \widetilde{\boldsymbol{C}}_t = \tanh(\boldsymbol{W}_c \boldsymbol{x}_t + \boldsymbol{U}_c \boldsymbol{h}_{t-1} + \boldsymbol{b}_c) \\ \text{记忆输出}: \boldsymbol{C}_t = \boldsymbol{i}_t \odot \widetilde{\boldsymbol{C}}_t + \boldsymbol{f}_t \odot \boldsymbol{C}_{t-1} \\ \text{隐层输出}: \boldsymbol{h}_t = \boldsymbol{o}_t \odot \tanh(\boldsymbol{C}_t)\end{cases} \tag{10.2}$$

式中：$\boldsymbol{W}_i$、$\boldsymbol{W}_f$、$\boldsymbol{W}_o$ 和 $\boldsymbol{W}_c$ 分别为连接 $\boldsymbol{x}_t$ 到输入门、遗忘门、输出门和细胞状态单元的权重矩阵；$\boldsymbol{U}_i$、$\boldsymbol{U}_f$、$\boldsymbol{U}_o$ 和 $\boldsymbol{U}_c$ 分别为连接 $\boldsymbol{h}_{t-1}$ 到输入门、遗忘门、输出门和细胞状态单元的权重矩阵；$\boldsymbol{b}_i$、$\boldsymbol{b}_f$、$\boldsymbol{b}_o$ 和 $\boldsymbol{b}_c$ 分别为各自的偏差；σ 为 sigmoid 激活函数；$\odot$ 为 Hadamard 运算。LSTM 通过门限控制解决了长期依赖问题，同时保留了短期记忆和长期记忆，从而提高模型的性能。

对于多步交通流预测来说，模型的动态特征模拟能力至关重要。此外，交通流受历史数据累积的影响，对长期的时效性存在依赖关系。因此，采用 LSTM 动态捕获交通流的时序特征。此外，在网络结构中应用多输出策略减少模型在多步预测中的误差累积。

10.3 注意力机制

注意力机制源自人类视觉所特有的大脑信号处理机制。人类在观察事物时，大脑会对重要的局部信息格外关注，并以此来构建对事物的整体描述。注意力机制的核心目标是从众多特征信息中自动选取有益于当前任务的重要信息，提高模型特征提取能力，提升模型整体预测性能。其对输入序列中影响输出结果的重要特征给予较大的关注，而对输入序列中影响较小的特征减少关注，使模型能够从输入中学习到更多重要的特征。尽管循环神经网络通过反馈策略能够长时间持续累积交通流信息，但是随着时长的增加，远距离的部分信息可能对当前网络的状态没有贡献或贡献非常小，相反有可能会造成模型的退化。因此，将注意力机制引入 LSTM 网络结构中对其进行改进，以合理地分配每个特征的权重，使改进后的网络能够对影响较大的特征施加更多的关注。其原理如图 10.4 所示。

如图 10.4 所示，注意力机制为每个输出时间步生成上下文向量 $\boldsymbol{c}_t$，使模型根据输入和它所学习到的上下文信息来判断应该注意哪些重要特征。也就是说，每个时间步的输出依赖所有输入状态的加权组合。对 LSTM 隐层输出的特征向

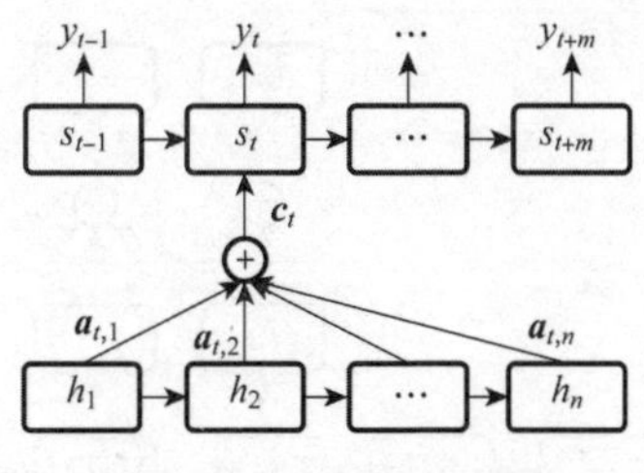

图 10.4　注意力机制原理

量 $\boldsymbol{H}=[h_1,h_2,\cdots,h_n]$ 加入注意力机制层进行权重计算,使输出生成的每一步都能注意到输入序列中的不同部分,为贡献度更高的特征分配更高的权重。其计算过程如下:

$$\begin{cases}\text{score}(s_t,h_i)=\boldsymbol{V}_a^{\mathrm{T}}\boldsymbol{\sigma}(W_a[s_t,h_i])\\ \alpha_{t,i}=\dfrac{\exp(\text{score}(s_{t-1},h_i))}{\sum\limits_{j=1}^{n}\exp(\text{score}(s_{t-1},h_j))}\end{cases}\tag{10.3}$$

式中:s_t 为 t 时刻的隐层状态;score(s_t,h_i) 为特征 h_i 对 t 时刻的隐层状态 s_t 的匹配程度;$\alpha_{t,i}$ 为每个特征相对于 t 时刻输出的注意力权重,通过 softmax 函数将所得权重值规整在[0,1] 区间。

根据求得的注意力权重,每个特征对 t 时刻输出的加权特征表示如下:

$$c_t=\sum_{i=1}^{n}\alpha_{t,i}h_i\tag{10.4}$$

将该特征表示作为全连接层的输入,继续学习交通流特征,完成 t 时刻交通流的输出,得到预测结果。

10.4　基于循环神经网和注意力机制的多步交通流预测模型

结合 LSTM 和注意力机制,本节提出了一种基于多迭代策略和输出策略的多步交通流预测模型 MARNN,其模型网络结构如图 10.5 所示。

MARNN 模型网络结构由四部分组成。

(1) 输入层:输入层接收每条路段的交通流历史时间序列作为输入,历史时间序列的长度为时间步的长度,每个时间步输入的数据维度为 1。

(2) 隐层:隐层包含两个 LSTM 层和一个全连接层,用于动态学习交通流时间序列中的高维特性。模型通过 LSTM 层捕获交通流的动态特征,同时处理模型输出对特征长期依赖的问题。

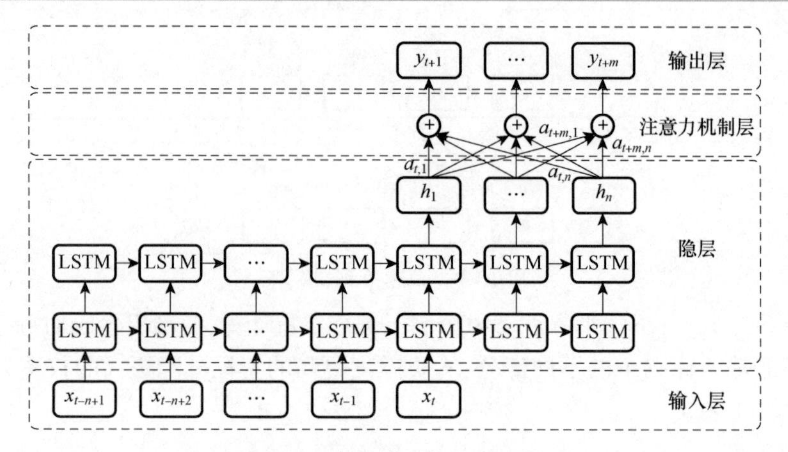

图 10.5　MARNN 模型网络结构

(3) 注意力机制层:注意力机制在 LSTM 层和全连接层之间,对每步学得的特征进行合理的权重分配,以提高预测性能。

(4) 输出层:采用多输出策略来减小累积误差,得到了最终的多步交通流预测结果。

基于 MARNN 模型的多步交通流预测总体架构如图 10.6 所示,具体过程如下。

步骤 1:数据预处理。

交通流数据样本中数值存在较大的差异,其容易造成训练收敛速度慢和神经元输出饱和等问题。为了避免数值差异产生不良影响,加快模型学习速率,利用 Min - Max 归一化方法将数据限定在[0,1]范围内。令 $x_{\max}$ 和 $x_{\min}$ 分别表示样本中的最大值与最小值,对样本中 x_i 进行归一化处理得到

$$x'_i = \frac{x_i - x_{\max}}{x_{\max} - x_{\min}} \tag{10.5}$$

步骤 2:建立训练样本与测试样本。

给定交通流数据样本 $D = \{(\boldsymbol{X}_i, \boldsymbol{Y}_i)\}_{i=1}^{N}$,其中 N 为样本数,$\boldsymbol{X}_i \in \mathbb{R}^n$,$\boldsymbol{Y}_i \in \mathbb{R}^m$,$n, m > 1$ 分别表示输入时间步长和输出时间步长:

$$\begin{cases} \boldsymbol{X}_i = [x_{i-n+1}, x_{i-n+2}, \cdots, x_i] \\ \boldsymbol{Y}_i = [y_{i+1}, y_{i+2}, \cdots, y_{i+m}] \end{cases} \tag{10.6}$$

因此,多步交通流预测模型可以表述为用 n 个步长交通流时间序列预测未来 m 个步长的交通流。

步骤 3:模型训练及目标函数。

对模型参数进行初始化,通过反向传播算法,最小化目标函数,更新权重参

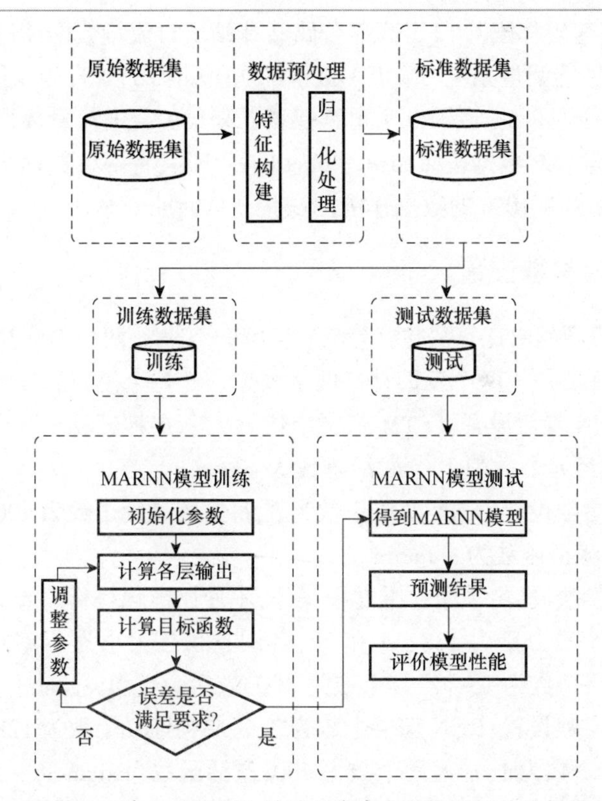

图 10.6　基于 MARNN 模型的多步交通流预测总体架构

数。令 $\hat{\boldsymbol{Y}}_i = [\hat{y}_{i+1}, \hat{y}_{i+2}, \cdots, \hat{y}_{i+m}]$ 表示模型预测值。模型的目标函数定义为均方误差:

$$\min_{\boldsymbol{W}} J(\boldsymbol{W}) = \frac{1}{N}\sum_{i=1}^{N}(\boldsymbol{Y}_i - \hat{\boldsymbol{Y}}_i)^2 = \frac{1}{Nm}\sum_{i=1}^{N}\sum_{j=1}^{m}(y_{i+j} - \hat{y}_{i+j})^2 \tag{10.7}$$

步骤 4:模型测试。

在测试数据集上验证模型的有效性,完成多步交通流预测。

10.5　实验与分析

本节主要对 MARNN 模型进行了实验与分析,重点是就实验数据集、实验参数设置以及模型对比实验结果,对模型的有效性进行分析。

10.5.1　数据集

本章数据来源于吉林省高速公路管理局(JPEA)提供的2018年1月1日到5

月31日大广高速吉林段共12个高速公路收费站出口流量数据,以及美国加利福尼亚州交通部性能测量系统(PeMS)提供的2019年1月1日到3月31日SR4－W快速路上从西向东的连续20个道路探测器采集的交通流量数据,每15min汇总一次交通流量。对数据按照Min－Max归一化后,将两个数据集前90%的数据作为训练集,余下10%的数据作为测试集。

10.5.2 实验参数设置

MRANN模型的对比算法包括:ANN[150]和CNN[42]两个前馈神经网络模型,以及RNN和LSTM[44]两个反馈神经网络模型。对每个模型的参数设置如下。

(1)MRANN参数设置:LSTM隐层个数为2,每层神经元个数为128;全连接层个数为1,神经元个数为400,激活函数为sigmoid。

(2)ANN参数设置:ANN隐层个数为3,每层神经元个数为400,激活函数为ReLU,输出层激活函数为sigmoid。

(3)CNN参数设置:采用一维卷积操作,不使用池化操作。卷积层的个数为3,每层卷积核个数分别为128、64和32,各层卷积核大小为1×3,激活函数为ReLU;全连接层个数为1,神经元个数为400,激活函数为sigmoid。

(4)RNN参数设置:RNN隐层个数为2,每层神经元个数为128,激活函数为tanh;全连接层个数为1,神经元个数为400,激活函数为sigmoid。

(5)LSTM参数设置:LSTM隐层个数为2,每层神经元个数为128,激活函数为tanh;全连接层个数为1,神经元个数为400,激活函数为sigmoid。

每个模型输出步长固定为[1, 2, 3, 4](15min、30min、45min、60min),其相应的输入时间步长为[8, 16, 24, 32](2h、4h、6h、8h)。每个模型都采用早停机制监督训练,迭代次数设置为100次,Batch size设置为64,MSE作为损失函数,通过自适应学习率梯度下降算法ADAM进行训练。

三个度量模型有效性的性能指标,分别是平均绝对误差(mean absolute error,MAE)、均方根误差(root mean squared error,RMSE)和平均绝对百分比误差(mean absolute percentage error,MAPE),它们分别定义为

$$
\begin{cases}
\text{MAE} = \dfrac{1}{N}\sum\limits_{i=1}^{N} |x_i - \tilde{x}_i| \\
\text{RMSE} = \sqrt{\dfrac{1}{N}\sum\limits_{i=1}^{N} (x_i - \tilde{x}_i)^2} \\
\text{MAPE} = \dfrac{1}{N}\sum\limits_{i=1}^{N} \dfrac{|x_i - \tilde{x}_i|}{X_i} \times 100\%
\end{cases}
\tag{10.8}
$$

式中：x_i，$\tilde{x}_i$ 分别为实际值和预测值；N 为样本数量。

三个指标的值越小表示预测结果越接近实际值。每个模型重复 10 次，计算各自的平均性能指标。

10.5.3　实验结果分析

1.模型预测结果分析

首先，本节根据原始交通数据对所提出的模型进行评估，选取 JPEA 数据集中 K186 观测点和 PeMS 数据集中 400993 观测点为研究对象，应用 MARNN 对它们进行多步交通流预测。图 10.7 分别展示了在这两个观测点上 15min、30min、45min、60min 的预测值与真实值对比曲线。从图中可以看出，在两个数据集上，预测值曲线趋势均与真实值曲线趋势保持一致，在 15min 和 30min 时总体预测效果较好，预测值曲线偏离真实值曲线较少。在 45min 和 60min 时，在交通流波动较大的高峰时段，预测值偏离真实值较大，预测性能出现下滑，但预测值总体趋势仍然遵循真实值曲线趋势。实验结果表明，该模型具有较好的预测能力。

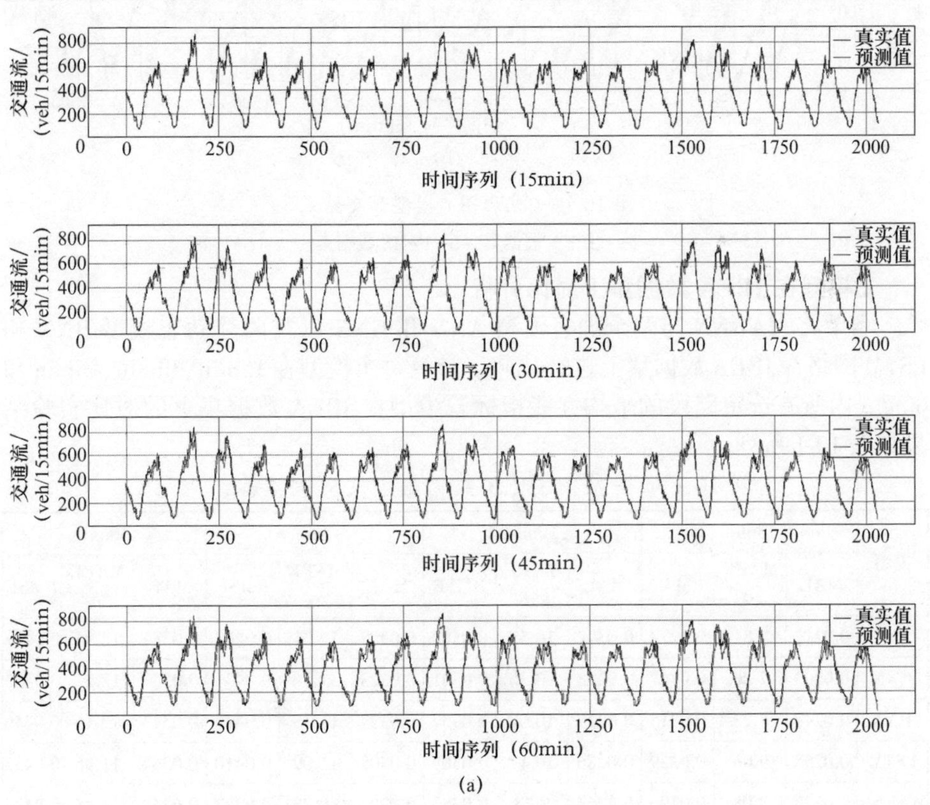

(a)

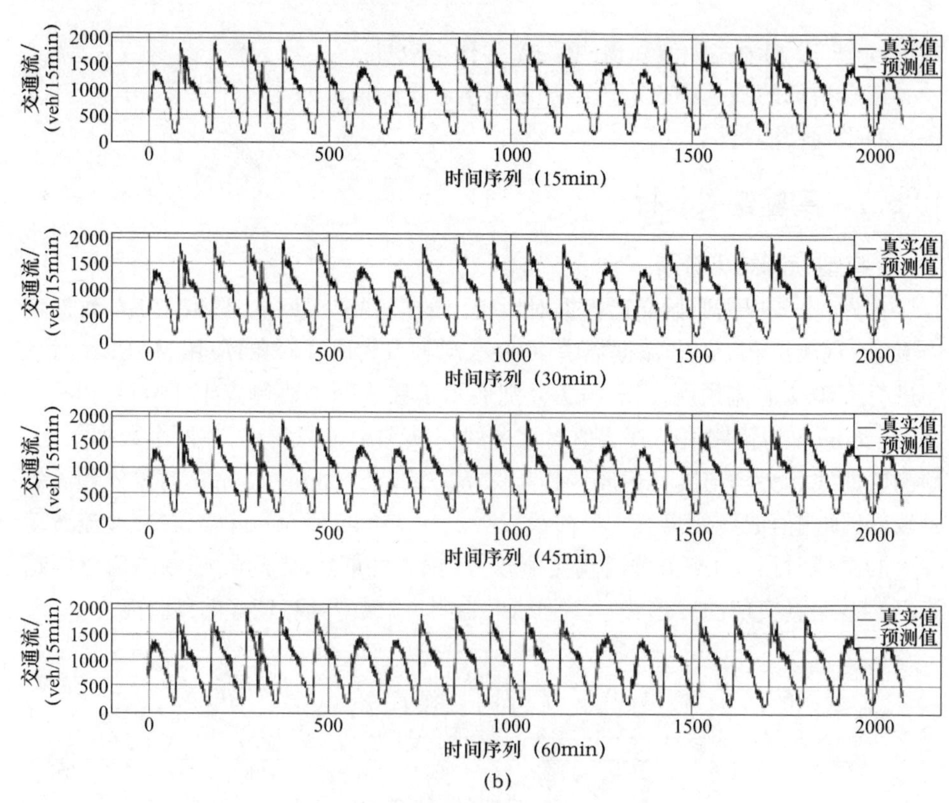

图 10.7 （见彩图）模型预测结果

(a) JPEA 数据集;(b) PeMS 数据集。

2.模型在 JPEA 数据集上对比分析

本节将 MARNN 与两个静态模型 ANN 和 CNN 以及两个动态模型 RNN 和 LSTM 网络在 JPEA 数据集上进行比较。计算每个模型在 15min、30min、45min 和 60min 内所有选定路段的平均性能指标。模型在 JPEA 数据集上的对比实验结果如表 10.1 所列。

表 10.1 模型在 JPEA 数据集上的对比实验结果

模型	15min			30min			45min			60min		
	MAE	MAPE /%	RMSE	MAE	MAPE /%	RMSE	MAE	MAPE /%	RMSE	MAE	MAPE /%	RMSE
ANN	0.0212	7.81	0.0279	0.0302	10.57	0.0382	0.0352	12.01	0.0462	0.0382	12.94	0.0477
CNN	**0.0203**	**7.20**	**0.0267**	0.0298	10.30	0.0391	0.0323	11.36	0.0431	0.0347	12.21	0.0452
RNN	0.0247	8.73	0.0315	0.0277	10.02	0.0357	0.0327	11.15	0.0426	0.0343	12.16	0.0446
LSTM	0.0258	9.06	0.0329	0.0286	10.17	0.0368	0.0305	11.09	0.0410	0.0346	11.86	0.0455
MARNN	0.0228	8.08	0.0296	**0.0263**	**9.73**	**0.0353**	**0.0296**	**10.78**	**0.0397**	**0.0319**	**11.45**	**0.0428**

实验结果表明,MARNN 在总体多步交通流预测中相较于其他四个基准模型取得较好的预测结果。在 15min 的短期预测(实际上是单步预测) 中,静态前馈神经网络模型 CNN 和 ANN 在 MAE、MAPE 和 RMSE 三个误差指标上优于动态反馈神经网络 RNN、LSTM 和 MARNN,其中 CNN 在短时预测中取得最佳的性能,显示了静态神经网络模型在单步预测中的优势。然而,当预测步数增加时,基于动态反馈神经网络的模型 RNN、LSTM 和 MARNN 优于静态模型 CNN 和 ANN,表明动态特征在多步交通流预测任务中的重要性。而 MARNN 模型与 RNN 和 LSTM 模型在多步交通流预测中相比表现更为突出,在 MAE、MAPE 和 RMSE 三个性能指标上分别平均下降了 8.82%、5.11% 和 5.08%,表明 MARNN 模型引入注意力机制能够帮助模型寻找更重要的特征,提高了模型在多步交通流预测中的精度。

图 10.8 分别描绘了 MARNN 模型与基准模型在 MAE、MAPE 和 RMSE 三个性能指标在 15min、30min、45min 和 60min 时的变化规律。可以看出,随着步数的增加,模型的误差均有所增加。从三个子图中其中可以看出在初始 15min 预测上,静态神经网络模型 ANN 和 CNN 在三个误差指标上的值小于动态神经网络模型 RNN、LSTM 和 MARNN,具有较高的精度。但是随着步长的增加,ANN 模型和 CNN 模型的三个误差值增长趋势急剧,高于其他三个动态神经网络模型,显示出静态神经网络在多步交通流预测任务上的不适应性。MARNN 在三个动态神经网络模型中具有较小的误差指标,其增长趋势相较于 RNN 和 LSTM 相对缓慢,表明 MARNN 模型在多步交通流预测中具有稳定性。

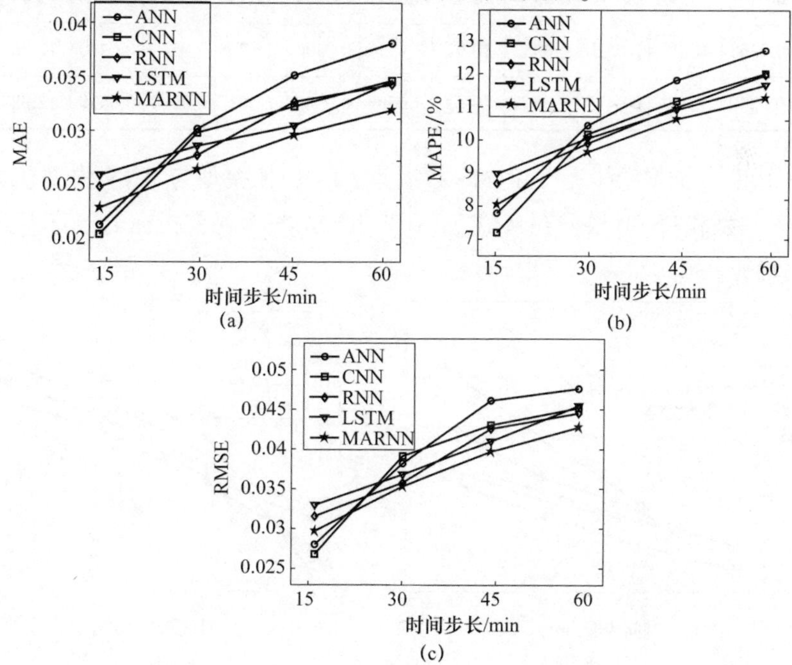

图 10.8　模型在 JPEA 数据集上预测误差对比
(a) MAE;(b) MAPE;(c) RMSE。

3.模型在 PEMS 数据集上对比分析

表 10.2 显示了在 PeMS 数据集上,MARNN 模型与四个基准模型在 MAE、MAPE 和 RMSE 三个性能指标上的对比实验结果。同样可以看出,MARNN 模型在单步交通流预测效果上逊于静态神经网络 ANN 和 CNN,但在多步交通流预测上取得最优的性能。在 30min 预测上三个性能指标分别平均降低了 7.03%、3.70% 和 5.51%,在 45min 预测上三个性能指标分别平均降低了 7.63%、3.90% 和 7.11%,在 60min 预测上三个性能指标分别降低了 8.58%、4.37% 和 3.55%,表明 MARNN 在 PeMS 数据集上多步交通流预测的有效性,同时凸显了模型的良好泛化能力。

表 10.2　模型在 PeMS 数据集上的对比实验结果

模型	15min			30min			45min			60min		
	MAE	MAPE /%	RMSE	MAE	MAPE /%	RMSE	MAE	MAPE /%	RMSE	MAE	MAPE /%	RMSE
ANN	0.0343	**9.15**	0.0442	0.0399	11.42	0.0542	0.0454	12.41	0.0606	0.0518	13.05	0.0637
CNN	**0.0334**	9.38	**0.0471**	0.0393	11.13	0.0546	0.0421	12.02	0.0587	0.0467	12.71	0.0597
RNN	0.0361	10.06	0.0503	0.0384	10.71	0.0531	0.0409	11.74	0.0562	0.0433	12.43	0.0600
LSTM	0.0365	10.25	0.0510	0.0382	10.92	0.0536	0.0400	11.76	0.0548	0.0430	12.36	0.0594
MARNN	0.0340	9.57	0.0475	**0.0362**	**10.63**	**0.0509**	**0.0388**	**11.51**	**0.0534**	**0.0420**	**12.08**	**0.0585**

图 10.9 分别描绘了基于 PeMS 数据集,MARNN 模型与 ANN 模型、CNN 模型、RNN 模型和 LSTM 模型在 MAE、MAPE、RMSE 三个误差指标上随着步长增加的变化趋势。

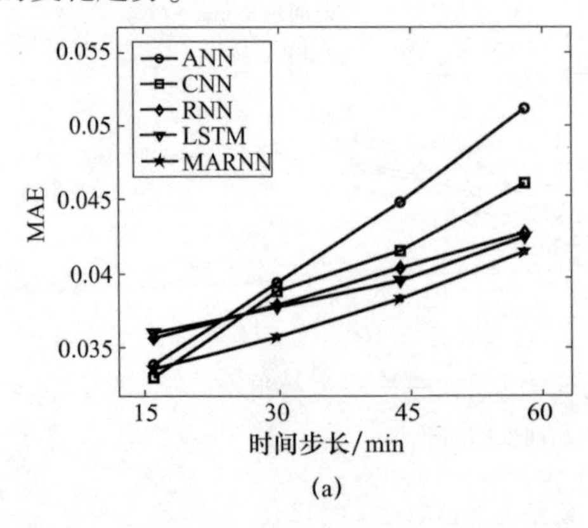

(a)

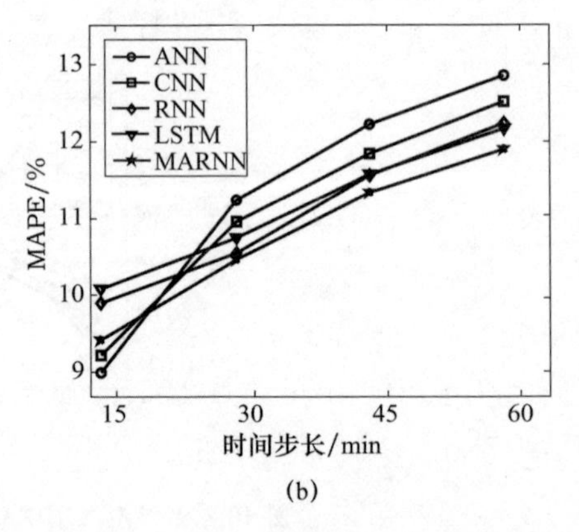

(b)

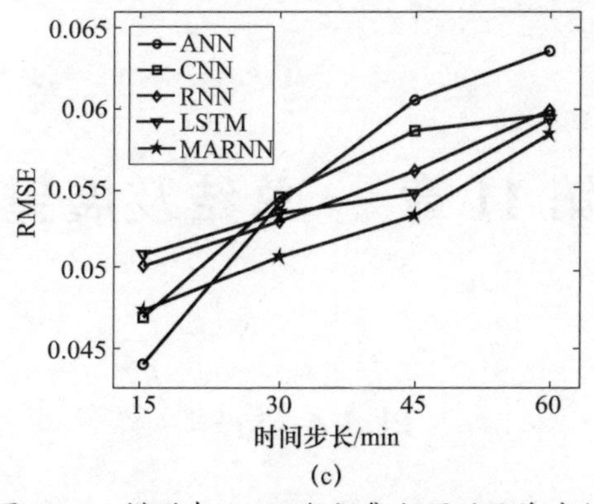

(c)

图 10.9　模型在 PeMS 数据集上预测误差对比

(a) MAE;(b) MAPE;(c) RMSE。

从三个误差指标变化图中能够看出,静态模型 ANN 和 CNN 在多步交通流预测中表现不佳,随着步数的增加,误差增长趋势急速。所提 MARNN 模型在多步交通流预测中三个误差指标相对较小,同时随步长增加具有稳定的性能表现,总体增长趋势相对缓慢。

综上所述,模型在两个数据集上的实验结果验证了 MARNN 模型在多步交通流预测上的有效性,同时表明其具备稳定的性能和良好的泛化能力。

10.6　小结

本章提出了一种基于循环神经网络的多步交通流预测模型 MARNN,利用递归策略和多输出策略结合的动态神经网络来解决多步预测任务中的误差累积问题。MARNN 模型首先采用动态递归网络 LSTM 来构建交通流动态特征,同时采用多输出策略减小误差累积;其次引入注意力机制自适应地寻找特征中相关重要信息,提高了预测性能;最后将 MARNN 模型分别在 JPEA 数据集和 PeMS 数据集上进行了验证。实验结果表明以下问题。

(1) MARNN 模型与 ANN 模型和 CNN 模型在 15min 短时交通流预测性能相比表现不佳,表明动态神经网络在短时预测中并不占据优势。

(2) 与 RNN 和 LSTM 模型相比,注意力机制使得 MARNN 模型从重要特征选择中受益,从而降低了预测误差。

(3) 随着输出步长的增加,MARNN 模型误差的增长趋势低于其他四个基准模型,表明了模型的稳定性。

第 11 章　总结及展望

11.1　总结

交通问题是制约国民经济发展和民生改善的主要因素之一。准确的交通流预测服务于智能交通系统，是实施交通控制与诱导，缓解交通问题的前提。本书以提升交通流预测的准确性和鲁棒性为目标，围绕高速公路交通流预测模型方法展开研究，面向交通网络管理需求、数据质量需求、应对复杂影响因素需求以及长时多步预测需求，研究贡献如下。

1.交通网络状态分析与研究

(1) 考虑车辆因素对交通状态预测的影响，综合分析了车辆因素与交通流、平均速度和占道率三种交通参数在高速路网中的灰色关联性。通过构建基于车辆因素考虑的 RNN 交通参数预测模型完成各个交通参数的预测。基于交通参数预测的结果，结合 FCM 算法和 KNN 算法完成对高速路网交通状态的预测，提出了一种基于循环神经网络与多模态识别的路网交通状态预测方法。同时考虑到传统模型训练方法在准确率和泛化能力上的不足，进而提出了多模态自适应修正训练方法。利用交通参数和交通状态之间的对应关系来修正模型，充分考虑了交通参数与具体交通状态之间的联系，提高了模型的预测性能和泛化能力。

(2) 针对传统神经网络无法充分利用交通网络时空共享信息的局限性以及模型训练效率低的问题，提出了基于堆栈自编码网络和多任务学习的交通网络多路段交通流预测模型 MSAE。首先，利用神经网将连续路网上每条路段的交通流预测任务作为一个独立的任务。其次，考虑到单任务交通流预测方法容易忽略部分时空特征的问题，引入多任务学习机制，通过共享机制实现对交通网络共享时空特征的学习和分析。最后，利用堆栈自编码网络逐层贪婪训练网络参数，解决神经网络初始化问题，降低模型训练难度，提高收敛速率。在两个真实数据集将 MSAE 模型与 DNN - STL 模型、DNN - MTL 模型、SAE - STL 模型进行比较，结果表明 MSAE 模型在两个真实数据集上的性能均优于对比模型，在预测精度上有了显著的提高，验证了模型在交通网络交通流预测任务中的有效性和良好的泛化能力。

2.交通流数据降噪方法研究

(1) 针对交通数据中的噪声问题,提出了一种基于Fused Ridge特征选择和多任务学习的交通流预测模型FR - MTL,在高维空间实现交通数据降噪,并预测多路段交通流。首先,考虑到交通流有序且高度相关的特性,提出Fused Ridge特征选择方法对模型系数及系数差分施加L_2正则化惩罚,保证相邻特征间的相似性和趋势特征,实现数据降噪。此外,引入多任务学习机制学习交通流的时空特征实现多路段交通流预测。在PeMS数据集上对模型进行验证,并与Lasso、Ridge、Elastic Net、Fused Lasso正则化特征选择方法进行对比分析。实验结果表明,所提出的方法在预测精度上优于对比模型。同时,在具有固定噪声率的高斯噪声数据和包含小规模缺失数据的数据集上验证了FR - MTL模型的降噪性能。实验结果表明,随着噪声率和缺失率的增加,所提模型减缓了误差增长趋势,并仍能保持较高的预测精度,验证了模型在交通数据降噪方面的有效性。

(2) 针对交通流易受不确定因素影响、含噪声的问题,使用SSA法对高速公路交通流进行分解、降噪与重构;针对现有基于时空特征分析的交通流预测模型多采用浅层网络模型,不能充分学习交通流内部本质特征的问题,分别构建了CNN网络结构、GRU网络结构,用于提取交通流深层次的空间特征与时间特征;针对GRU网络提取时间特征时忽视了输出层中具有不同时间步长意义的神经元对目标时间序列的影响,将注意力机制引入GRU网络,对GRU网络进行改进,构建了具有注意力机制的GRUAT时间特征提取网络结构,使改进后的网络能够重点关注GRU输出层对目标时刻交通流影响较大的特征项,增强了网络对交通流时间特征的学习能力。模型融合了交通流的时空特征与注意力机制。经实验与多种模型对比分析,基于SSA - CNN - GRUAT的交通流预测模型预测精度最高,具有较好的稳定性。

3.交通流复杂影响因素研究

(1) 针对交通流复杂影响因素难以整合的问题,提出了基于卷积神经网络和特征融合的交通流预测模型MF - CNN。该模型充分考虑了交通流的连续性、日周期性、周周期性,以及天气、节假日因素对交通流造成的影响。首先,将交通流的内在特征分为包含时间连续性短时特征,以及含日周期性和周周期性的长期特征包,分别将这三种特征与空间特征相结合构建具有不同时间维度、相同空间维度的二维时空矩阵。其次,利用CNN提取每类时空矩阵的高维时空特征。然后,将所提取的高维时空特征与外部影响因素相融合,通过逻辑回归层训练得到最终交通流预测结果。将MF - CNN模型与ANN模型、SAE模型、CNN模型、LSTM模型和CLSTM模型在JPEA和PeMS两个数据集上进行对比实验,实验结果表明MF - CNN模型在JPEA数据集上取得最佳性能,在PeMS数据集上略逊于 CLSTM 模型,但 MF - CNN 模型在执行效率上要优于 CLSTM 模型,结果验证了 MF - CNN 模型在两个数据上的有效性和良好的泛化能力。此外,对不同特征组合对交通流预测的影响进行了实验分析,结果表明,连续性时空特征对于模型精准预测贡献最大,日周期对预测精度的影响大于周周期性,考虑外部因素的模型的预测结果比只依赖时空特征的模型预测结果更准确。这些发现扩展并补充了关于交通流特征的研究。

(2) 针对客货车交通流对外界因素的敏感程度不同的特点,构建交通流预测初始特征变量集,基于随机森林算法建立动态特征变量选择模型,分别筛选出对客货车交通流预测更加敏感的关键变量,构建高峰时段和平峰时段客货车交通流样本数据集,进而选取最小二乘支持向量机作为基础预测模型,选取 ploy 核函数、sigmoid 核函数和 RBF 核函数构建多核核函数。利用结合自适应加权因子、最优位置选取及差分进化思想改进的人工蜂群算法,对多核最小二乘支持向量机预测模型参数组合进行优化,提出基于 RF - IABC - MKLSSVM 的高速公路短时交通流预测模型。最后,利用吉林省高速公路收费数据对所提出的模型进行验证,分别对高峰时段和平峰时段交通流进行预测。将多核 LSSVM 预测模型与单核 LSSVM 预测模型进行比较、IABC 与标准的 ABC 算法优化性能进行比较,利用所提出的 RF - IABC - MKLSSVM 预测模型与 BPNN、ABC - MKLSSVM 预测模型性能进行比较,实验结果表明 RF - IABC - MKLSSVM 预测模型预测性能更优,更具实用价值。

4.交通流多步预测研究

针对交通规划对多步交通流预测的需求,提出了基于循环神经网络和注意力机制的多步交通流预测模型 MARNN,旨在结合递归策略和多输出策略,利用动态反馈神经网络来解决多步预测任务中的误差累积问题。MARNN 模型首先利用 LSTM 模型重构交通流动态轨迹,并结合多输出策略,减小误差累积。其次,引入注意力机制,自适应地寻找对当前任务相对重要的特征,提高模型预测精度。在 JPEA 和 PeMS 两个数据集上对模型进行验证,并与 ANN 模型、CNN 模型、RNN 模型和 LSTM 模型进行对比分析。实验结果表明在短时 15min 预测中 MARNN 没有取得优势,逊于 ANN 模型和 CNN 模型,但是在长时 30min、45min 和 60min 的预测中 MARNN 取得最优结果,预测误差相对较小,同时其在输出步长增加时,误差增长趋势低于其他四个基准模型,验证了模型的泛化能力与稳定性。

11.2　展望

由于交通流特征和模型的复杂性,以及认识水平的局限性,本书的研究仍然存在一定的局限性,在后续的工作中,我们期望并计划深入开展相关研究工作。本书将目前研究工作存在的局限性进行了总结。

1.多源特征的融合

本书将交通流的连续性、日周期性、周周期性、天气和节假日因素纳入特征考量,提高了模型预测的准确性和鲁棒性。但交通流也受交通事件、经济发展情况,以及道路养护等其他因素的影响。受数据获取的限制,未能将它们一并纳入考虑分析。因此后续将考查更加健壮的特征数据,结合实际进一步提高模型的预测性能。

2.对不同检测方式的交通数据进行研究

本书主要应用了高速公路收费数据和环形探测器收集的数据。实际上交通数据采集还包括基于车辆GPS的交通轨迹数据、基于手机活动的交通数据、视频检测采集技术获得的交通数据等。后续将多种交通流数据进行融合将是研究的一个重点方向。

3.模型轻量化研究

本书所提出的交通流预测方法只考虑了有效性和精确性等相关问题,没有充分讨论模型训练时间和实时反映效率等体现短时预测的优点。因此后续将对模型进行轻量化研究,通过降低模型复杂度,进一步探讨提升模型预测时效性的方法。

参考文献

[1]https://www.mps.gov.cn/n2254314/n6409334/c8719751/content.html.

[2]ZHU L, YU F R, WANG Y, et al. Big data analytics in intelligent transportation systems: A Survey[J]. IEEE Transactions on Intelligent Transportation Systems, 2018, 20(1):383-398.

[3]王炜.主干道路OD交通量推算方法的研究[J].华东公路,1988(5):62-69.

[4]李旭宏.城市交通分布预测模型研究:系统平衡模型及其应用[J].东南大学学报,1997(S1):154-157.

[5]段进宇,缪立新,江见鲸.由路段交通流量反估出行OD矩阵技术的应用[J].清华大学学报(自然科学版),2000(6):123-126.

[6] STEPHANEDES Y J, MICHALOPOULOS P G, Plum R A. Improved estimation of traffic flow for real-time control[J]. Transportation Research Record, 1981, 795:28-39.

[7] JEFFREY D J, RUSSAM K, ROBERTSON D I. Electronic route guidance by AUTOGUIDE: the research background[J]. Traffic Engineering and Control, 1987, 28(10): 525-529.

[8] KAYSI I, BEN-AKIVA M, KOUTSOPOULOS H. An integrated approach to vehicle routing and congestion prediction for real-time driver guidance[J]. Transportation Research Record, 1993, 1408:66-74.

[9] OKUTANI I, STEPHANEDES Y J. Dynamic prediction of traffic volume through Kalman filtering theory[J]. Transportation Research Part B Methodological, 1984, 18(1):1-11.

[10]杨兆升, 朱中. 基于卡尔曼滤波理论的交通流量实时预测模型[J]. 中国公路学报, 1999, 12(3):63-67.

[11] GAO J W, LENG Z W , ZHANG B , et al. The application of adaptive Kalman filter in traffic flow forecasting[J]. Advanced Materials Research, 2013, 680:495-500.

[12]郭海锋,方良君,俞立.基于模糊卡尔曼滤波的短时交通流量预测方法[J].浙江工业大学学报,2013, 41(2):218-221.

[13] BOX G E, JENKINS G M, ReinselGC, et al. Time series analysis: forecasting and control[M]. John Wiley&Sons, 2015.

[14] AHMED M S, ALLEN R C. Analysis of freeway traffic time-series data by using box-jenkins techniques [J]. Transportation Research Record, 1979, 722.

[15] WILLIAMS B M, HOEL L A. Modeling and forecasting vehicular traffic flow as a seasonal ARIMA process: Theoretical Basis and Empirical Results[J]. Journal of Transportation Engineering, 2003, 129(6):664-672.

[16] KAMARIANAKIS Y, POULICOS P. Space-time modeling of traffic flow[J]. Computers & Geosciences, 2005, 31(2):119-133.

[17] KUMAR S V, VANAJAKSHI L. Short-term traffic flow prediction using seasonal ARIMA model with limited input data[J]. European Transport Research Review, 2015, 7(3):21.

[18] SMITH B L, WILLIAMS B M , OSWALD R K . Comparison of parametric and nonparametric models for

traffic flow forecasting[J]. Transportation Research Part C: Emerging Technologies, 2002, 10(4): 303-321.

[19] ZHU J Z, CAO J X, ZHU Y. Traffic volume forecasting based on radial basis function neural network with the consideration of traffic flows at the adjacent intersections[J]. Transportation Research Part C: Emerging Technologies, 2014, 47: 139-154.

[20] DAVIS G A, NIHAN N L. Nonparametric regression and short-term freeway traffic forecasting[J]. Journal of Transportation Engineering, 1991, 117(2): 178-188.

[21] ZHANG T, HU L, LIU Z, et al. Nonparametric regression for the short-term traffic flow forecasting [C]//2010 International Conference on Mechanic Automation & Control Engineering. IEEE, 2010: 2850-2853.

[22] FAOUZI N-E El. Nonparametric traffic flow prediction using kernel estimator[C]//Transportation and Traffic Theory. Proceedings of the 13th International Symposium on Transportation and Traffic Theory, Lyon, France, 24-26 July, 1996.

[23] 钱海峰,陈阳舟,李振龙,等.核函数法与最邻近法在短时交通流预测应用中的对比研究[J].交通与计算机,2008,26(6):18-21,34.

[24] KOHONEN T. An introduction to neural computing[J]. Neural Networks, 1988, 1(1): 3-16.

[25] 朱中,杨兆升.实时交通流量人工神经网络预测模型[J].中国公路学报,1998(4):92-95.

[26] JIANG X M, HOJJAT A. Dynamic wavelet neural network model for traffic flow forecasting[J]. Journal of Transportation Engineering-Asce, 2005, 131(10): 771-779.

[27] KUANG X, XU L, HUANG Y, et al. Real-time forecasting for short-term traffic flow based on General Regression Neural Network[C]// Intelligent Control & Automation. IEEE, 2010: 2776-2780.

[28] CHAN K Y, DILLON T S, SINGH J, et al. Neural-network-based models for short-term traffic flow forecasting using a hybrid exponential smoothing and levenberg-marquardt algorithm[J]. IEEE Transactions on Intelligent Transportation Systems, 2012, 13(2): 644-654.

[29] LI Y, JIANG X, ZHU H, et al. Multiple measures-based chaotic time series for traffic flow prediction based on Bayesian theory[J]. Nonlinear Dynamics, 2016, 85(1): 179-194.

[30] DING A L, ZHAO X M, JIAO L C. Traffic flow time series prediction based on statistics learning theory [C]// The IEEE 5th International Conference on Intelligent Transportation Systems, IEEE, 2002: 727-730.

[31] SU H, ZHANG L, YU S. Short-term traffic flow prediction based on incremental support vector Regression [C]//Third International Conference on Natural Computation. IEEE, 2007, 1: 640-645.

[32] 傅贵,韩国强,逯峰,等.基于支持向量机回归的短时交通流预测模型[J].华南理工大学学报(自然科学版),2013,41(9):71-76.

[33] 康军,段宗涛,唐蕾,等.一种 LS-SVM 在线式短时交通流预测方法[J].计算机应用研究,2018,35(10):2965-2968.

[34] VLAHOGIANNI E I, KARLAFTIS M G, GOLIAS J C. Optimized and meta-optimized neural networks for short-term traffic flow prediction: A genetic approach[J]. Transportation Research Part C: Emerging Technologies, 2005, 13(3): 211-234.

[35] 李松,刘力军,解永乐.遗传算法优化 BP 神经网络的短时交通流混沌预测[J].控制与决策,2011,26(10):1581-1585.

[36] DEZANI H, BASSI R D S, MARRANGHELLO N, et al. Optimizing urban traffic flow using Genetic Algorithm with Petri net analysis as fitness function[J]. Neurocomputing, 2014, 124:162-167.

[37]孙燕,陈森发,周振国.灰色系统理论在无检测器交叉口交通流量预测中的应用[J].东南大学学报(自然科学版),2002(2):256-258.

[38]陈淑燕,陈家胜.一种改进的灰色模型在交通量预测中的应用[J].公路交通科技,2004(2):80-83.

[39] BEZUGLOV A, COMERT G. Short-term freeway traffic parameter prediction: Application of grey system theory models[J]. Expert Systems with Applications, 2016, 62:284-292.

[40] YU D, LIU Y , YU X . A data grouping CNN algorithm for short-term traffic flow forecasting[C]// Asia-Pacific Web Conference. Springer International Publishing, 2016:92-103.

[41] LU W, LUO D, YAN Me. A model of traffic accident prediction based on convolutional neural network [C]// In 2017 2nd IEEE International Conference on Intelligent Transportation Engineering (ICITE), 2017:198-202.

[42]MA X, DAI Z, HE Z, et al. Learning Traffic as Images: A deep convolutional neural network for large-scale transportation network speed prediction:[J]. Sensors, 2017, 17(4):818.

[43]孔繁钰,周愉峰,陈纲.基于时空特征挖掘的交通流量预测方法[J].计算机科学,2019,46(7):322-326.

[44]FU R, ZHANG Z , LI L . Using LSTM and GRU neural network methods for traffic flow prediction[C]// 2016 31st Youth Academic Annual Conference of Chinese Association of Automation (YAC). IEEE, 2016: 324-328.

[45]YU H, WU Z, WANG S, et al. Spatiotemporal recurrent convolutional networks for traffic prediction in transportation networks[J]. Sensors, 2017, 17(7):1501.

[46] ZHAO Z, CHEN W , WU X , et al. LSTM network: a deep learning approach for short-term traffic forecast [J]. IET Intelligent Transport Systems, 2017, 11(2):68-75.

[47]王体迎,时鹏超,刘蒋琼,等.基于门限递归单元循环神经网络的交通流预测方法研究[J].重庆交通大学学报(自然科学版),2018,37(11):76-82.

[48]罗向龙,李丹阳,杨彧,等.基于 KNN-LSTM 的短时交通流预测[J].北京工业大学学报,2018,44(12):1521-1527.

[49]LV Y, DUAN Y, KANG W, et al. Traffic flow prediction with big data: a deep learning approach[J]. IEEE Transactions on Intelligent Transportation Systems, 2015, 16(2):865-873.

[50] ZHOU T, HAN G , XU X , et al. δ-agree adaboost stacked autoencoder for short-term traffic flow forecasting[J]. Neurocomputing, 2017, 247:31-38.

[51] ZHAO X, GU Y, CHEN L, et al. Urban short-term traffic flow prediction based on stacked autoencoder [C] // 2019 19th COTA International Conference of Transportation Professionals (CICTP), 2019:5178-5188.

[52] HUANG W, SONG G, HONG H, et al. Deep architecture for traffic flow prediction: deep belief networks with multitask learning[J]. IEEE Transactions on Intelligent Transportation Systems, 2014, 15(5):2191-2201.

[53] ZHANG Y, HUANG G. Traffic flow prediction model based on deep belief network and genetic algorithm [J]. IET Intelligent Transport Systems, 2018, 12(6):533-541.

[54] ZHENG W Z, SHI Q X. Study of short-term freeway traffic flow prediction based on BAYESIAN combined

model[J]. China Journal of Highway & Transport, 2005, 18(1):85-89.

[55] TAN M C, WONG S C, XU J M, et al. An aggregation approach to short-term traffic flow prediction[J]. IEEE Transactions on Intelligent Transportation Systems, 2009, 10(1):0-69.

[56]沈国江,王啸虎,孔祥杰.短时交通流量智能组合预测模型及应用[J].系统工程理论与实践,2011,31(3):561-568.

[57] WU Y, TAN H, QIN L, et al. A hybrid deep learning based traffic flow prediction method and its understanding[J]. Transportation Research Part C: Emerging Technologies, 2018, 90:166-180.

[58]刘兆惠,李倩,王超,等.基于小波卡尔曼滤波的高速公路交通数据融合去噪算法研究[J].公路工程,2018,43(6):91-96.

[59] DU S, LI T, GONG X, et al. A hybrid method for traffic flow forecasting using multimodal deep learning [J].International Journal of Computational Intelligence Systems,2020,13(1):85-97.

[60] KALMAN R E. A new approach to linear filtering and prediction problems[J]. Journal of Basic Engineering Transactions, 1960, 82(1):35-45.

[61] ALTMAN N S. An introduction to kernel and nearest-neighbor nonparametric regression[J]. The American Statistician, 1992, 46(3):175-185.

[62] CORTES C, VAPNIK V. Support-vector networks[J]. Machine Learning, 1995, 20(3):273-297.

[63] HOLLAND J H. Adaptation in natural and artificial systems[M], USA: A Bradford Book,1975.

[64]DENG J L. Control problems of grey systems[J]. Systems & Control Letters, 1982,1(5):288-294.

[65] LECUN Y, BOSER B, DENKER J S, et al. Backpropagation applied to handwritten zip code recognition [J]. Neural Computation, 1989, 1(4):541-551.

[66] FUKUSHIMA K. Neocognitron: A self-organizing neural network model for a mechanism of pattern recognition unaffected by shift in position[J]. Biological Cybernetics, 1980, 36(4):193-202.

[67] RUMELHART D E, HINTON G E, WILLIAMS R J. Learning representations by back-propagating errors [J]. Nature, 1986, 323(3):533-536.

[68] HOCHREITER S, SCHMIDHUBER J. Long short-term memory[J]. Neural Computation, 1997, 9(8): 1735-1780.

[69] CHO K, MERRIENBOER B, GULCEHRE C, et al. Learning phrase representations using RNN encoder-decoder for statistical machine translation. [C]// In Proceedings of the 2014 Conference on Empirical Methods in Natural Language Processing (EMNLP), 2014:1724-1734.

[70] HINTON G E, OSINDERO S, TEH Y W. A fast learning algorithm for deep belief nets[J]. Neural Computation, 2006, 18(7):1527-1554.

[71]雷斌,温乐,耿浩,等.基于加权组合模型的短时交通流预测研究[J].测控技术,2018,37(5):37-41.

[72]钱伟,车凯,李冰锋.基于组合模型的短时交通流量预测[J].控制工程,2019,26(1):125-130.

[73]罗文慧,董宝田,王泽胜.基于CNN-SVR混合深度学习模型的短时交通流预测[J].交通运输系统工程与信息,2017,17(5):68-74.

[74] WEI W, WU H, MA H. An autoEncoder and LSTM-based traffic flow prediction method[J]. Sensors, 2019, 19(13):2946.

[75]马飞虎,饶志强.城市道路短时交通流预测方法研究[J].公路,2017,62(6):192-196.

[76]陆百川,舒芹,马广露.基于多源交通数据融合的短时交通流预测[J].重庆交通大学学报(自然科学版),2019,38(5):13-19,56.

[77] California Departement of Transportation. Caltrans Performance Measurement System. http://pems.dot.ca.gov/.

[78]孙静怡, 牟若瑾, 刘拥华. 考虑大型车因素的支持向量机短时交通状态预测模型研究[J]. 公路交通科技, 2018, 35(10):126-132.

[79]杨丽, 吴雨茜, 王俊丽. 循环神经网络研究综述[J]. 计算机应用,2018,38(S2):1-6,26.

[80]李晓璐, 于昕明, 杜崇. 基于权值优化的 FCM-MSVM 算法及其在高速公路状态判别中的应用[J]. 北京交通大学学报, 2018,42(4):72-78,84.

[81]陈忠辉, 凌献尧, 冯心欣. 基于模糊 C 均值聚类和随机森林的短时交通状态预测方法[J]. 电子与信息学报, 2018, 40(8):1879-1886.

[82]董宏辉, 孙晓亮, 贾利民等.多模态的交通流量预测模型[J]. 吉林大学学报(工学版), 2011, 41(3):645-649.

[83]KERNER B S, KLENOV S L, HILLER A. Empirical test of a microscopic three-phase traffic theory[J]. Nonlinear Dynamics, 2007, 49(4):525-553.

[84]郑淑鉴, 杨敬锋. 国内外交通拥堵评价指标计算方法研究[J]. 公路与汽运, 2014,(01):57-61.

[85]JIN F, SUN S. Neural network multitask learning for traffic flow forecasting[C]// Proceedings of the International Joint Conference on Neural networks, IJCNN 2008, part of the IEEE World Congress on Computational Intelligence, WCCI 2008, Hong Kong, China, June 1-6, 2008. IEEE, 2008:1897-1901.

[86] LIU L, CHEN R C. A novel passenger flow prediction model using deep learning methods [J]. Transportation Research Part C:Emerging Technologies, 2017, 84:74-91.

[87] LIOU C Y, CHENG W C, LIOU J W, et al. Autoencoder for words[J]. Neurocomputing, 2014, 139:84-96.

[88] RUMELHART D E, HINTON G E, WILLIAMS R J. Learning internal representations by error-propagation [J]. Readings in Cognitive Science, 1988, 323(6088):399-421.

[89] BALDI P. Autoencoders, unsupervised learning and deep architectures[C]// Proceedings of the 2011 International Conference on Unsupervised and Transfer Learning workshop - Volume 27. 2011:37-50.

[90] DARGENIO R, SRIKANT S, HEMBERG E, et al. Exploring the use of autoencoders for botnets traffic representation[C]// In 2018 IEEE Security and Privacy Workshops (SPW) ,2018:57-62.

[91]丁红卫,万良,龙廷艳.深度自编码网络在入侵检测中的应用研究[J].哈尔滨工业大学学报,2019,51(5):185-194.

[92] LIU L, CHEN R. A novel passenger flow prediction model using deep learning methods[J]. Transportation Research Part C:Emerging Technologies, 2017, 84, 74-91.

[93] ERHAN D, BENGIO Y , COURVILLE A , et al. Why does unsupervised pre-training help deep learning? [J]. Journal of Machine Learning Research, 2010, 11(3):625-660.

[94] CARUANA R. Multitask learning[J]. Machine Learning, 1997, 28(1):41-75.

[95] CARUANA R. Multitask learning: a knowledge-based source of inductive bias[C]//Proceedings of the Tenth International Conference on Machine Learning, 1993:41-48.

[96] BAXTER J. A bayesian/information theoretic model of learning to learn via multiple task sampling[J]. Machine Learning, 1997, 28(1):7-39.

[97] PAN S J, YANG, Q. A survey on transfer learning[J]. IEEE Transactions on Knowledge & Data Engineering, 2009,22(10):1345-1359.

[98] BENGIO Y, LAMBLIN P, POPOVICI D , et al. Greedy layer-wise training of deep networks[J]. Advances in Neural Information Processing Systems, 2007:153-160.

[99] Manual H C. The highway capacity capacity manual[N].TR News,2000-2.

[100] TANG J, ZHANG G, WANG Y, et al. A hybrid approach to integrate fuzzy C-means based imputation method with genetic algorithm for missing traffic volume data estimation[J]. Transportation Research Part C: Emerging Technologies, 2015, 51:29-40.

[101] CHENG A, JIANG X, LI Y, et al. Multiple sources and multiple measures based traffic flow prediction using the chaos theory and support vector regression method[J]. Physica A: Statistical Mechanics and its Applications, 2017, 466(Complete):422-434.

[102] KUMAR K, JAIN V K. Autoregressive integrated moving averages (ARIMA) modelling of a traffic noise time series[J]. Applied Acoustics, 1999, 58(3):283-294.

[103]齐驰,侯忠生.自适应单指数平滑法在短期交通流预测中的应用[J].控制理论与应用,2012,29(4):465-469.

[104] KRISHNAN S, SEELAMANTULA C. On the selection of optimum Savitzky-Golay filters[J]. IEEE Transactions on Signal Processing, 2013, 61(2): 380-391.

[105] CHANG G, ZHANG Y, YAO D. Missing data imputation for traffic flow based on improved local least squares[J]. Tsinghua Science & Technology, 2012, 17(3):304-309.

[106] FU T,WANG Z. Based on wavelet analysis-fuzzy neural network real time traffic flow prediction[C]// International Conference on Frontier Computing, 2016:173-178.

[107] BOTO-GIRALDA D , FRANCISCO J. DíAZ-PERNAS, et al. Wavelet-based denoising for traffic volume time series forecasting with self-organizing neural networks[J]. Computer-Aided Civil and Infrastructure Engineering, 2010, 25(7):530-545.

[108] TIBSHIRANI R, SAUNDERS M, ROSSET S , et al. Sparsity and smoothness via the fused Lasso[J]. Journal of the Royal Statistical Society Series B, 2005, 67(1):91-108.

[109] RUDIN L I, OSHER S, FATEMI E. Nonlinear total variation based noise removal algorithms[J]. Physica D, 1992, 60(1-4):259-268.

[110] TIBSHIRANI R. Regression shrinkage and selection via the lasso[J]. Journal of the Royal Statistical Society Series B:Methodological, 1996, 58(1):267-288.

[111] KENNARD H R W. RIDGE regression: applications to nonorthogonal problems[J]. Technometrics, 1970, 12(1):69-82.

[112]ZOU H, HASTIE T. Addendum: regularization and variable selection via the elastic net[J]. Journal of the Royal Statistical Society, 2005, 67(5):768-768.

[113]郝亚楠. 基于 L_2-Fused Lasso 变量选择方法的性质及应用研究[D].北京:北京交通大学,2014.

[114] LAND S, FRIEDMAN J. Variable fusion: a new method of adaptive signal regression[R]. Technical Report. Department of Statistics, Stanford University, Stanford, 1996.

[115] XIN B, KAWAHARA Y, WANG Y, et al. Efficient generalized fused Lasso and its application to the diagnosis of Alzheimer's disease[C]// Proceedings of the Twenty-Eighth AAAI Conference on Artificial Intelligence,2014:2163-2169.

[116] LEE S H, YU D, BACHMAN A H, et al. Application of fused Lasso logistic regression to the study of corpus callosum thickness in early Alzheimer's disease[J]. Journal of Neuroscience Methods, 2014, 221:

78-84.

[117] PAREKH A, SELESNICK I W. Convex fused Lasso denoising with non-convex regularization and its use for pulse detection[C]// In 2015 IEEE Signal Processing in Medicine and Biology Symposium (SPMB). IEEE,2015:1-6.

[118] YU D, LEE S J , LEE W J , et al. Classification of spectral data using fused Lasso logistic regression[J]. Chemometrics and Intelligent Laboratory Systems, 2015, 142:70-77.

[119]PARK C, KIM S B , YU J H , et al. Virtual metrology modeling of time-dependent spectroscopic signals using a fused lasso algorithm[J]. Journal of Process Control, 2016, 42:51-58.

[120]YANG H J , HU X . Wavelet neural network with improved genetic algorithm for traffic flow time series prediction[J]. Optik-International Journal for Light and Electron Optics, 2016, 127(19):8103-8110.

[121]李林超, 张健, 杨帆, 等. 基于核函数切换和支持向量回归的交通量短时预测模型[J]. 东南大学学报(自然科学版), 2017, 47(5):1032-1036.

[122]田保慧, 郭彬. 基于时空特征分析的短时交通流预测模型[J]. 重庆交通大学学报(自然科学版), 2016, 35(3):105-109.

[123]李林超, 何赏璐, 张健. 时空因素影响下在线短时交通量预测[J]. 交通运输系统工程与信息, 2016, 16(5):165-171.

[124]YANG J B , NGUYEN M N , SAN P P , et al. Deep convolutional neural networks on multichannel time series for human activity recognition[C]// Proc. IJCAI. AAAI Press, 2015:3995-4001.

[125]ZHANG J, ZHENG Y, QI D. Deep spatio-temporal residual networks for citywide crowd flows Prediction [C]// In AAAI, 2016:1655-1661.

[126] MNIH V, HEESS N, GRAVES A. Recurrent models of visual attention[C]// Advances in Neural Information Processing System, 2014:2204 - 2212.

[127]ZHANG W, YU Y, QI Y, et al. Short-term traffic flow prediction based on spatio-temporal analysis and CNN deep learning[J]. Transportmetrica, 2019, 15(2):1688-1711.

[128] HOSSEINI M K, TALEBPOUR A. Traffic prediction using time-space diagram: a convolutional neural network approach[J]. Transportation Research Record, 2019, 2673(7):425-435.

[129] JIANG X, ADELI H . Wavelet packet-autocorrelation function method for traffic flow pattern Analysis[J]. Computer-Aided Civil and Infrastructure Engineering, 2010, 19(5):324-337.

[130] ZHANG Y, ZHANG Y, HAGHANI A. A hybrid short-term traffic flow forecasting method based on spectral analysis and statistical volatility model [J]. Transportation Research Part C: Emerging Technologies, 2014, 43:65-78.

[131] KOESDWIADY A, SOUA R , KARRAY F . Improving traffic flow prediction with weather information in connected cars: a deep learning approach[J]. IEEE Transactions on Vehicular Technology, 2016, 65 (12):9508-9517.

[132] JIA Y, WU J, XU M. Traffic flow prediction with rainfall impact using a deep learning method[J]. Journal of Advanced Transportation, 2017, 2017:1-10.

[133] BAO Y, XIAO F , GAO Z , et al. Investigation of the traffic congestion during public holiday and the impact of the toll-exemption policy[J]. Transportation Research Part B: Methodological, 2017, 104:58 -81.

[134] ZHANG Z, HE Q, TONG H , et al. Spatial-temporal traffic flow pattern identification and anomaly

detection with dictionary-based compression theory in a large-scale urban network[J]. Transportation Research Part C: Emerging Technologies, 2016, 71:284-302.

[135] YANG Y, XU Y, HAN J, et al. Efficient traffic congestion estimation using Multiple spatio-temporal properties[J]. Neurocomputing, 2017,267:344-353.

[136] POSTORINO C M N. Fixed point approaches to the estimation of O/D matrices using traffic counts on congested networks[J]. Transportation Science, 2001, 35(2):134-147.

[137] ASIF M T, MITROVIC N, DAUWELS J, et al. Matrix and tensor based methods for missing data estimation in large traffic networks[J]. IEEE Transactions on Intelligent Transportation Systems, 2016, 17(7):1816-1825.

[138] FANAEE-T H, GAMA J. Event detection from traffic tensors[J]. Neurocomputing, 2016, 203:22-33.

[139] LECUN Y, BOSER B, DENKER J S, et al. Handwritten digit recognition with a back-propagation network[J]. Advances in Neural Information Processing Systems, 1990, 2(2):396-404.

[140] LONG J, SHELHAMER E, DARRELL T. Fully convolutional networks for semantic segmentation[J]. IEEE Transactions on Pattern Analysis & Machine Intelligence, 2014, 39(4):640-651.

[141] MA X, TAO Z, WANG Y, et al. Long short-term memory neural network for traffic speed prediction using remote microwave sensor data[J]. Transportation Research Part C: Emerging Technologies, 2015, 54:187-197.

[142] CHEN X, WEI Z, LIU X, et al. Spatiotemporal variable and parameter selection using sparse hybrid genetic algorithm for traffic flow forecasting[J]. International Journal of Distributed Sensor Networks, 2017, 13(6).

[143] SHANG Q, LIN C, YANG Z, et al. Short-term traffic flow prediction model using particle swarm optimization-based combined kernel function-least squares support vector machine combined with chaos theory[J]. Advances in Mechanical Engineering, 2016, 8(8):1-12.

[144] 周建友, 张凯威. 改进布谷鸟算法优化混合核 LSSVM 的卷烟销售量预测[J]. 计算机工程与应用, 2015, 51(19):250-254.

[145] CONG Y, WANG J, LI X. Traffic flow forecasting by a least squares support vector machine with a fruit fly optimization algorithm[J]. Procedia Engineering, 2016, 137:59-68.

[146] 高珍, 柯阿香, 余荣杰,等. 基于随机生存森林的交通事件持续时间预测[J]. 同济大学学报(自然科学版), 2017(9):1304-1310.

[147] 付光杰, 胡明哲, 乔永娜. 改进蜂群算法的 WSN 节点分布优化研究[J]. 吉林大学学报(信息科学版), 2017(5):507-512.

[148] ZHANG M, ZHEN Y, HUI G, et al. Accurate multisteps traffic flow prediction based on SVM[J]. Mathematical Problems in Engineering, 2013(1): 418303.

[149] OJEDA L L, KIBANGOU A Y, WIT C C D. Adaptive kalman filtering for multi-step ahead traffic flow prediction[C]// 2013 American Control Conference. IEEE, 2013:4724-4729.

[150] KUMAR K, PARIDA M, KATIYAR V K. Short term traffic flow prediction for a non urban highway using artificial neural network[J]. Procedia - Social and Behavioral Sciences, 2013, 104:755-764.

[151] REN Y, CHENG T, ZHANG Y. Deep spatio-temporal residual neural networks for road-network-based data modeling[J]. International Journal of Geographical Information Science, 2019, 33(9):1894-1912.

[152] PAMULA T. Impact of data loss for prediction of traffic flow on an urban road using neural networks[J].

IEEE Transactions on Intelligent Transportation Systems, 2018,20(3):1000-1009.

[153] ZHAO L, ZHOU Y, LU H, et al. Parallel computing method of deep belief networks and its application to traffic flow prediction[J]. Knowledge Based Systems, 2019, 163:972-987.

[154] MNIH V, HEESS N, GRAVES A, et al. Recurrent models of visual attention[J]. Advances in Neural Information Processing Systems, 2014, 2204-2212.

[155] WANG F, CHEN W, YANG Z, et al. Hybrid attention for chinese character-level neural machine translation[J]. Neurocomputing, 2019, 358: 44-52.

[156] CHEN G, LU J, YANG M, et al. Spatial-temporal attention-aware learning for video-based person re-identification[J]. IEEE Transactions on Image Processing, 2019, 28(9): 4192-4205.

[157] WU Y, TAN H, CHEN X, et al. Memory, attention and prediction: a deep learning architecture for car-following[J]. Transportmetrica B:Transport Dynamics, 2019, 7(1): 1553-1571.

[158] SHIH S, SUN F, LEE H. Temporal pattern attention for multivariate time series forecasting[J]. Machine Learning, 2019, 108:1421-1441.

[159] CUI Q, WU S, HUANG Y, et al. A hierarchical contextual attention-based network for sequential recommendation[J]. Neurocomputing, 2019, 358: 141-149.

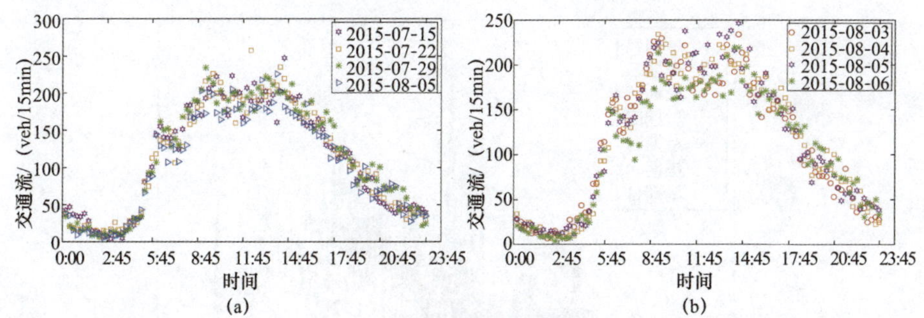

图 3.4 周期相似性交通流分布

(a)特定工作日;(b)连续工作日。

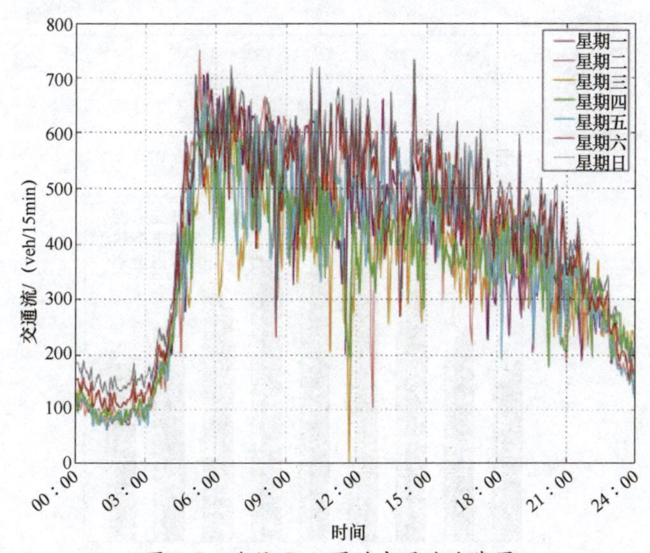

图 3.7 路段 S_1 一周的交通流曲线图

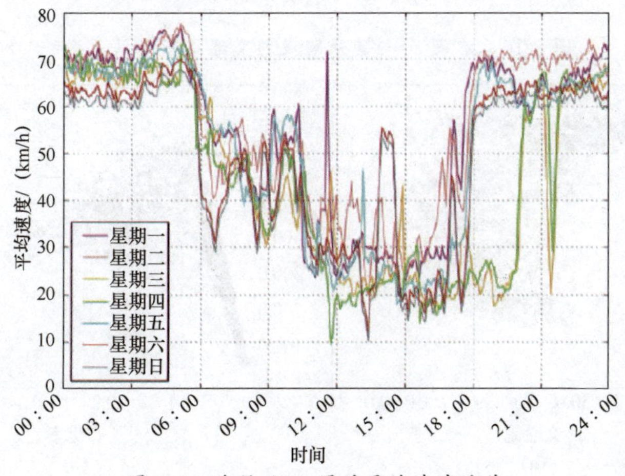

图 3.8 路段 S_1 一周的平均速度曲线

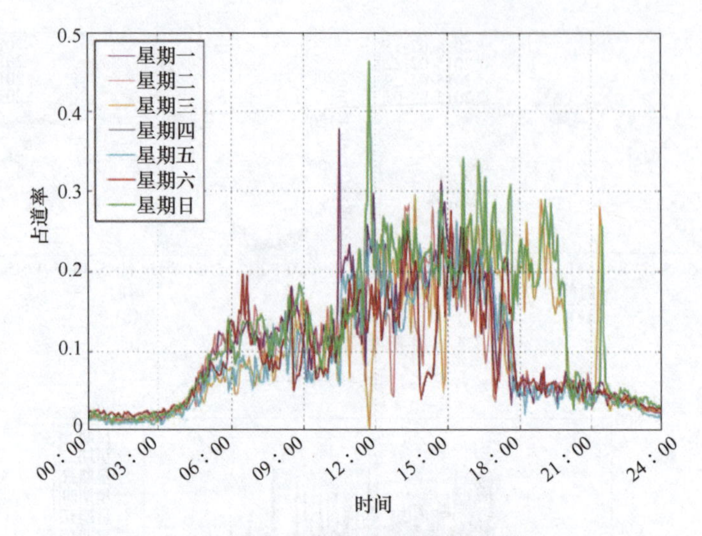

图 3.9 路段 S_1 一周的占道率曲线图

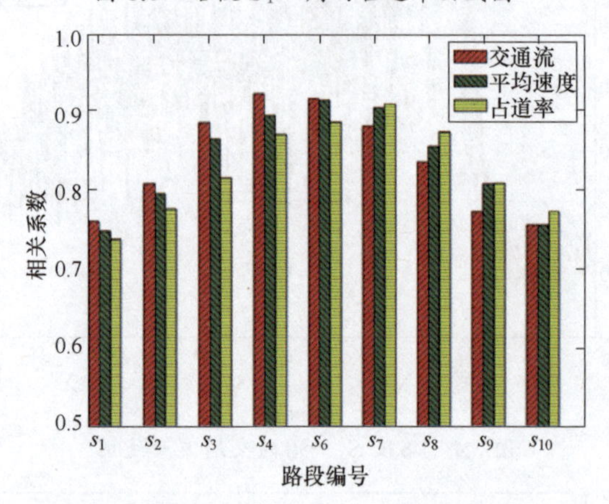

图 3.10 路段 S_5 与其他路段的交通参数相关系数

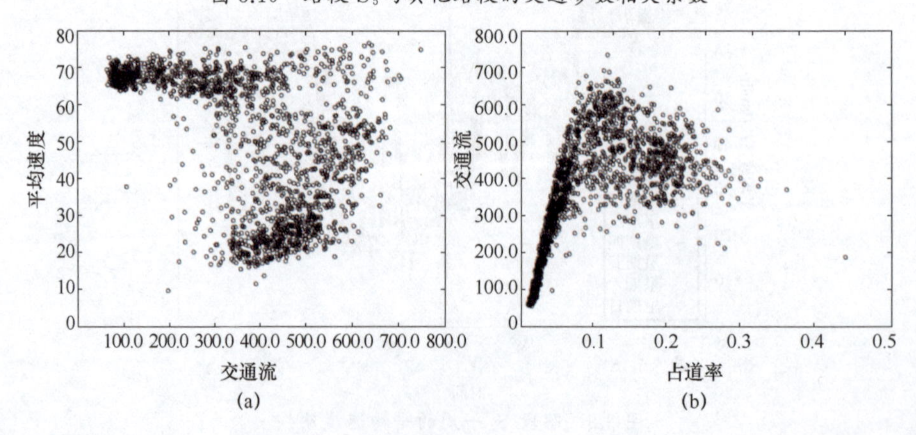

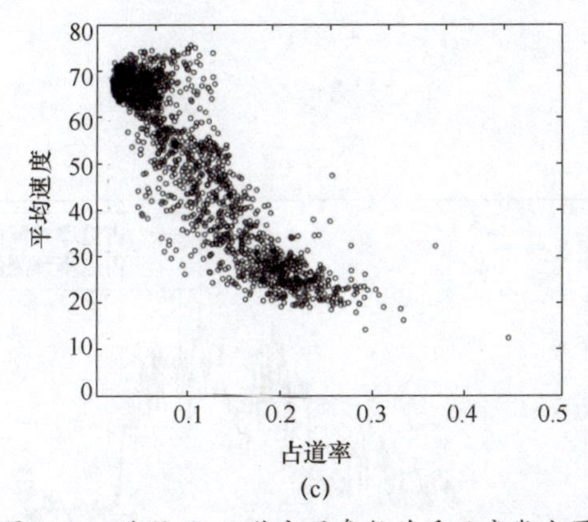

图 3.11　路段 S_1 三种交通参数关系示意散点图

(a)交通流与平均速度；(b)占道率与交通流；(c)平均速度与占道率

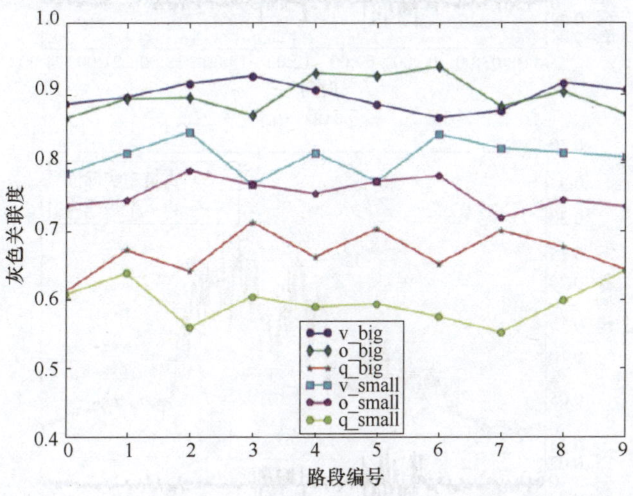

图 4.1　路网车辆类型与交通参数关联图

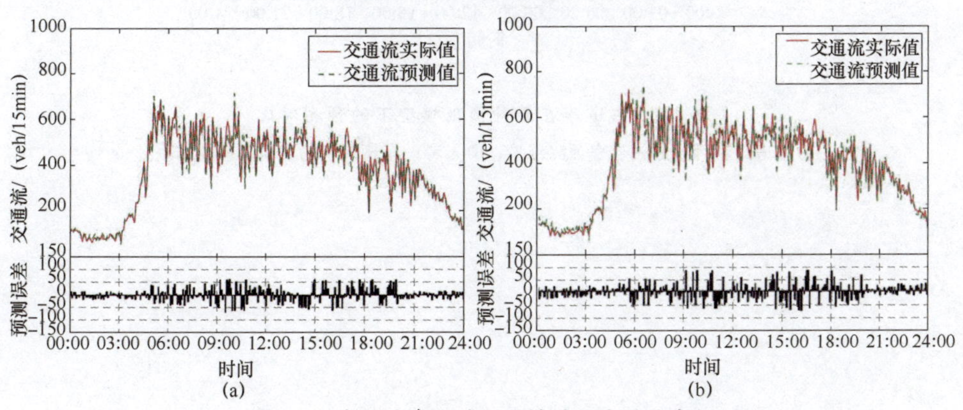

图 4.5　交通流在两种预测模型下的预测对比

(a)考虑车辆因素的交通流预测结果；(b)未考虑车辆因素的交通流预测结果。

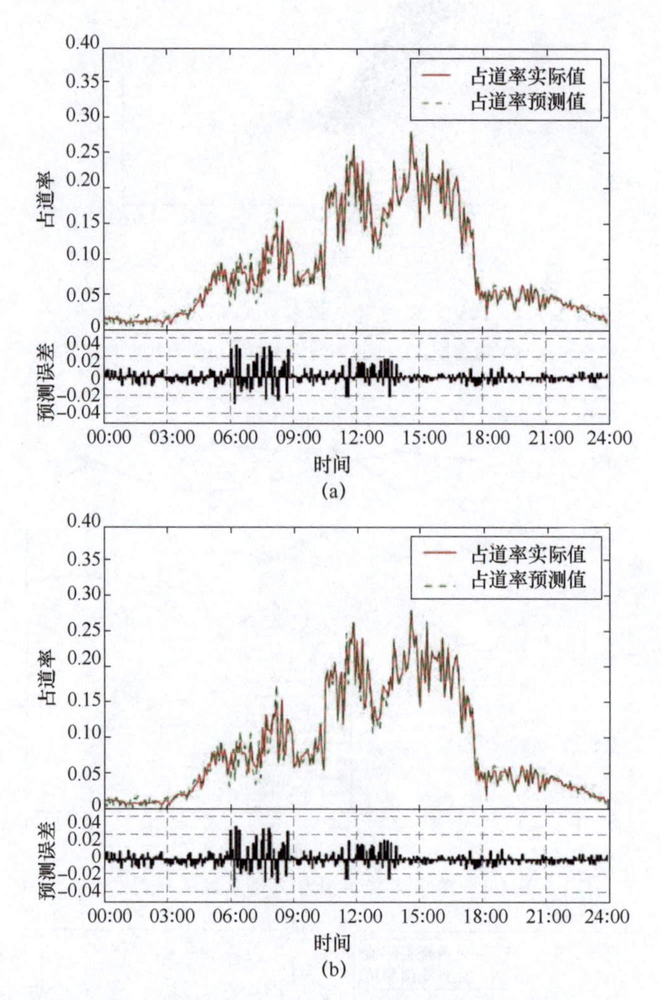

图 4.6 占道率在两种预测模型下的预测对比

(a)考虑车辆因素的占道率预测结果;(b)未考虑车辆因素的占道率预测结果。

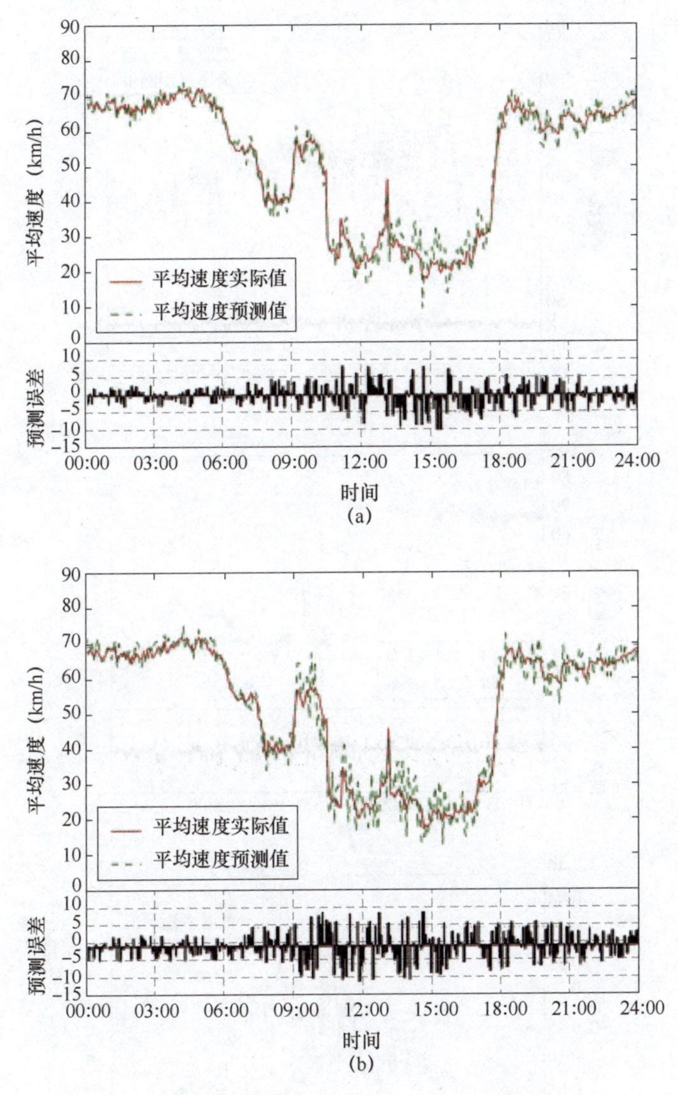

图 4.7　平均速度在两种预测模型下的预测对比

(a)考虑车辆因素的平均速度预测结果；(b)未考虑车辆因素的平均速度预测结果。

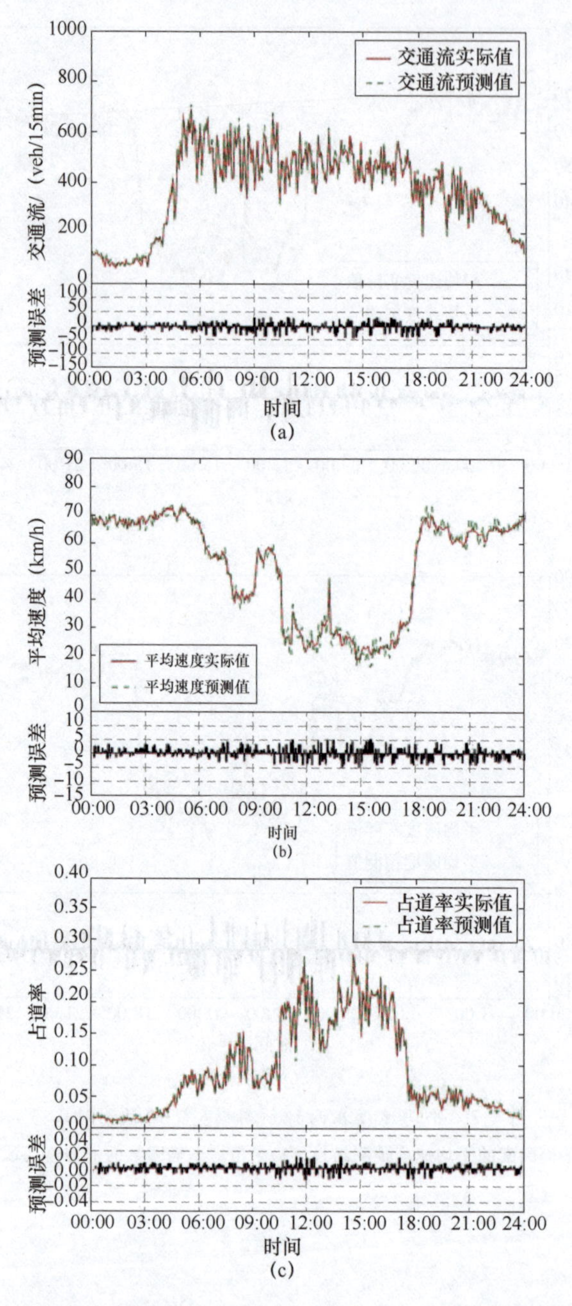

图 4.8 加入多模态自适应修正训练过程的交通参数预测结果

(a)交通量预测结果;(b)平均速度预测结果;(c) 占道率预测结果。

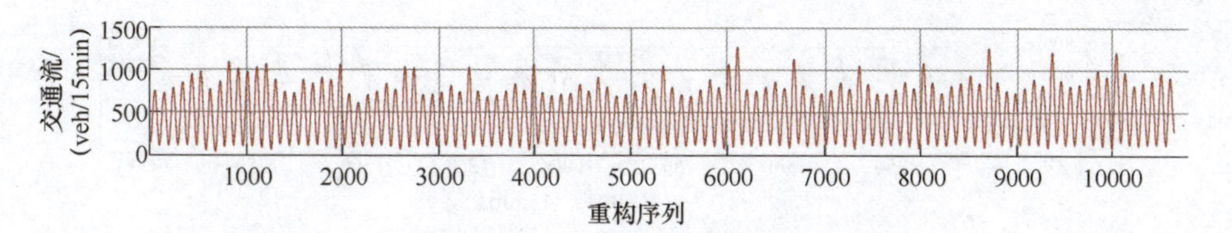

图 7.5 交通流重构序列

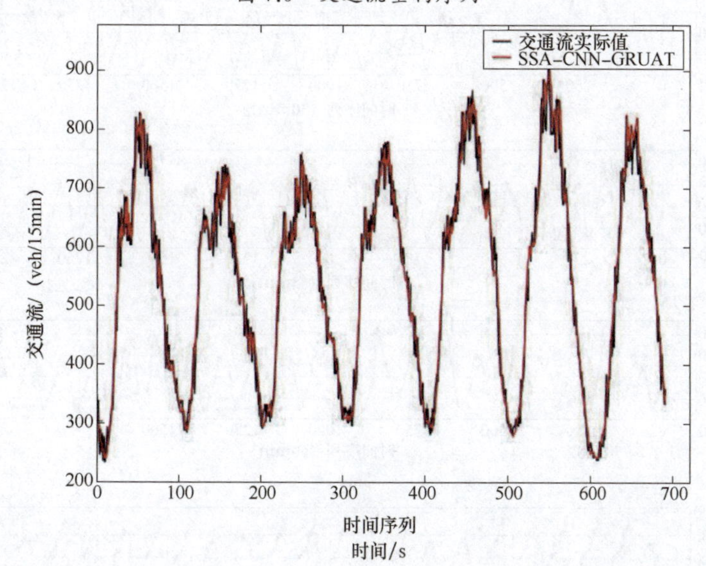

图 7.14 SSA－CNN－GRUAT 模型一周的交通流预测结果

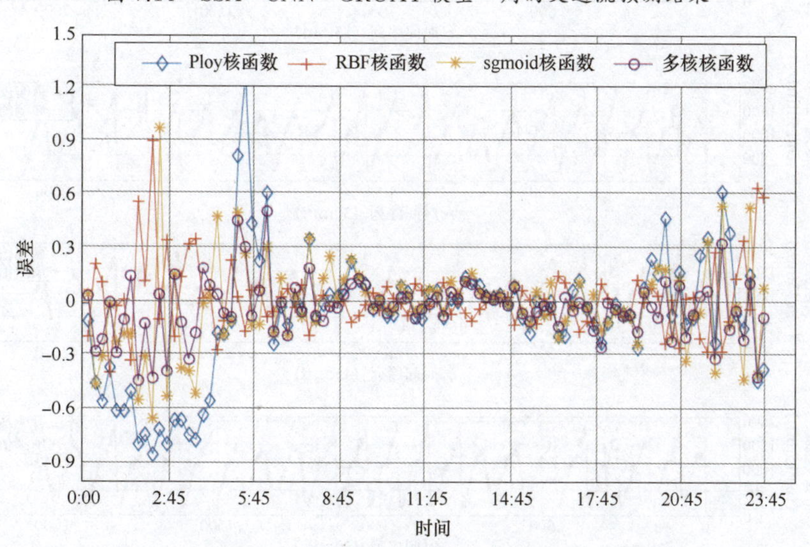

图 9.7 单核核函数与多核核函数预测误差百分比对比图

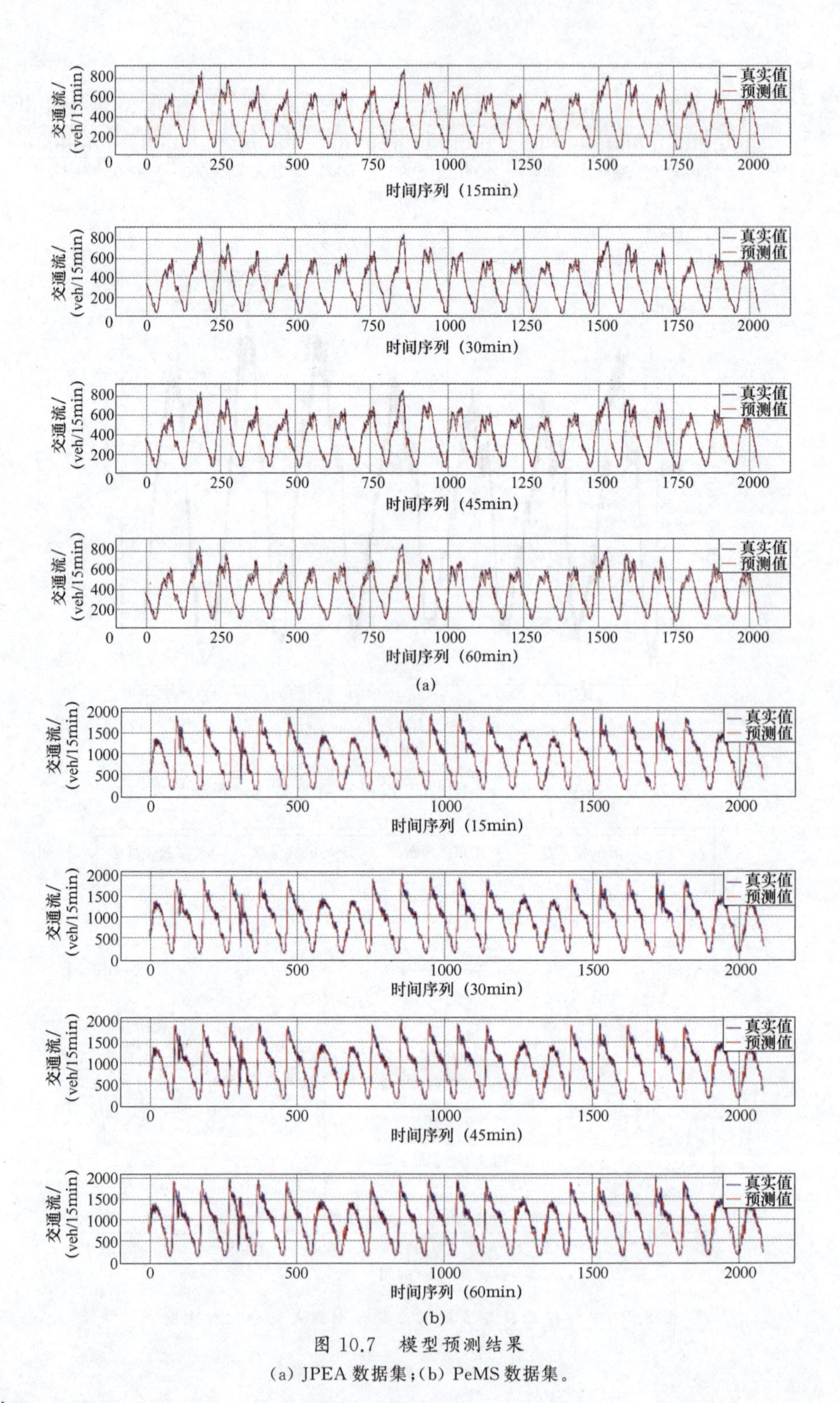

(a)

(b)

图 10.7 模型预测结果

(a) JPEA 数据集；(b) PeMS 数据集。